사랑의 완성
결혼을
다시 생각하다

THE EXCEPTIONAL SEVEN PERCENT: The Nine Secrets of the World's Happiest Couples
by Gregory K. Popcak, Ph.D.
First published by Citadel Press, an imprint of Kensington Publishing Corp.
Copyright © 2000, 2017 Gregory K. Popcak
Korean translation copyright © 2018 JINSUNGBOOKS
All rights reserved.

This Korean edition published by arrangement with Kensington Publishing Corp., New York, through Shinwon Agency Co., Seoul.

이 책의 한국어판 저작권은 신원에이전시를 통해 저작권자와 독점 계약한 진성북스에 있습니다.
저작권법에 의해 한국 내에서 보호를 받는 저작물이므로 무단 전재 및 무단 복제를 금합니다.

상위 7%
우등생 부부의 **9가지 비결**

사랑의 완성
결혼을
다시 생각하다

그레고리 K. 팝캑 지음 | 민지현 옮김

진성북스

결혼한 두 사람이 서로에게 진 빚은 계산할 수 없다.
그것은 영원히 갚아가야 할 무한의 빚이다.

괴테

다행히 나와 아내는 결혼한 사람들이 일반적으로 영위하는 '부부관계'보다는 조금 더 나은 관계를 유지해왔다. 그러나 결혼하고 3년쯤 지난 시점에 우리 둘 다 결혼생활에서 뭔가 더 많은 걸 이뤄내고 싶은 마음이 생겼다. 각자 한 인간으로서 좀 더 성숙해지고 싶었고 함께 하는 일상에서 보다 깊은 친밀감을 나눌 수 있기를 바랐다. 다른 부부들과 만난 자리에서 이런 얘기를 꺼내면 대부분 그저 웃어넘길 뿐이었다. 우리가 너무 비현실적인 걸 바랐던 걸까? 당시 우리는 이미 '훌륭한' 결혼생활을 하고 있었다. 그런데 더 이상 무엇을 이루고자 했던 것일까?

당시 무엇이 문제였는지 명확히 알게 된 지금, 그때를 돌이켜보면 아내와 나는 결혼생활의 고수들이 성공적인 결혼생활을 위해 실천해야 한다고 말한 많은 항목을 따르고는 있었지만, 진정으로 좋은 부부관계란 기술만으로 얻어지는 게 아니었다. 남편과 아내가 스스로 온전한 인격체가 되기 위해 노력해야 하며 두 사람이 결혼을 통해 실현할 수 있는 잠재성을 인식할 필요가 있었다.

일부 독자들에게는 '실현actualization'이라는 말이 생소하게 들릴지 모르겠다. 기본적으로 모든 사람에게는 '자아실현'의 욕구가 있는데, 이는 자신이 가진 잠재력을 십분 발휘해서 목표를 성취하고 스스로 좀 더 유능한 사람이 되고 싶은 마음을 말한다. 심리학자 에이브러햄 매슬로우Abraham Maslow의 '자아실현을 이룬 사람들'에 관한 연구에 따르면, 이들은 자기 자신과 타인을 긍정적으로 받아들이는 능력을 비롯해서 자발성, 창의성, 연민, 내면의 평화, 건강한 유머감각, 친밀한 관계를 수용할 수 있는 역량을 갖추고 있다. 또한 자기만의 고유한 가치체계에 따라 살아간다. 간단히 말해서 우리가 '성숙해가면서 닮고 싶은' 바로 그런 사람들이다.

독자들 중에는 아내와 내가 어떠한 계기로 결혼생활을 통해 자기를 실현할 수 있다고 믿게 되었는지 궁금한 사람이 있을지도 모르겠다. 더구나 그렇게 하는 데 부부관계가 도움이 될 수 있다고 생각한 근거는 무엇이었을까? 결혼생활에 사람을 변화시키는 강력한 잠재성이 있다는 믿음은 부부상담치료 전문가들 사이에서는 아주 일반적인 전제다. 심리요법치료사이자 저자인 하빌 헨드릭스Harville Hendrix는 결혼생활이 과거의 정서적 상처를 치유하는 훌륭한 잠재력이 있다고 주장했는데, 이러한 생각은 명망 있는 가족치료사이자 작가이며 강사인 클로에 마다네스Cloe Madanes에게도 깊은 공감을 불러일으켰다. 클로에는 "결혼생활은 우리가 알고 있는 그룹치료 중 가장 강력하고 효과적인 형태다"라고 했다. 이 말에 의거해 아내와 나는 결혼생활이 과거의 상처를 치료해줄 수 있는 잠재력을 갖는다면, 기본적으로 건강한 두 남녀가 결혼생활을 통해 각자의 역량과 의식, 영적 인식, 심리적 충족감을 한 단계 향상시키는 것도 가능하지 않을까 생각했던 것이다.

그런데 우리가 이런 생각에 도달했을 즈음 안타깝게도 첫 아이를 유산하는 아픔을 겪게 되었다. 그리고 그 고통을 경험하면서 우리 부부는 영적인 탐구에 한층 더 몰두하게 되었다. 아내와 나는 전에 없이 굳건하게 서로에게 힘이 되어주어야 했고, 다른 누구도 우리를 이끌어줄 수 없었다. 그 힘든 시간을 이겨내기 위해서는 우리가 알고 있는 모든 지식과 방법을 총동원해 서로를 도와야 했으며, 그 끔찍한 비극적 사건을 통해 우리 부부관계는 더욱 튼튼하게 뿌리를 내렸다.

그 후 몇 년이 지나자 아내와 나는 짧은 생을 살다간 우리 첫 아이가 커다란 선물을 남겨주었음을 깨닫게 되었다. 그 아이는 자기의 삶과 죽음을 통해 우리가 결혼과 가정에 대한 일반적인 기대치를 내려놓고 자기 자신과 서로를 좀 더 높은 경지로 끌어올릴 수 있는 계기를 만들어준 것이다. 지금 돌아보면, 비록 그후로도 크고 작은 풍파를 겪기는 했지만, 그때의 아픈 경험이 없었다면 아내와 나는 지금과 같은 부부, 부모의 모습을 갖추지 못했을 것이다. 이런 점을 기리기 위해 아내와 나는 변화를 위해 자기 생을 바친 아가에게 이사야^{Isaiah}라는 이름을 붙여주었다.

나는 남편이자 심리요법치료사로 살아오는 동안 특별한 결혼생활을 유지하려면 매일 자신의 이기심에 도전해야 한다는 사실을 알게 되었다. 하지만 무척이나 이기적인 인간인 나에게 그건 사실 자신과의 끝없는 싸움을 의미했다. 그러다 보니 마치 알코올 중독자가 술을 입에 대지 않기 위해서는 첫 잔을 완강히 거부해야 하듯이, 나도 사랑을 실천하는 일에 게을러질 수 있는 상황을 의식적으로 피함으로써 내 이기심으로부터 나를 지키고 있다. 단언컨대 이 책을 읽는 독자 여러분에 비해 나는 결코 더 나은 사람이 아니다. 아니 어쩌면 가장 모자란 사람일지도 모른다. 그러나 노력 측면에서는 어느 누구에게도 뒤지지 않으리라 자부할 수 있는데, 그 이유는 매일 상담실에서 의뢰인들을 만나면서 결혼생활에 실패하기가 얼마나 쉬운지, 그리고 그에 따르는 결과가 어떠한지 너무도 잘 알게 되었기 때문이다.

가정에서 사랑을 실천하기에 너무 지치거나 스트레스가 심하다고 생각되는 날이면 나는 사랑을 실천하지 '않는 쪽'을 택할 때 미래의 내 모습이 어떠할지 떠올려본다. 그런 다음에는 당장 소파에서 벌떡 일어나 아내와 아이들에게 봉사하는 쪽을 택할 때, 먼저 '미안해'라고 말하는 쪽을 택할 때, 가족을 소중히 여기는 내 마음을 확실히 전달할 방법을 찾는 쪽을 책할 때, 집 안팎에서 가족의 생활을 좀 더 편안하고 즐겁게 해줄 수 있는 일들을 스스로 찾아 하는 쪽을 택할 때, 훗날 내가 어떤 인간으로 성숙해 있을지 떠올려본다. 이 두 모습을 나란히 놓고 비교해보면 내가 어떤 선택을 해야 할지는 어렵지 않게 판단할 수 있다. 물론 때때로 내 감정은 다른 선택을 할 때가 있지만 말이다.

그렇다고 언제나 힘들게 노력만 하는 것은 아니다. 아내와 나는 그러한 노력 덕분에 더 유능한 사람이 되었으며, 한층 더 깊은 친밀감을 나누게 되었기에 충분한 보상도 받고 있는 셈이다. 우리의 여정은 아직 끝나지 않았다. 이 책을 통해 독자 여러분도 새로운 기쁨과 도전, 축제가 도처에 기다리고 있는 긴 여정을 우리와 함께하길 바란다.

이 책은 평범한 수준을 넘어서서 아주 특별한 결혼생활을 하는 부부들이 일상에서 실천하는 원칙과 마음가짐, 행동들에 관한 책이다. 여기 담긴 내용은 많은 연구에 의해 뒷받침되고 나의 직업적, 개인적 관찰을 통해 입증된 것들이다. 그리고 궁극적으로는 내 결혼생활에 실제로 적용해 훌륭한 결실을 맺은 방법들이다. 각 장은 특별한 부부들의 아홉 가지 특징을 하나씩 상세히 다루고 있다. 그리고 더 중요하게는, 여러분의 결혼생활에 그런 특징들이 자리를 잡고 활짝 꽃피도록 하는 데 필요한 방법들을 단계별로 설명하고 있다.

소개된 사례들은 모두 실제 이야기다. 단, 의뢰인들의 사생활 보호를 위해 직업이나 이름은 상당부분 바꾸었다. 이렇게 약간씩 변경된 부분이 있긴 하지만, 해당 상황이나 표현은 실제 의뢰인들의 것을 그대로 옮기려고 최대한 애썼다.

이 책을 본격적으로 읽어나가기에 앞서 한 가지만 더 언급하고 넘어가자. 본문의 내용이 남편과 아내 모두에게 해당되는 것이긴 하지만, 매번 남성과 여성 대명사를 쓸 수는 없었다(예를 들면, '그'와 '그녀'). 문맥에 따라서 '그는 X를 해야 한다'라든가, '그녀가 Y를 해야 한다'라는 식으로 성별을 구분한 경우도 있지만, 그 외 대부분은 남편과 아내 모두에게 해당된다고 보면 된다.

읽어가면서 당신이 늘 꿈꿔오던, 그러나 감히 실현까지는 못했던 행복한 결혼생활의 비결을 발견하기 바란다.

2017년도 개정판 서문

거의 모든 사람들이 열정적이고, 충만하며, 영원히 지속되는 사랑을 원한다. 간혹 소심하거나 냉소적이어서 드러내놓고 인정하지 못하는 사람들도 마음속으로는 동화에 나오는 '행복하게 오래오래'를 염원한다. 인간은 관계를 지향하는 본성을 지니고 태어난다. 누구든, 어디 출신이든 우리 모두는 친구가 되어주고, 반려자가 되어주며, 영혼의 동반자가 되어줄 대상을 애타게 찾아헤맨다.

이렇게 모두가 평생을 바칠 위대한 사랑을 염원하지만, 연구에 의하면 요즘 결혼하는 사람들은 그런 사람을 찾을 수 있으리라는 확신을 갖지 못하고, 또 찾았다 해도 그 관계를 지속해나갈 수 있다는 믿음을 갖지 못한다고 한다. 그러다 보니 이혼문화 3세대인 우리 자녀들 중 다수는 부모가 한 집에 살지 않는 가정에서 성장하고 있다. 엘리자베스 마쿼트 Elizabeth Marquardt의 연구에 의하면 부모가 소위 '바람직한 이혼'을 해서 이혼 후에도 자녀가 부모와 각기 좋은 관계를 유지한다고 해도, 아이들은 자라면서 '엄마의 세계'에 있을 때와 '아빠의 세계'에 있을 때 자기들이 다른 사람처럼 행동해야 할 것 같은 느낌을 받는다고 한다. 그리고 이렇게 '두 개의 세계' 사이에서 자라는 아이들은 어른이 되어서도 배우자와 통합된 하나의 세계를 이루는 데 어려움을 겪는다고 한다. 즉, 안정되고 영구적이며, 안전하고, 사랑이 충만한 가정을 이루기 힘들다는 것이다. 요즘은 온전한 가정에서 자란 젊은이들도 결혼에 대해 비관적인 견해가 지배적인 문화의 영향을 받지 않을 수 없다.

그러나 결혼에 대한 젊은이들의 의구심에도 불구하고, 이 시대의 부부들은 결혼생활에서 그 어느 때보다도 더 많은 것을 원한다. 요즘 젊은이들은 기본적인 욕구 충족만을 위해 결혼하는 것이 아니라, 자신의 잠재성을 십분 발휘하기 위해서, 그리고 혼자서는 도달할 수 없는 삶의 단계에까지 이르기 위해 결혼을 택한다. 한 세대 전에만 해도 '충분히 훌륭하다'고 여겨졌던, 말하자면 친밀감이나 열정은 조금 모자라더라도 남편과 아내가 열심히 일해서 보금자리를 마련하고 자녀를 키울 수만 있다면 족했던 결혼생활은 요즘 대부분의 부부들에게 실패로 간주된다. '충분히 훌륭했던' 결혼생활이 더 이상 충분하지 않게 된 것이다.

본받을 만한 훌륭한 사례가 부족한 실정과 대인관계 요령에 대한 자신감의 결여, 그리고 그 어느 때보다 높아진 결혼에 대한 기대치, 이 세 가지 요인이 결합된 탓에 결혼에 관한 한 요즘 세대는 적어도 표면적으로는 재앙과도 같은 시절을 맞고 있다. 벨린다 루스콤Belinda Luscombe이 2016년 〈타임Time〉지에 발표한 글에서 언급했듯이, 오늘날 결혼에 대한 기대치가 높아졌기 때문에 요즘 결혼하는 부부들은 예전 같으면 특출하게 훌륭한 결혼생활을 유지하기 위해 필요했을 정도의 기술과 능력을 습득해야 한다. 그러지 않으면 '예전 같으면 그저

무난하게 여길 만한 결혼생활이라도 그 이상의 실망을 하게 될 것이기 때문이다.'

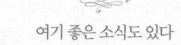

여기 좋은 소식도 있다

이러한 어려움에도 불구하고 거의 누구나, 어떠한 환경에 처해 있든, 내가 '결혼생활 상위 7퍼센트'라고 지칭하는 그룹에 속할 수 있다는 반가운 소식이 있다. 이 특별한 그룹은 평균 이상의 만족감과 열정, 안정감을 제공하는 결혼생활을 영위하는 사람들이다. 이 책의 초판이 출간되었을 때만 해도 일부 독자들이나 비평가들은 내가 얘기하는 결혼관이 지나치게 낙관적이라는 반응을 보였다. 하지만 이후 발표된 연구 결과들은 이 책에서 주장하는 두 가지 가설을 더욱 탄탄하게 뒷받침해주었다. 첫째는 결혼생활을 통해 부부는 서로 타고난 잠재력을 충분히 발휘하도록 도울 수 있으며, 그래야 한다. 둘째, 특정 기술을 습득하여 실천하면 어떠한 환경에 있든, 현재 부부관계가 어떤 상태든, 남부럽지 않은 결혼생활을 꾸려갈 수 있다.

특히 지난 십여 년간 결혼 연구가들이 연구 결과를 통해 지속적으로 보여준 바에 의하면 행복한 결혼생활은 그런 복을 타고나서도 좋은 가문의 자손이어서도 아니다. 그것은 새로운 결혼생활 스킬을 습득하고 즐거울 때나 힘들 때나 실천하려는 부부의 의지에 달려 있다. 코넬대학 교수인 칼 필레머Karl Pillemer가 말했듯이 '결혼은 단련이다.'

오랜 세월 결혼생활을 훌륭하게 유지하는 부부들을 대상으로 한 필레머의 연구에 따르면 내가 이 책에서 '특별한 정절'이라고 칭한 덕목을 실천하며 사는 부부들이 노년에 가장 행복한 결혼생활을 하는 것으로 나타났다. 다시 말해서 이들은 '이혼은 생각할 수도 없다'는 원칙하에 함께 배우고 성숙해가려는 자세로 결혼생활에 임한다. 결혼생활에 어려운 시기가 닥치면 새로운 삶의 기술을 익혀가면서 말이다. 진실을 말하자면, 완벽한 결혼생활이란 환상이다. 사실 그것은 그러한 결혼생활을 영위하기 위해 필요한 노력과 시간을 성실히 쏟아붓는 부부들을 위한 '약속'이다. 여러분의 부부관계가 가지고 있는 잠재적 가능성을 온전히 성취하려면 여러분의 부모님 세대와는 다른 방식으로 결혼생활에 접근해야 한다. 그리고 그에 대한 보상도 지금까지 어른들이 결혼생활에 걸었던 기대보다 훨씬 더 크고 값질 것이다.

아내와 나는 30년 가까이 특별한 결혼생활을 이어오고 있다. 그 세월 동안 아내와 나는 서로에게 진정한 의미의 영적 동반자가 되자는 약속을 지키기 위해 열심히 배우고 실천했다. 그리고 이제는 그 노력과 실천의 대가로 우리가 누려온 행복과 기쁨을 독자 여러분과 나누고 싶다. 이 책에 소개된 아홉 가지 비결은 시간을 초월하는 진실이다. 동시에 여러 연구 결과가 확실하고도 굳건하게 뒷받침하고 있으며, 또한 오랜 세월 내 개인적, 직업적 경험을 통해서도 입증된 사실들이다. 여러분이 배우자와 함께 내가 이 책에서 소개한 원칙들을 결혼생활에 적용하고자 노력한다면 부부관계에 의미와 목표, 열정이 충만해질 것이며, 친구들과 자녀, 그리고 자녀의 자녀에게까지 좋은 영향을 미치는 진실하고도 아름다운 부부의 사랑을 성취할 수 있을 것이다. 우리 모두가 갈망하는 열정적이고 의미 있는 평생에 걸친 사랑은 단지 동화처럼 마법에 의해 얻어지는 것이 아님을 여러분이 증명할 수 있을 것이다. 그 서사적인 사랑의 이야기는 매일 각각의 가정에서 일어나는 고무적인 일상의 기록이다.

저자로서 가장 진실한 바람과 간절한 소망은 이 책이 독자 여러분이 배우자와 꿈꾸던 사랑을 이루는 데 길잡이가 되는 것이다. 그리고 한 발 더 나아가 한 번에 한 가정씩 변화하여 세상을 바꾸자는 취지로 시작된 '특별히 행복한 결혼생활 확산 운동'에 독자 여러분도 참여하는 것이다. 부부관계를 한 단계 발전시킬 준비가 되었다면, 책장을 펼치고 읽기 시작하자. 결혼생활이라는 보물이 가진 의미와 가치를 구가하려는 의지만 있다면 그에 따르는 보상은 여러분의 몫이다. 우리는 모두 행복한 결혼을 영위할 권리가 있지 않은가?

차례

1
결혼생활 우등생,
상위 7%의 비결

훌륭한 결혼만큼 아름답고 정답고 매력적인 관계,
교감, 동반은 없다.

마틴 루터

"문제투성이인 우리 부부를 서로 진심으로 사랑하게 만들 수 있다고? 그럼 어디 한 번 해보시든가"라는 의혹이 가득한 눈빛을 가진 사람들이 있다.

잭과 알리시아가 나의 결혼상담소를 찾아왔을 때 그들의 눈빛도 다르지 않았다. 솔직히 말해서 나는 그들의 눈빛이 던지는 도전장을 기꺼이 받아들인다. 문제를 해결할 비밀을 알고 있기 때문이다. 불과 몇 주 만에 이 도전적이고 비관적인 표정은 확연히 달라질 수 있다. 사랑을 되찾고 기쁨 충만한 모습, 나아가 생의 목표가 다시 확립된 그런 모습으로 말이다. 실제로 4주 후 잭과 알리시아는 함께했던 그 어느 때보다도 더 깊이 사랑하게 되었는데, 자기들도 그런 변화가 믿기지 않는다고 할 정도였다.

어떻게 이런 극적인 변화가 일어났을까? 바로 내가 '상위 7퍼센트'라고 지칭하는 사람들의 비밀을 깨우쳤기 때문이다. 그 7퍼센트의 사람들은 처음 결혼한 배우자와 한평생 살면서 일반 부부들보다 훨씬 더 열정적으로 사랑을 나누고, 행복을 키우며, 오래도록 성공적인 결혼생활을 이어간다. 정말 멋지지 않은가?

다른 부부 이야기다. 마크와 제니퍼는 결혼한 지 20년 가까이 되었다. 이들은 좋을 때나 힘들 때나 변함없이 누구나 부러워할 만한 부부 관계를 이어왔다. 마크는 아내에 대해 이렇게 말한다. "아내만큼 나를 잘 이해해주는 사람은 세상 어디에도 없을 거예요. 직장과 이웃에도 친구들이 많지만 전 아내와 함께 있는 시간이 제일 좋아요. 아내도 나에게 그런 마음이라는 걸 분명하게 표현하지요. 아내와 함께 보내는 시간이 워낙 많다 보니 친구들이 가끔 놀릴 정도예요. 아내가 무서워서 퇴근 후에 친구들과 어울리지도 못한다고 말이죠. 말도 안 되는 소리예요! 그 친구들은 이해하지 못할 거예요. 설명해줘도 모를 거고요. 제가 항상 퇴근하자마자 집으로 가려는 이유는 아내가 제일 친한 친구이기 때문이에요. 우리는 모든 걸 함께 나누고, 직장에서 하루를 보내고 나면 정말로 아내가 보고 싶어지거든요.

물론 결혼과 가정 외에도 좋아하는 일들이 있죠. 직장 업무, 우리가 옹호하는 가치, 지역공동체에 참여하기 등 신경 써야 하는 일들도 많죠. 그러나 그 어떤 일도 우리 부부의 관계보다 먼저일 수는 없어요. 부부로서 우리가 행복하고 건강해야 다른 모든 일들도 잘할 수 있다고 믿으니까요."

이들은 어느 별에서 왔을까?

행복한 결혼생활을 영위하는 사람들의 이야기는 고무적이다. 그런데 마크와 제니퍼처럼 예외적인 부부가 실제로 있다는 사실을 알면 우리에게는 몇 가지 의문이 생긴다. 대부분의 평범한 결혼생활이 '화성에서 온 남자와 금성에서 온 여자*의 만남'으로 이루어지는 것이라면, '이 특별한' 사람들은 어느 별에서 온 것일까? 다른 사람들은 모르고 이들만 알고 있는 비밀은 무엇일까? 아니 그보다, 특별한 사람들만이 알고 있는 비밀이란 학습 가능한 것일까? 이 질문들에 답하기 위해 예외적인 7퍼센트에 속하는 부부들을 대상으로 한 몇 가지 연구들을 간단히 살펴보기로 하자.

1968년 팔로알토 정신건강연구소의 돈 잭슨Don Jackson 박사와 윌리엄 레더러William Lederer는 《결혼에 관한 망상The Mirages of Marriage》이라는 책을 저술했다. 그 책에서 저자들은 '협력적인 천재들'의 유형을 밝혀냈는데, 이 사람들의 공통적 특성인 '자애로운 안정감'이 그들로 하여금 평범한 부부들보다 행복한 결혼생활을 오랫동안 유지할 수 있게 했다는 결론을 내렸다. 저자들은 또한 기혼 부부의 10퍼센트 정도만이 이 유형 또는 이와 비슷한 유형에 속한다고 주장했다. 그러나 잭슨

---

* 존 그레이의 저서 《화성에서 온 남자 금성에서 온 여자》에서 남자와 여자는 전혀 다른 환경에서 자랐고 전혀 다른 사고방식과 행동을 보인다고 한다. 따라서 남자와 여자는 이러한 차이를 인정하고 존중해야 한다는 것이다.

과 레더러가 이야기하는 행복한 부부란 순전히 이론에 근거하고 있으며, 그에 관한 내용도 450페이지에 달하는 방대한 저서에서 겨우 2페이지에 불과할 뿐이다. 이는 그때나 지금이나 심리요법 분야가 건강한 사람들에게 갖는 관심이 부족하다는 점을 시사한다.

실제 부부들을 관찰하면서 '특별히 행복한' 결혼생활을 좀 더 자세히 연구한 것은 1990년대 중반에 접어들어서였다. 이 시기에 사회학자 페퍼 슈워츠Pepper Schwatz 박사는 《평등 결혼Peer Marriage》이라는 책에서 평등주의적 성향과 확고한 가치관, 강한 친밀감, 깊은 우정, 배우자에게 각별한 헌신을 보이는 부부들의 유형을 밝혀냈다. 비슷한 시기에 심리학자 존 가트맨John Gottman 박사의 《왜 결혼은 성공하기도 하고 실패하기도 하는가Why Marriages Succeed or Fail》도 출간되었다. 이 책에는 결혼생활의 성공과 실패를 가져오는 행동 양식에 대한 장기적이고 중대한 연구가 담겨 있다. 여기서 주목해야 할 것은 가트맨 박사가 실험을 통해 피실험자 부부가 향후 5년 이내에 이혼하게 될지, 결혼생활을 유지할지를 95퍼센트의 정확도로 예측했다는 사실이다. 그리고 더욱 중요한 것은 그의 연구로 얻은 데이터들이 행복한 결혼생활을 영위하는 특별한 부부는 그렇게 타고나는 것이 아니라 노력으로써 만들어진다는 사실을 입증했다는 사실이다.

1995년에는 심리학자 주디스 월러스타인Judith Wallerstein이 《행복한 결혼생활The Good Marriage》이라는 책을 출간했는데, 이 책에는 건강한 결혼생활에 대한 중대한 성찰이 담겨 있다. 여기서 주디스가 설명하는 '낭만적 결혼' 유형은 슈워츠 박사가 말하는 '평등 결혼'과 여러 면에서 놀라울 만큼 유사하다. 월러스타인 박사가 연구한 기혼 부부 중에 내가 이 책에서 상위 7퍼센트라고 지칭하는 이상적인 결혼 유형에 속하는 사람들은 15퍼센트 정도 되는데, 그중 50퍼센트는 처음 결혼한 부부였다.

일부 냉소자들은 이 유형에 속하는 사람들이 '그저 그렇게 태어났을 뿐'이라고 주장할지 모르지만, 전혀 그렇지 않다. 가트맨의 연구에 의하면 행복한 결혼생활을 하는 부부와 그렇지 않은 부부의 차이가 학습 가능한 몇 가지 기술, 마음가짐, 의사소통 방식에서 나타나기 때문이다. 또한 앞에 언급한 월러스타인의 연구 결과, 즉 상위 7퍼센트에 속하는 부부 중 50퍼센트가 재혼한 부부라는 사실도 가트맨의 연구를 뒷받침한다. 다시 말해서 특별한 7퍼센트의 부부가 모두 '그렇게 태어났을 뿐'이라면, 그들 중 반이나 재혼한 이후에야 성공적인 결혼생활을 유지하는 방법을 배웠을 리는 없지 않은가!

나는 예외적인 특별한 부부들의 특징을 알아보고 그 비결을 파악하기 위해 관련 연구들을 샅샅이 훑어보았고, 내가 개인적 또는 직업적으로 알고 있는 부부들 중에서 위의 연구에서 특별한 결혼생활을 유지하기 위해 갖추어야 한다고 밝힌 성향을 보이는 사람들을 살펴보았다. 특히 그들이 일상을 살아가는 데 지침으로 삼고 있는 규율, 각자의 삶과 결혼생활을 바라보는 견해에 초점을 맞추어 관찰했으며, 그다지 만족스럽지 못한 결혼생활을 하고 있는 사람들과 달리 특별한 부부들만이 지속적으로 드러내는 습관, 태도, 선택의 양식들을 살펴보았다.

다음 몇 페이지에 실린 내용은 특별한 부부들의 아홉 가지 비결을 배우기 위한 오리엔테이션이라고 할 수 있다. 간략한 설명을 읽은 다음 질문에 답해보자. 여러분의 결혼생활에서 가장 먼저 개선해야 할 부분을 찾아낼 수 있을 것이다. 가능하다면 부부 모두 각자 질문에 답하는 것이 가장 좋지만, 어떤 이유로든 그럴 수 없는 상황이라면 여러분이 배우자를 대신해 답변해보자. 물론 아주 바람직한 방법은 아니지만 공정하게 답을 하고 그 결과를 해석하는 데 신중을 기한다면 큰 무리는 없을 것이다.

첫 번째 비결
결혼의 지상목표

부부마다 본인들이 생각하는 결혼의 주된 목적이 있으며, 그것을 위해 대부분의 시간과 정서적 에너지를 쏟는다. 예를 들어 평범한 결혼생활을 하는 부부라면 대부분 기본적인 욕구를 충족시키는 일, 부부간의 유대와 생활의 안정을 유지하는 일, 직업이나 사회적 역할에 많은 것을 할애하면서 이 세상에서 서로의 자리를 찾는 일 중 하나를 중심으로 생활을 꾸려갈 것이다. 반면 특별한 부부들은 이러한 일들에도 어느 정도 비중을 두지만, 그보다는 자신의 특기나 장점, 도덕적 가치, 정신적 성장과 같이 결혼의 지상목표가 될 수 있는 가치를 함께 추구해나가는 데 더 많은 에너지를 쏟는다. 다시 말해서 특별한 부부들은 결혼생활을 통해 궁극적으로 자신이 그리는 이상적인 인간으로 변모해가기를 희망한다. 이러한 바람이야말로 특별한 부부들에게서 가장 두드러지는 특징이다. 배우자를 운명의 동반자로 보는 경향은 이 부부들이 오랜 세월 결혼생활을 유지하면서 예외적인 성취를 이루는 데 지대한 영향을 미친다.

다음의 문제에 답을 하면서 여러분은 결혼의 지상목표를 명확하게 세우고 있는지 알아보자.

결혼생활의 지상목표에 관한 질문

다음에 제시된 각 문항에 동의하는 정도에 따라 해당 항목에 동그라미를 표시한다. 선택하는 항목마다 그 아래에는 해당 점수가 적혀 있다. 최대한 솔직하게 답해보자. 점수를 계산하는 자세한 방법과 해설은 이 장 말미에 나와 있다.

1. 나는 내 삶의 목표를 알고 있다.

매우 그렇지 않다	그렇지 않다	보통이다	그렇다	매우 그렇다
1	2	3	4	5

2. 나의 일상과 선택에 있어 내 삶의 목표를 성취하려는 의지를 '분명하고 지속적으로' 반영한다.

매우 그렇지 않다	그렇지 않다	보통이다	그렇다	매우 그렇다
1	2	3	4	5

3. 배우자와 나는 '명확하고' 강력한 가치와 삶의 우선순위, 이상을 공유하고 있다.

매우 그렇지 않다	그렇지 않다	보통이다	그렇다	매우 그렇다
1	2	3	4	5

4. 배우자와 나는 우리가 정한 가치와 우선순위, 이상에 맞추어 살 수
   있도록 매일 지속적으로 서로 돕는다.

매우 그렇지 않다	그렇지 않다	보통이다	그렇다	매우 그렇다
1	2	3	4	5

5. 배우자와 나는 서로가 삶의 목표를 달성할 수 있도록 돕기 위한
   '나름의 역량'을 갖추었다고 생각한다.

매우 그렇지 않다	그렇지 않다	보통이다	그렇다	매우 그렇다
1	2	3	4	5

여기서 얻을 수 있는 25점 중에서 당신의 총점은 _____

여기서 얻을 수 있는 25점 중에서 당신 배우자의 총점은 _____

부부 합산 50점 중에서 당신 부부가 얻은 총점은 _____

두 번째 비결
특별한 정절

정절이라고 하면 대부분의 사람들이 "나는 함부로 다른 사람들과 잠

자리를 하지 않으니 정절을 잘 지키고 있다"라는 식으로 성性적인 정조만을 생각한다. 그러나 특별한 부부들은 정절의 개념을 보다 포괄적으로 본다. 이들에게 정절은 배우자나 부부관계의 육체적·정신적 건강 증진에 도움이 되지 않는 우정, 친족에 대한 의무, 경력상의 기회, 지역공동체 참여 등의 '모든 기타요인을 배제하겠다'는 약속이다. 배우자와 운명적 동반자관계를 이루려면 이런 수준의 정절이 절대적으로 필요하다(첫 번째 비결 참조). 그렇다고 남편과 아내가 절대 집 밖으로 나가지 말아야 한다는 뜻은 아니다. 특별한 정절은 결혼생활을 새로운 차원으로 끌어올린다. 결혼생활에 가장 핵심적인 것들을 지킬 수 있는 원칙을 제공하기 때문이다. 이런 원칙은 그저 그런 관계에 있는 다수의 지인들과 마구잡이로 어울리기보다는 소수의 가까운 친구들과 의미 있는 관계를 선호하게 하며, 사회나 직장에서 성공하려면 가정에 소홀할 수밖에 없다는 잘못된 생각을 버리게 해준다. 특별한 결혼생활을 하는 부부들은 진정으로 소중한 것을 포기하지 않는다. 다만 중요하지 않은 것에 시간을 허비하지 않을 뿐이다.

특별한 정절에 관한 질문
다음에 제시된 각 문항에 동의하는 정도에 따라 해당 항목에 동그라미를 표시한다.

1. 나의 사회생활은 결혼생활, 가정생활과 자주 충돌을 빚는다.

매우 그렇지 않다	그렇지 않다	보통이다	그렇다	매우 그렇다
5	4	3	2	1

2. 사회적인 의무와 기타 친구관계에 많은 부담을 느끼며, 가끔 결혼 생활에 할애할 시간을 빼앗길 때도 있다.

매우 그렇지 않다	그렇지 않다	보통이다	그렇다	매우 그렇다
5	4	3	2	1

3. 비록 양심에 가책을 느끼기는 하지만, 배우자와 함께 있는 것보다 는 직장에 나가거나 친구들을 만나는 것이 좋다.

매우 그렇지 않다	그렇지 않다	보통이다	그렇다	매우 그렇다
5	4	3	2	1

4. 부모님과 배우자 사이에 끼어 있는 것처럼 느껴진다.

매우 그렇지 않다	그렇지 않다	보통이다	그렇다	매우 그렇다
5	4	3	2	1

5. 시간과 에너지를 분산시켜야 할 때, 결혼생활은 우선순위에서 가 장 뒤로 밀리는 편이다.

매우 그렇지 않다	그렇지 않다	보통이다	그렇다	매우 그렇다
5	4	3	2	1

여기서 얻을 수 있는 25점 중에서 당신의 총점은 _____

여기서 얻을 수 있는 25점 중에서 당신 배우자의 총점은 _____

부부 합산 50점 중에서 당신 부부가 얻은 총점은 _____

세 번째 비결
특별한 사랑

개별적인 차이가 있기는 하지만, 평범한 결혼생활을 하는 대다수의 부부는 사랑이 느낌이라고 생각하며, 사랑을 '느낄 때' 애정을 표현한다. 반면에 특별한 부부들은 사랑을 소명이라고 생각한다. 그들은 매일 배우자를 위하여 사랑하는 사람으로서 마땅히 해야 하는 일들을 한다. '그렇게 하고 싶을 때와 그러고 싶지 않을 때'를 가리지 않으며, 배우자가 자기의 그런 행위를 받을 '자격이 있는지 없는지'를 따지지 않는다. 왜 그럴까? 두 가지 이유가 있다. 첫째, 그렇게 하지 않는 것은 자신의 인격에 부합하지 않기 때문이다. 둘째, 원할 때든 원하지 않을 때든 '적극적으로' 사랑의 행위를 실천함으로써 자신과의 약속을 지킴과 동시에 사랑하고 있음을 '느낄 수 있기' 때문이다. '사랑을 표현하는 행위가 사랑하는 감정을 북돋워준다.' 특별한 부부들은 이 진리를 잘 알고 있을 뿐 아니라, 이를 실천한다.

특별한 사랑에 관한 질문
다음에 제시된 각 문항에 동의하는 정도에 따라 해당 항목에 동그라미를 표시한다.

1. 사랑의 감정이 아무 이유 없이 식을 수도 있다고 생각한다.

매우 그렇지 않다	그렇지 않다	보통이다	그렇다	매우 그렇다
5	4	3	2	1

2. 배우자를 사랑하는 감정이 들지 않는데 사랑을 표현하는 것은 정직하지 못하다고 생각한다.

매우 그렇지 않다	그렇지 않다	보통이다	그렇다	매우 그렇다
5	4	3	2	1

3. 나는 "오늘 배우자에 대한 사랑을 표현하기 위하여 무엇을 했는가?"라는 질문에 쉽게 대답할 수 있다.

매우 그렇지 않다	그렇지 않다	보통이다	그렇다	매우 그렇다
1	2	3	4	5

4. 배우자를 사랑할 때도 있고 그렇지 않을 때도 있다. 사랑이 의무처럼 느껴진다면 이상적인 관계라고 할 수 없다.

매우 그렇지 않다	그렇지 않다	보통이다	그렇다	매우 그렇다
5	4	3	2	1

5. 나는 배우자로부터 사려 깊고 다정하다는 말을 자주 듣는다.

매우 그렇지 않다	그렇지 않다	보통이다	그렇다	매우 그렇다
1	2	3	4	5

여기서 얻을 수 있는 25점 중에서 당신의 총점은 _____

여기서 얻을 수 있는 25점 중에서 당신 배우자의 총점은 _____

부부 합산 50점 중에서 당신 부부가 얻은 총점은 _____

네 번째 비결
특별한 배려

특별한 부부들은 '공평함'이나 정확하게 구분되는 역할, 책임보다는 일상적으로 서로를 배려하는 일에 더 많은 가치를 둔다. 다시 말해서 이들은 주도권 문제로 다투지 않는다. 또한 혼인서약서라는 것이 가만히 앉아서 배우자의 일방적 배려를 받으라는 증서가 아님을 남편과 아내가 모두 잘 알고 있기 때문에 적극적으로 배우자를 보살피고 배려할 수 있는 기회를 찾는다. 말하자면 유희를 하듯이 일상의 책무나 일과를 자연스럽게 주고받으면서 효과적으로 가정을 꾸려나간다. 예를 들자면 이렇다.

질문 특별한 결혼생활에서, 청소는 누가 할까?
답변 먼저 보는 사람이 한다.

특별한 부부들은 직장 업무, 가족, 가정생활 전반에 걸쳐 이러한 태도를 보인다. 보통의 부부는 원하는 것을 얻기 위해 상대를 배려한다고 생각하지만(내가 호의를 베풀면 상대방이 나에게 고마워하고, 애정을 느낀다. 하지만 상대방이 고마워하거나 애정을 보이지 않으면 나도 더 이상 상대를 배려하지 않는다), 특별한 부부는 배려 자체가 목적이라고 생각한다(배우자에게 호의를 베푸는 것은 내가 가장 중요하게 생각하는 가치를 실천하고 성취하는 것이다. 그러므로 그 자체로 이미 내 행위를 충분히 보상받는 셈이다). 그렇다고 특별한 부부들이 자신이 배려한 것에 대해 상대방이 감사를 표할 때 이를 반기지 않는다는 뜻은 아니다. 사실 이들은 보통 부부들보다 훨씬 더 많은 감사의 표현을 주고받는다(일곱 번째 비결 참조). 단지 그것이 배우자를 배려하는 주된 동기가 아닐 뿐이다. 기 싸움이나 누가 누구를 더 배려하는지 따지는 일 따위는 누구에게도 도움이 되지 않는다는 사실을 잘 알고 있기 때문이다.

특별한 배려에 관한 질문

다음에 제시된 각 문항에 동의하는 정도에 따라 해당 항목에 동그라미를 표시한다.

1. 나는 하루 종일 배우자를 좀 더 편안하고 즐겁게 해줄 수 있는 기회가 없는지 살핀다.

매우 그렇지 않다	그렇지 않다	보통이다	그렇다	매우 그렇다
1	2	3	4	5

2. 내 배우자는 매일 나를 좀 더 편하고 즐겁게 해줄 수 있는 기회가 없는지 살핀다.

매우 그렇지 않다	그렇지 않다	보통이다	그렇다	매우 그렇다
1	2	3	4	5

3. 나는 자주, 기꺼이 내가 굳이 하지 않아도 되는 집안일을 한다.

매우 그렇지 않다	그렇지 않다	보통이다	그렇다	매우 그렇다
1	2	3	4	5

4. 내 배우자는 자주, 기꺼이 자기가 굳이 하지 않아도 되는 집안일을 한다.

매우 그렇지 않다	그렇지 않다	보통이다	그렇다	매우 그렇다
1	2	3	4	5

5. "나는 배우자가 무엇을 기대하는지, 무엇이 필요한지 잘 기억하는 편이다"라고 말한다면 내 배우자는 동의할 것이다.

매우 그렇지 않다	그렇지 않다	보통이다	그렇다	매우 그렇다
1	2	3	4	5

여기서 얻을 수 있는 25점 중에서 당신의 총점은 _____
여기서 얻을 수 있는 25점 중에서 당신 배우자의 총점은 _____
부부 합산 50점 중에서 당신 부부가 얻은 총점은 _____

다섯 번째 비결
특별한 일치감

연구 결과들을 살펴보면 특별한 부부는 정서적·언어적 표현 능력을 동등하게 발휘하며 살아가는 동반자적 관계임을 알 수 있다. 이들은 기꺼이 도전을 받아들이고 성장하려는 의지가 있기 때문에 보편적인 성별의 차이와 개인적 성향의 차이를 극복하는 방법을 터득하여 배우자와 이상적인 수준의 이해와 일치감을 이루고 있다.

특별한 일치감에 관한 질문

다음에 제시된 각 문항에 동의하는 정도에 따라 해당 항목에 동그라미를 표시한다.

1. 배우자가 나와 다른 언어를 사용하는 것 같은 느낌이 들 때가 있다.

매우 그렇지 않다	그렇지 않다	보통이다	그렇다	매우 그렇다
5	4	3	2	1

2. 결혼생활에 뭔가 부족하다는 느낌이 들긴 하는데 정작 그게 뭔지 잘 모르겠다.

매우 그렇지 않다	그렇지 않다	보통이다	그렇다	매우 그렇다
5	4	3	2	1

3. 종종 배우자가 나를 이해하지 '못한다는' 느낌이 든다.

매우 그렇지 않다	그렇지 않다	보통이다	그렇다	매우 그렇다
5	4	3	2	1

4. 나는 내 배우자가 좋은 관계를 맺는 데 필요한 게 뭔지 모른다는 생각을 할 때가 있다.

매우 그렇지 않다	그렇지 않다	보통이다	그렇다	매우 그렇다
5	4	3	2	1

5. 배우자와 나는 서로에 대한 사랑을 잘 표현하는 편이다.

매우 그렇지 않다	그렇지 않다	보통이다	그렇다	매우 그렇다
1	2	3	4	5

여기서 얻을 수 있는 25점 중에서 당신의 총점은 _____
여기서 얻을 수 있는 25점 중에서 당신 배우자의 총점은 _____
부부 합산 50점 중에서 당신 부부가 얻은 총점은 _____

여섯 번째 비결
특별한 타협

만족도가 낮은 결혼생활을 하고 있는 남편과 아내의 언쟁은 주로 이번에는 누가 원하는 일을 할 것인가를 두고 경쟁하는 것처럼 보인다. 그런 부부들에게 공평함이란 양보하는 횟수가 동일하게끔 조율하는 것이다. 그러나 특별한 부부는 배우자에게 필요한 모든 것을 존중하고 충족시키고자 노력하며, 상대방이 원하는 것을 이해할 수 없는 경우에도 그렇게 한다. 따라서 자신의 욕구가 충족되리라는 사실도 의심할 필요가 없다. 두 사람 사이에 의견 차이가 생긴다면 "어떻게 하면 최선의 효과적인 방식으로 당신에게 필요한 것을 충족시킬 수 있을까?" 하는 정도일 것이다.

간단히 말해서 특별한 부부들은 '무엇'을 놓고 협상하지 않는다. 항상 '어떻게'와 '언제'를 놓고 협상한다.

특별한 타협에 관한 질문

다음에 제시된 각 문장에 동의하는 정도에 따라 해당 항목에 동그라미를 표시한다.

1. 배우자와 의견 차이가 있을 때는 주로 누구의 욕구나 일정이 '더 중요한가', 또는 누가 '주도권'을 쥐고 있는가를 놓고 경쟁하는 것 같다.

매우 그렇지 않다	그렇지 않다	보통이다	그렇다	매우 그렇다
5	4	3	2	1

2. 서로 의견이 달라 심하게 충돌하고 있을 때에도, 나는 배우자가 내 욕구와 의견을 존중하고 이해하기 위해 노력하는 것을 느낀다.

매우 그렇지 않다	그렇지 않다	보통이다	그렇다	매우 그렇다
1	2	3	3	4

3. 나는 내 배우자가 언쟁을 계속하느니 차라리 자기가 원하는 걸 포기하는 것 같다는 생각을 할 때가 있다.

매우 그렇지 않다	그렇지 않다	보통이다	그렇다	매우 그렇다
5	4	3	2	1

4. 나는 언쟁을 계속하느니 차라리 내 욕구를 포기한다.

매우 그렇지 않다	그렇지 않다	보통이다	그렇다	매우 그렇다
5	4	3	2	1

5. 배우자와 언쟁을 하고 나면 나 자신이 초라해지거나 의기소침해진 느낌이 들 때가 많다.

매우 그렇지 않다	그렇지 않다	보통이다	그렇다	매우 그렇다
5	4	3	2	1

여기서 얻을 수 있는 25점 중에서 당신의 총점은 _____
여기서 얻을 수 있는 25점 중에서 당신 배우자의 총점은 _____
부부 합산 50점 중에서 당신 부부가 얻은 총점은 _____

일곱 번째 비결
특별한 감사

특별한 결혼생활을 하는 부부는 일상적이고 단순한 모든 배려를 적극적인 사랑의 표현으로 받아들이고 감사한다. 서로를 지극히 배려하기 때문에(네 번째 비결 참조) 배우자가 '맡은 바 역할을 완수하려면 이 점을 더 노력해야 해'라고 생각할 여지가 없다. 물론 누군가는 저녁식사를 준비해야 하고, 청구서도 지불해야 하며, 자녀들을 차에 태워 데려와야 하고, 집 청소도 해야 하지만, 그 일들을 반드시 '당신이 해야 하는 것은 아니다.' 모든 일을 이런 관점에서 생각하니 서로에게 진심으로 감사하며 살 수 있다. 그러지 않으면 기대가 앞서거나("당신이 마땅히 해야 할 일인데 내가 왜 감사해야 하지?"), 독선적인 계산이 뒤따르면서("나는 당신을 위해서 이 모든 일을 했는데 당신은 겨우…") 감사하는 마음이 사라진다.

특별한 부부들은 다른 부부들이 굳이 고맙다는 표현까지 하지는 않아도 된다고 생각하는 '소소하고 평범한 일들에' 진심으로 감사의 뜻을 전한다.

특별한 감사에 관한 질문

다음에 제시된 각 문항에 동의하는 정도에 따라 해당 항목에 동그라미를 표시한다.

1. 배우자는 내 존재 자체, 그리고 내가 하는 모든 일에 고마움을 느낀다.

매우 그렇지 않다	그렇지 않다	보통이다	그렇다	매우 그렇다
1	2	3	4	5

2. 나는 매일 배우자를 칭찬하거나 감사의 말을 할 기회를 찾는다.

매우 그렇지 않다	그렇지 않다	보통이다	그렇다	매우 그렇다
1	2	3	4	5

3. 나는 배우자의 외모나 옷차림이 바뀔 때마다 그것을 잘 알아채고 칭찬한다.

매우 그렇지 않다	그렇지 않다	보통이다	그렇다	매우 그렇다
1	2	3	4	5

4. 나는 배우자가 가정을 보살피고 개선하기 위해 하는 일들을 잘 알아채고 칭찬한다.

매우 그렇지 않다	그렇지 않다	보통이다	그렇다	매우 그렇다
1	2	3	4	5

5. 현재 내 배우자보다 나에게 더 잘 맞는 사람은 없을 것이다.

매우 그렇지 않다	그렇지 않다	보통이다	그렇다	매우 그렇다
1	2	3	4	5

여기서 얻을 수 있는 25점 중에서 당신의 총점은 _____
여기서 얻을 수 있는 25점 중에서 당신 배우자의 총점은 _____
부부 합산 50점 중에서 당신 부부가 얻은 총점은 _____

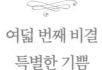

여덟 번째 비결
특별한 기쁨

특별한 부부들이 가진 장점들 중 하나는 함께 즐기고 기뻐할 수 있는 능력이다. 이들은 항상 함께 즐길 수 있는 새로운 관심거리를 찾고 이미 찾아낸 관심사들도 함께 나누고자 노력한다. 서로 거리낌 없이 장난을 치고 농담도 곧잘 주고받지만, 농담거리로 삼을 수 있는 부분과 건드리지 말아야 할 부분도 잘 알고 있다. 함께 보낼 시간을 마련하고 서로에게 집중하며 상대방의 짐을 덜어주기 위해 적극적으로 노력한다. 특별한 부부들의 이러한 자세를, 한때는 결혼생활을 즐기기도 했지만 "지금은 그럴 시간이 없지 않아?"라고 생각하는 보통의 부부들의 태도와 비교해보자. 아니면 배우자에게 취미활동을 함께하자고 청했는데 "나는 그런 거 좋아하지 않아요!" 하는 반응을 보여서 할 수 없이 혼자만의 관심거리를 찾을 수밖에 없었던 남편이나 아내들과 비교해보자.

특별한 즐거움에 관한 질문
다음에 제시된 각 문항에 동의하는 정도에 따라 해당 항목에 동그라미를 표시한다.

1. 나는 다른 누구보다도 배우자와 함께 보내는 시간이 좋다.

매우 그렇지 않다	그렇지 않다	보통이다	그렇다	매우 그렇다
1	2	3	4	5

2. 내가 선택할 수 있는 경우라면, 좋아하는 일을 혼자 하기보다는, 좋아하지 않는 일이라도 배우자와 함께 하겠다.

매우 그렇지 않다	그렇지 않다	보통이다	그렇다	매우 그렇다
1	2	3	4	5

3. 우리 부부가 서로 장난 치고 농담하는 방법과 정도가 딱 적당하다고 생각한다.

매우 그렇지 않다	그렇지 않다	보통이다	그렇다	매우 그렇다
1	2	3	4	5

4. 배우자와 나는 함께 많이 웃고 즐거운 시간을 보낸다.

매우 그렇지 않다	그렇지 않다	보통이다	그렇다	매우 그렇다
1	2	3	4	5

5. 배우자는 내가 힘겨워할 때 기운을 북돋는 방법을 잘 알고 있다.

매우 그렇지 않다	그렇지 않다	보통이다	그렇다	매우 그렇다
1	2	3	4	5

여기서 얻을 수 있는 25점 중에서 당신의 총점은 _____

여기서 얻을 수 있는 25점 중에서 당신 배우자의 총점은 _____

부부 합산 50점 중에서 당신 부부가 얻은 총점은 _____

아홉 번째 비결
특별한 성생활

특별한 부부는 진정한 의미에서 영적이고 생기를 불어넣는 성생활을 영위한다. 보통의 부부들은 성행위를 그들이 하는 다른 많은 행위들 중 하나, 말하자면 즐거움을 주기는 하지만 시간과 정력이 부족해서 자주 즐기지는 못하는 것들 중 하나라고 생각한다. 하지만 특별한 부부들은 성생활을 그들의 '존재의 일부분'으로 본다. 이들의 성생활에는 이 책에서 다루는 모든 내용, 즉 서로에 대한 배려에서부터 정절에 이르기까지, 그리고 사랑에서 기쁨에 이르기까지, 그리고 그 사이의 모든 내용이 담겨 있으며 구체적으로 실현된다. 특별한 부부에게 성행위는 단순한 행위나 의무의 수행이 아니라 자신을 총체적으로 내어주는 선물, 즉 배우자는 물론 관계 자체에 대한 감사와 모든 좋은 감정들의 상징이자 표출이다. 일반적인 부부는 때때로 성생활을 유지해야 할 의무 때문에 압박감을 느끼지만, 특별한 부부는 그들의 결혼생활을 총체적으로 반영하는 성생활에서 삶의 활력을 얻어 다른 잡다한 스트레스를 헤치고 나아갈 수 있다고 생각한다.

특별한 성생활에 관한 질문

다음에 제시된 각 문항에 동의하는 정도에 따라 해당 항목에 동그라미를 표시한다.

1. 스트레스와 피로 때문에 성행위를 자주 하지 못한다.

매우 그렇지 않다	그렇지 않다	보통이다	그렇다	매우 그렇다
5	4	3	2	1

2. 성행위를 할 때 배우자가 내 육체뿐만 아니라 정신과 영혼까지 충족시켜주는 것처럼 느껴진다.

매우 그렇지 않다	그렇지 않다	보통이다	그렇다	매우 그렇다
1	2	3	4	5

3. 성행위는 결혼 서약의 갱신이며 결혼생활의 모든 좋은 것들을 위한 축전의식이다.

매우 그렇지 않다	그렇지 않다	보통이다	그렇다	매우 그렇다
1	2	3	4	5

4. 자녀는 커다란 축복이며 내 배우자는 매우 훌륭한 부모라고(가 될 것이라고) 생각한다.

매우 그렇지 않다	그렇지 않다	보통이다	그렇다	매우 그렇다
1	2	3	4	5

5. 나는 다음의 모든 상황을 편안하게 즐길 수 있다. 불을 켜둔 채 성행위를 할 수 있다. 어떤 행위가 좋고 어떤 행위가 싫은지 배우자에게 말할 수 있다. 새로운 체위를 시도한다. 성행위 도중에 웃을 수 있다. 성행위를 하는 중에 말과 몸짓으로 쾌감을 표현한다.

매우 그렇지 않다	그렇지 않다	보통이다	그렇다	매우 그렇다
1	2	3	4	5

여기서 얻을 수 있는 25점 중에서 당신의 총점은 _____
여기서 얻을 수 있는 25점 중에서 당신 배우자의 총점은 _____
부부 합산 50점 중에서 당신 부부가 얻은 총점은 _____

실천 계획 세우기

이 장에서는 당신과 배우자가 결혼생활을 통해 얻을 수 있는 성장 동력과 기회를 찾아보고자 한다. 위의 연습문제들을 모두 풀고 나면 당신의 결혼생활을 상위 7퍼센트에 좀 더 가까워지게 하려면 어떻게 해야 하는가에 대한 아이디어들이 떠오를 것이다. 결혼생활의 유형은 부부들마다 다르기 때문에 점수는 전체적으로 차이가 있을 것이며 점수가 높은 영역도 각기 다를 것이다. 문제를 풀면서 부족한 부분을 찾아내는 데만 집중하지 말자. 그보다는 좋은 점수를 받은 영역에 초점을 맞추고 거기서부터 하나씩 향상시키면 된다.

이 자가점검 테스트 결과에 너무 신경 쓸 필요는 없다. 이 책에 소개된 문항들이 과학적으로 검증된 것은 아님을 기억하기 바란다. 어느 한 영역, 또는 몇 개 영역에서 점수가 낮게 나왔다고 해서 당신의 결혼생활에 문제가 있는 것은 아니며, 점수가 높다고 해서 그 결혼생활이 상위 7퍼센트에 속하는 것도 아니다. 점수가 의미하는 바가 있다면, 당신이 원하는 결혼생활을 영위하려면 어느 정도의 관심과 보살핌이 필요한지를 알려주는 정도일 것이다. 이런 점을 염두에 두고 점수를 산정하는 방법을 살펴보기로 하자.

앞의 페이지들을 참조해 아래 빈칸에 영역별로 각자 받은 점수와 부부의 합산 총점을 적는다.

	당신	배우자	부부
❶ 결혼의 지상목표	-----------	-----------	-----------
❷ 정절	-----------	-----------	-----------
❸ 사랑	-----------	-----------	-----------
❹ 배려	-----------	-----------	-----------
❺ 일치감	-----------	-----------	-----------
❻ 타협	-----------	-----------	-----------
❼ 감사	-----------	-----------	-----------
❽ 기쁨	-----------	-----------	-----------
❾ 성생활	-----------	-----------	-----------

당신 부부의 점수는 만점 450 중 _____점이다.

내 경험에 비추어 이야기하자면, 특별한 부부들은 대부분 420점 이상을 얻는다. 그러나 기억해야 할 것은, 어차피 이들 부부는 초혼 부부의 93퍼센트(기혼 부부 전체의 83퍼센트)보다 점수가 더 높을 것으로 예상되었다는 점이다. 그러니 점수가 이 수준에 미치지 않는다고 해서 당신의 결혼생활이 잘못되었다고 해석할 일은 아니다. 예를 들어 360점 이상만 되어도 남들이 부러워할 만한 결혼생활을 하고 있다고 볼 수 있다. 말하자면 B나 B+를 받은 셈이니까. 특별한 부부들과 비교해서 조금 낮은 점수를 받은 부부들도 이웃에서 알아주는 최고의 결혼생활을 즐긴다. 이보다 더 낮은 점수를 받았다 해도 결혼생활에 문제가 있는 것은 아니다. 다만 결혼 자체나 배우자를 당연하게 누리는 삶의 일부로 생각했기 때문일 수 있으며, 만일 정말 그랬다면 이 책을 읽기 시작한 건 아주 잘한 일이다.

당신이 아주 훌륭한 결혼생활을 영위하고 있을 수 있다는 말을 반복적으로 강조하는 이유는 이 책이 대부분의 자기계발서와 전혀 다른 면에 초점을 맞추고 있기 때문이다. 대부분의 자기계발서는 이미 나빠진 관계를 어떻게 수습하고 개선할 수 있는지를 이야기한다. 물론 이 책도 그런 관점으로 활용할 수 있지만, 정말 불행한 부부들에게는 여기 적힌 대부분의 내용들이 아무런 효과도 발휘하지 못할 것이다. 이 책은 보통의 부부관계를 어떻게 하면 더 좋은 관계로 발전시킬 수 있으며, 더 나아가 진실하고, 행복이 충만하며, 활력을 주는 관계로 한 단계 향상시킬 수 있는가에 초점을 맞추고 있다. 이 책을 읽는 동안 이 점을 기억해주기 바란다.

자, 이제 당신 부부 특유의 강점과 약점을 살펴보자.

각 영역에서 받은 개인 점수를 확인하고, 아래에 주어진 빈칸에 각자가 최고점을 받은 영역을 적는다.

당신이 최고점을 받은 영역   배우자가 최고점을 받은 영역

1. ....   1. ....

2. ....   2. ....

3. ....   3. ....

위에 적힌 것들이 당신과 배우자의 고유한 강점들이다. 앞으로 며칠 정도 시간을 두고 각자의 강점을 어떻게 서로 나눌 것인지 의논해보자. 예를 들어 배우자가 특정 자질을 좀 더 강화하는 데 있어 당신은 어떤 도움을 줄 수 있을까? 그리고 배우자는 어떻게 당신을 도울수 있을까? 당신이 특정 영역에서 자질을 향상시키고자 노력할 때 예상할 수 있는 어려움은 어떤 것들이 있을까? 당신의 배우자는 어떤 어려움에 직면하게 될까? 충분한 시간을 들여 이 질문들을 숙고해보고 함께 진지하게 의논해보자.

일반적으로 당신이 어느 특정 성향에서 배우자보다 높은 점수를 받았다면, 그 영역에 있어서는 당신이 배우자의 발전을 도와야 하며, 그 반대의 경우도 마찬가지다. 물론 특정 영역의 점수가 낮다고 해서 그 영역의 '전문가'인 배우자가 말하는 대로 무조건 따라야 한다는 의미는 아니다. 다만 해당 영역에서 높은 점수를 받은 배우자는 그런 자질을 키울 수 있는 방법에 대해 부드럽고 친절하게 의견을 제시하고

낮은 점수를 받은 배우자는 그 제안을 진지하게 고려해보면 된다.

이제 부부가 함께 향상시켜야 할 영역을 살펴보자.

영역별로 부부가 받은 점수를 확인하고 아래 공간에 가장 낮은 점수를 받은 세 영역을 차례로 적어보자.

우리 부부는 아래의 세 영역을 향상시켜야 한다.

1. ------------------------

2. ------------------------

3. ------------------------

위의 항목은 특별한 부부로 발전하기 위해 당신과 배우자가 가장 중점을 두어야 할 영역이다. 물론 이 영역에 대해 자유롭게 논의해도 좋지만, 좀 더 세부적인 논의와 질문, 조언은 뒤에서 다시 다루도록 하겠다. 그 내용들을 주의 깊게 읽어가다 보면 결혼생활에서 해당 영역의 긍정적 성향들이 점점 자주 나타나게 될 것이다.

우리 모두는 사랑받고 사랑하는 능력을 타고난다

행복한 결혼생활의 아홉 가지 비결을 살펴보면 특별한 부부들의 자질이나 태도, 행동이 부부 사이의 친밀감, 몰입, 자아실현의 순환과정을 거치면서 부부관계 전반에 점점 더 포괄적으로 작용하는 것을 알 수 있다(이것은 바로 당신이 추구하는 가치와 이상, 목표의 살아 숨 쉬는 실체이기도 하다). 이 아홉 가지 비결을 실천하며 사는 부부는 삶을 변화시키는 진정한 사랑의 힘을 실감한다. 그리고 본인들이 항상 꿈꿔온 성숙한 인간의 모습으로 삶을 완성할 수 있도록 서로를 이끌어줄 가장 확실한 희망의 등불이 된다.

일부 독자들에게는 특별한 결혼생활이라는 말이 비현실적으로 들릴지도 모르겠다. 일회성 문화에 젖어 살다 보면 삶을 변화시키는 사랑이란 것이 동화 속 이야기처럼 들릴 수도 있지만, 이건 엄연한 현실 속 이야기다. 인간은 애초에 사랑하고, 사랑받고, 사랑에 의해 변화하게끔 되어 있기 때문이다. 처음 세상에 태어난 아기도 사랑해주고, 어루만져주고, 안아주면서 키우지 않으면 생존할 수 없으며, 애정에 대한 더 큰 허기가 채워지지 않으면 음식도 거부한다. 생물학적·생리학적 사실에 근거해서 생각해보아도 우리는 태어나는 순간부터 본래 친밀감을 추구하도록 되어 있다는 점을 쉽게 알 수 있다. 이렇게 뿌리깊은 욕구를 충족시키는 장치는 인간의 내면에 처음부터 장착되어 있지만 많은 사람들이 세상을 살아가는 동안 이 장치를 사용하는 방법을 잊어버린다.

하지만 희소식이 있다. 개선하고자 하는 의지로 올바른 훈련을 받으면 우리는 창조자가 원래 의도했던 대로 사랑하고 사랑받으며 살아갈 수 있다. 오늘 당신의 부부관계가 어느 지점에 머물러 있든, 당신도 배우자도 결혼을 통해 이루어진 관계 속에서 특별한 사랑을 주고받으며 살 수 있는 능력을 지니고 태어났다는 사실에서 위안과 용기를 얻기 바란다. 상위 7퍼센트의 비밀을 익히고 실천하다 보면 특별한 사랑에 이르는 길이 바로 당신 안에 있음을 발견하게 될 것이다. 특별한 사랑은 바로 당신의 소명이며, 육체적·정서적·정신적 존재의 근원이기 때문이다. 또한 당신이 존재하는 목적이기도 하다.

자, 지금부터 본격적으로 특별한 부부들의 비밀을 파헤쳐보기로 하자.

2
결혼을 통한 부부의 성장: 부부관계의 발전 경로

모범적인 결혼생활을
영위하는 사람들의 부부관계도 매 시간 변한다.
그리고 모든 변화는 특별한 즐거움을 주기도 하지만,
고통을 동반한다. 결혼이란 오랜 시간에 걸쳐 일어나는
영속적인 변화이고 그 속에서 남편과 아내는 영혼을
성숙시키며 온전한 인간으로 변화해간다.

D. H. 로렌스

당신은 왜 결혼했나?

이 질문에 대한 대답은 사람마다 다르겠지만, 모든 답변은 뚜렷한 특징이나 결혼의 주된 목적에 따라 일목요연하게 분류할 수 있으며, 이렇게 가지런히 분류해서 살펴보면 부부관계의 전체적인 발전 과정을 쉽게 이해할 수 있다. 예를 들어 대부분 사랑하니까 결혼한다고 하겠지만, 어떤 사람들은 도피를 위해 결혼을 하고 이를 기반으로 가정을 꾸린다. 그렇게 함으로써 혼자 살기에는 너무 버겁거나 지루한 세상살이로부터 피난처를 확보하고자 한다. 그런가 하면 기본 욕구의 충족을 목적으로 결혼하는 사람들도 있는데, 이들은 결혼을 통해서 경제적 또는 정서적 안정을 얻으려 한다. 이런 부부들의 경우 진정한 의미의 친밀감이나 사랑은 포기하는 경우가 많다.

대부분의 평범한 부부들에게 결혼의 주된 동기는 동반자적 관계를 이루고 서로를 격려하면서 세상을 살아가기 위해서다. 한편 특별한 결혼생활을 영위하는 부부들은 결혼의 지상목표, 즉 분명한 가치와 이상, 목표를 실현하기 위해 부부의 연을 맺는다. 앞으로 몇 페이지 더 읽어가다 보면 부부관계의 발전 경로상 자신에게 해당하는 단계의 장단점을 더욱 확실히 알게 될 것이다. 그리고 결혼의 지상목표를 중심에 두고 부부관계를 쌓아가는 것이야말로 오랫동안 지속되는 행복하고 성공적인 결혼생활이 보장되는 길임을 깨닫게 될 것이다.

부부들마다 각기 다양한 목적으로 결혼생활을 해나간다는 것은 설명할 필요도 없이 모두가 익히 알고 있는 사실이다. 그러나 지금까지 이러한 주요 목적들 간의 유의미한 연계성은 설명된 바가 없다. 일례로 한 결혼문제 상담가가 어떤 연구에 근거하여 당신의 결혼을 '청색 결혼'이라고 규정하고는 현 상황이 '녹색 결혼'만큼 바람직하지는 않다고 말했다고 하자. 그러고는 당신의 결혼생활이 좀 더 바람직한 수준으로 올라가려면 어떻게 해야 하는지에 대해서는 실질적인 도움을 주지 못하고 "의사소통을 좀 더 잘해야 한다"는 등 뻔한 조언만 하는 격이다. 이처럼 지금까지는 만족도가 보다 높은 다음 단계로 부부관계가 나아가려면 구체적으로 어떤 문제들을 해결해야 하는지 속 시원히 말해줄 수 있는 방법이 없었다.

부부관계의 발전 경로는 결혼의 주된 목적이 어떻게 차츰 진화해 나갈 수 있는지 설명하기 위해 내가 직접 개발한 모델이다. 이 모델은 특정 결혼 유형에서 다른 유형으로 옮겨가기 위해 부부가 배워야 하는 기술과 마음가짐, 행동들을 정리해 보여준다. 그리고 더 나아가 대부분의 결혼이 근본적으로는 훌륭하며, 부부가 시간을 들여 조금만 더 배우고 배운 것을 실천하면 특별히 행복한 결혼생활을 할 수 있음을 시사한다.

관계의 발전 경로(그림 2. 1)는 하나의 연속선상에서 남편과 아내의 정체성의 정도에 따라 크게 다섯 가지 결혼 유형과 몇 가지 하위 유형으로 구성된다(심리학의 기초가 있는 독자라면 관계의 발전 경로와 에이브러햄 매슬로우의 '욕구의 단계' 사이에 관련이 있음을 알아차릴 것이다). 발전 경로에서 각각의 결혼 유형은 '결핍된'이나 '평범한' 혹은 '특별한' 결혼으로 구분되고, 부부가 발전 경로를 따라 오른쪽으로 이동할수록 결혼생활에서 느끼는 행복도와 결혼 지속 기간도 증가한다. 부부들마다 각기 출발 지점은 다르지만 모든 부부는 발전 경로를 따라 한 번에 한 단계씩 옮겨간다. 두세 단계를 그냥 건너뛸 수는 없는데, 그 이유는 각 단계마다 관계에 대한 마음가짐의 변화와 서로 다른 기술의 숙련도가 뚜렷할 뿐만 아니라 부부가 자기들의 총체적인 삶을 바라보는 시각도 확연히 다르기 때문이다.

이를테면 "이제 더 이상 뭘 어떻게 해야 할지 모르겠어"라는 말이 절로 나올 정도의 위기상황에 이르러서야 부부관계를 다음 단계로 발전시키고자 하는 동기가 유발되어 이에 따르는 개인적 변화를 위해 노력하게 된다. 이러한 위기를 겪지 않고도 다음 단계로 발전하는 경우도 있긴 하지만, 그러기 위해서는 자신의 정신적 성장과 결혼생활의 성숙을 위해 진지하게, 그리고 지속적으로 정성을 쏟아야 한다. 그러나 그러기에는 현실적으로 우리 대부분이 너무 게으를 뿐만 아니라 신경을 써야 할 일들이 너무나 많다. 막상 삶이 무너지는 위기를 겪고 나서야 비로소 자신의 정체성 강화와 배우자와의 친밀감을 향상시키기 위해 노력하려는 의지가 발동하게 된다.

부부관계의 발전 경로

모든 부부관계는 관계의 발전 경로의 어느 한 지점에서 시작해 오른쪽으로 옮겨간다. 부부가 새로운 도전을 통해 새 기술을 학습하면, 정체성의 확고함과 결혼생활의 만족도가 향상된다.

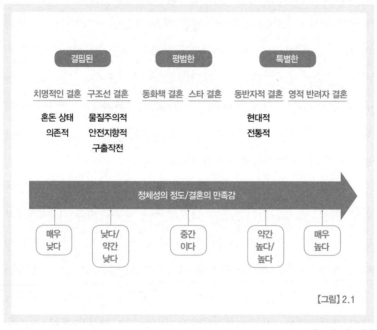

【그림】2.1

© 그레고리 K. 팝캑

부부관계의 발전 경로상 부부의 현재 위치를 확인하는 과정에서 다음 사항을 명심하기 바란다. 우선, 자기는 천사처럼 미화하면서 배우자는 악마로 둔갑시키려는 유혹을 물리쳐야 한다. 실제로 자기는 발전 경로의 최고점에 세워놓고 배우자는 최악의 상태에 두는 사람들이 있다. 하지만 그런 경우는 거의 불가능하다. 우리는 모두 자기와 비슷한 정체성을 가진 사람과 결혼을 하기 때문이다. 그러므로 배우자가 썩은 사과라면 당신도 그다지 반짝이는 편은 아닐 가능성이 크다.

그리고 한 단계에서 다음 단계로 넘어가기 위해서는 많은 노력을 기울여야 하고, 각각의 단계들은 연속선상에 놓여 있기 때문에 현 위치가 두 단계 사이에 걸쳐 있는 일도 얼마든 가능하다. 사실 많은 사람들이 그런 경우에 해당한다. 일단 당신의 결혼생활과 가장 근접한 단계를 선택하고, 설사 세부적인 모든 특징들이 현재 상황에 정확히 들어맞지는 않는다 하더라도 우선은 그 단계에 해당하는 제안들을 살펴보고 일상에 적용해보기 바란다.

단계별 발전 과정이 쉽게 이해되도록 최하위 단계에서 시작해 한 단계씩 올라가는 순으로 살펴보기로 하자.

결핍된 결혼생활

최하위 단계에 '결핍된 결혼생활'이라고 이름을 붙인 이유는 여기에 해당하는 부부들이 친밀감이나 만족도, 지속성이 부족한 결혼생활을 하고 있기 때문이다. 이 단계에는 치명적인 결혼과 구조선 결혼이라는 두 가지 유형이 있다.

치명적인 결혼
"힘겨운 세상살이, 일단 피하고 봅시다"

결혼의 주된 목적 너무 버겁거나 지루하게 느껴지는 세상으로부터 도피

결핍 단계의 첫 번째 유형은 치명적인 결혼이다. 세상으로부터 도피하고자 하는 두 사람이 자기 파괴적인 상태에서 만나 결혼을 하게 된 경우다. 이들에게 세상은 너무 버겁거나 너무 지루하다. 치명적인 결혼은 다시 혼돈 상태와 의존적 형태로 나뉜다.

혼돈 상태의 결혼은 똑같이 자기 파괴적인 두 사람이 만나 서로에게 술친구나 성적 파트너, 아니면 스트레스 해소의 대상이 되어버린 경우다. 이들에게는 그저 하루를 별 고통이나 고민 없이 보낼 수 있는 돈만 있으면 족하다. 하지만 이런 관계는 지속될 수 없으며 지속되어서도 안 된다. 그런데도 만일 이들이 결혼생활을 지속하고 있다면, 대개 그 이유는 둘 중 한 사람(주로 여성)이 그 관계가 깨지면 생활이 위태로워질 것이라는 두려움을 갖고 있기 때문이다. 이런 결혼은 모든 부부관계 중 최악의 형태로, 이보다 더 나쁜 경우를 꼽으라면 연쇄살인범과 결혼한 상황을 겨우 하나 떠올릴 수 있겠다. 한 가지 희망적인 소식이 있는데, 여기서 더 나빠질 일은 없으므로 오로지 올라갈 길만 남아 있다는 사실이다.

의존적인 결혼 형태는 자기 파괴적인 성향이 있는 사람이(주로 남성) 자기를 구제해줄 의향을 보이는 사람(주로 여성)과 혼인관계를 맺은 경우다. 그런데 요즘은 대중 심리학에서 '의존적'이라는 표현을 너무 남용하고 있는 실정이고, 일반인들 사이에서는 본인이 하고 싶지 않아도 타인이 원하면 뭐든 해주는 사람을 통칭하는 의미로 흔히 쓰이곤 한다. 이런 식의 오남용은 자칫 문제의 본질을 흐릴 수가 있는데, 사실 의존성은 자기도 모르게 서서히 중독되는 본연의 성질이 있다.

사례를 보면 이 말의 의미를 보다 쉽게 이해할 수 있을 것이다. TV 리얼리티 프로그램을 즐겨 보는 사람들이 있다. 그 이유 중 일부는 방송을 시청하는 한 시간 동안은 화면 속 인물들의 절망적인 상황에 빠져들어 자신의 골칫거리를 잊어버릴 수 있기 때문이다. 심하게 의존적인 사람들은 전반적인 인생을 이런 식으로 살아간다. 이들은 하루하루 죽고 사는 문제가 연속되는 극적인 삶을 사는 누군가에게 개입함으로써 나날이 쌓여가는 자신의 문제에는 신경을 꺼버린다. 말하자면 이런 식이다. "내 문제는 어차피 해결이 안 돼. 차라리 구제 불능의 곤경에 빠져 있는 이 남자를 구해주자. 그러면 나중에 이 사람이 나를 구해주겠지." 정상적인 사람에게는 이런 사고방식이 이상해 보이겠지만, 의존적인 사람에게는 어쨌든 득이 되는 기회로 간주된다. 그런 말도 안 되는 예견이 들어맞아서 구제 불능한 그 사람이 그녀를 구해주든(이런 일은 결코 일어나지 않지만), 상대방이 구제 불능의 상태로 계속 남아 그녀에게 끊임없이 골칫거리를 안겨주든, 어떤 경우라도 그녀는 자신의 문제로부터 영웅적 도피를 할 수 있기 때문이다. 이런 결혼 형태는 의존적인 배우자의 집요함에 힘입어 오랫동안 지속되는 경우가 많다. 하지만 배우자로서 당사자들의 만족도는 극도로 낮다.

치명적인 부부들을 위한 제안
결혼 관련 연구들을 살펴보면 유일하게 이 유형의 부부들에 관해서만큼은 이혼하는 편이 낫다는 견해를 강력하고 일관되게 피력한다. 그렇지만 혼돈 상태이거나 의존적인 부부들이 어떻게든 부부관계를 유지하고자 한다면, 사리분별력을 기르는 것 외에 무엇보다 정신적인 일대 전환을 성공적으로 완수해야만 한다. 특히 결혼생활에서 최소한 기본적인 신변안전과 경제적 안정은 요구할 줄 알아야 한다. 일례로 당사자들의 특정 상황에 따라 알코올 중독 치료나 개인 심리치료 등을 권유해야 할 수도 있을 것이다. 이 단계의 부부들에게 결혼상담 자체는 효과가 없다. 당사자들이 온전한 성인으로 바로서지 못한 상태이므로 결혼생활은 차후의 문제라고 볼 수밖에 없다.

이제 관계의 발전 경로에서 다음 단계에 해당하는 '구조선 결혼'을 살펴보기로 하자. 이 결혼 유형도 결핍된 단계에 속하기는 하지만, 앞에서 살펴본 부부관계에 비하면 그래도 숨 쉴 틈은 있는 편이다.

구조선 결혼
"이 모진 세상에서 살아남는 게 무엇보다 우선이에요!"

결혼의 주된 목적 '안락한 생활'에 필요한 기초적인 요건(경제적 안정, 안전과 평온) 확보

구조선 결혼은 관계의 발전 경로상 두 번째 단계에 해당한다. 자기 인생에서 도망칠 수 없다는 사실을 깨닫고 나면 사람들은 기본 욕구를 충족시키는 방법을 배우기 시작한다. 이것이 바로 구조선 결혼 형태의 우선적인 목적이다.

구조선 결혼 단계에서는 남편과 아내로서의 정체성이 여전히 유아기에 머물러 있다. 자의식이 튼튼하지 못하기 때문에 서로의 존재와 부부관계를 통해 자기 정체성을 찾는다. 구조선 결혼이라는 명칭에 걸맞게 이 유형의 남편과 아내에게 세상은 폭풍이 몰아치는 바다이며, 결혼생활은 고무보트 하나로 그 바다를 표류하는 것과 같다. 구조선 부부는 너무 어릴 때 결혼을 해서 기본 욕구의 충족 외에도 결혼을 통해 이룰 수 있는 것들이 많다는 사실을 모르거나, 물질과 안전에 대한 욕구가 제대로 보장되지 않는 가정에서 성장한 경우가 많다. 그렇기 때문에 이들은 다른 사람들에 비해 삶의 기본적인 필요조건(경제적 안정, 안전)을 추구하는 일에 훨씬 더 많은 노력을 쏟아붓는다. 결혼생활을 하는 모든 사람들이 이러한 필요조건들을 충족시키고자 하지만, 구조선 부부들은 필요조건이 아무리 충족되어도 만족하는 법이 없다. 그래서 계속 점점 더 높은 수준의 경제적 안정을 추구하거나, 좀 더 평안하고 걱정 없는 삶을 위해 끝없이 애쓰느라 결국은 기본 욕구의 충족 외에 다른 목적이나 의미는 전혀 없는 삶을 살게 된다.

구조선 결혼의 부부관계는 세월이 흐르면서 흔히 '남매'관계로 퇴색되는데, 이는 처음부터 사랑보다는 납부금을 지불하고, 가정을 건사하고, 아이들을 키우는 등의 기능성에 기초해서 쌓아진 관계이기 때문이다. 또한 남녀 사이의 근본적인 차이점도 이들 부부에게서 가장 선명하게 드러난다. 구조선 결혼생활을 하는 남편과 아내는 툭하면 서로 상대방을 멍하니 쳐다보며 이렇게 말하곤 한다. "당신이 나한테 원하는 게 뭔지 정말로 모르겠어. 당신이라는 남자(여자)는 대체 왜 그렇게 생겨먹은 거야?"

역대 전적을 살펴보면, 구조선 결혼생활은 그리 행복하진 않지만 평생 지속되는 것으로 나타난다. 그러나 요즘 들어 이혼을 금기시하는 문화가 쇠퇴하고 여성의 사회 진출이 활발해지면서 이런 부부관계는 혼전 동거를 포함해 대략 10년 정도 유지되는 경향을 보인다.

구조선 결혼은 당사자들이 중요하다고 여기는 일련의 기본 요소들에 따라 다시 물질주의적, 안전지향적, 구출작전의 세 가지 유형으로 나뉜다. 하나씩 간략하게 살펴보도록 하자.

물질주의적 유형은 무엇보다 경제적 안정을 중요시한다. 이는 강박적으로 부를 추구하거나 극단적으로 검소하게 사는 것, 또는 둘 다의 형태로 나타날 수 있다. 물질주의적 유형은 전통적인 구조를 지니는 경향이 있으며 남편과 아내의 역할이 지극히 엄격하게 규정되어 있다. 물질주의적 결혼관계에 있는 남편은 중요하고 보수도 높으며 화려한 직업을 가지고 있을 수도 그렇지 못할 수도 있지만, 어떤 경우든 일 자체에서 얻는 만족보다는 그 일로 인해서 얻게 되는 돈이나 권력, 권위에서 더 큰 만족을 얻는다.

근본적인 불안감을 과도하게 보상받는 형식으로 삶을 채워가는 물질주의적 남편은 남들의 눈에 '좋은 남자'로 보이는 것을 매우 중요하게 생각한다. 따라서 모두가 좋아하는 사람 같지만 자세히 살펴보면 정말 친한 친구는 없다(영화 〈제리 맥과이어〉에서 톰 크루즈가 연기한 역할이 물질주의적 단계를 살아가는 남편의 좋은 예다). 이런 부부관계의 남편은 밖에서는 사교적이지만 가정에서는 무관심하거나 가학적이다. 또한 아내에게 질투심이 많고, 독점적이며, 강압적이다. 반면에 아내는 지금까지 익숙하게 누려온 것들을 잃어버리는 상황을 가장 두려워한다.

스스로 모든 일에 무능력하다고 생각하기 때문에 자기 앞에 주어진 아내와 어머니의 역할을 받아들일 뿐이다. 자녀를 사랑한다고 말하면서도 그 사랑 속에는 억울한 마음도 뒤섞여 있는데, 이는 자기에게 주어진 삶에 갇혀 있다고 느끼기 때문이다. 말하자면 '소리 없는 절망감'으로 채워진 삶을 살아가는 주부의 전형이다.

이 유형의 남편과 아내는 모두 서로에게 극도로 의존적이다. 앞서 말한 바와 같이, 물질주의적인 아내는 경제적 필요와 사회적 지위를 남편에게 의존한다. 한편 물질주의적인 남편은 자기의 취약한 자아를 지탱하고 자신을 정당화하기 위해 아내에게 의존한다("나는 결혼생활을 하고 있어. 그러니 완전히 나쁜 인간은 아닌 셈이지" 하는 식이다). 아내에 대한 남편의 의존성은 일상생활에서 거의 눈에 띄지 않지만 아내가 남편을 떠나려고 하는 순간 적나라하게 드러난다. 그런 순간이 닥치면 남편은 아내가 그간 못마땅해했던 것들을 모조리 뜯어고치겠다고 호언장담하거나(그런데 정작 그런 것들이 뭔지는 정확히 모른다), 그게 통하지 않으면 자살이나 살해 위협을 할 수도 있다("당신이 날 떠나면 난 죽어버릴 거야. 아니, 그냥 같이 죽어버리자!").

물질주의적 결혼생활을 하던 아내들 중 다수는 대략 10년 정도 지나면 독립을 선언한다. 주로 아내 스스로 경제력을 갖추거나 기댈 수 있는 다른 남자와의 만남을 계기로 이런 일이 발생한다. 이후 관계가 온전히 회복되는 경우는 거의 없다. 전문적인 상담을 받지 않은 채 간신히 그 위기를 넘긴 부부들은 다소 침체된 상태로 안정을 되찾아 결혼생활을 지속하긴 하지만, 그마저도 아이들이 성장하는 동안만 유지될 뿐이다. 그 뒤에는 다시 독립을 찾고자 하는 배우자의 반란으로 위기를 맞게 된다.

구조선 결혼의 두 번째 유형은 안전지향적 결혼으로 물질주의적 결혼과는 정반대의 특성이 있다. 안전지향적 결혼은 성장하면서 결핍이나 상처를 경험한 여자가 자기를 위협할 것 같지 않은 착하고 조용한 남자와 결혼한 경우다. 이 결혼의 주요 목적은 안전함이기 때문에 당사자들은 갈등을 피하고 스트레스가 전혀 없는 삶을 추구한다. 아내는 애초에 그런 남자를 남편으로 선택했으므로 부부 사이의 모든 다툼이 자신의 승리로 끝나리라는 확신이 있지만, 그럼에도 대부분 남편과 대립하지 않고 조용히 지낸다. '싸우면서 살기에 인생은 너무 짧다'고 생각하기 때문이다. 이 유형의 부부관계에서는 아내들이 대부분 생활고를 해결하기 위해 일을 하러 다니는데도 많은 경제적 어려움을 안고 살아간다. 또한 물질주의적인 부부들에 비해 이들 부부는 아내의 영향으로 교회에 다니는 경우가 많다. 하지만 신앙이 깊은 것은 아니며, 마음을 달래주는 사교적 종교활동을 좋아하거나 신앙생활 자체에 의의를 두는 편이다.

안전지향적 결혼생활은 10년 정도 무난하게 지속될 수 있다. 아내가 결국 너무 안일하고 정적인 생활에 싫증을 느껴 좀 더 정열적인 삶과 부부관계를 원하기 시작하기 전까지는 말이다. 아내는 남편이 자기를 절대 위협할 리 없다는 사실에 어느 정도 만족하지만, 이와 동시에 자기가 이제 막 원하기 시작한 방식의 사랑을 줄 수 있는 역량이나 동기도 없다는 사실을 깨닫고 실망한다. 이때부터 아내는 남편을 이끌고 결혼문제 상담소나 교회, 지원단체 등을 찾아다니며 남편을 '뜯어고쳐서' 자기가 필요로 하는 사람으로 개조시키려 든다. 그 과정에서 이 부부 사이에는 겉으로 드러나지는 않지만 은근한 긴장감이 감돈다. 그리고 남편에게서 아내가 원하는 효과가 나타난다고 해도, 그 변화는 고통스러울 정도로 더디게 진행된다.

마지막으로 구출작전 유형은 앞서 살펴본 두 가지 유형을 혼합한 형태로, 결혼생활에 대한 부부의 만족도는 좀 더 높다. 주디스 월러스타인 박사가 자신의 저서 《행복한 결혼생활(1995)》에서 밝혔듯이 구출작전 결혼 형태의 남편과 아내는 심하게 방치되거나, 가학적이거나 결핍된 가정에서 자란 경우가 많다. 앞서 살펴본 두 가지 유형의 경우에서 궁극적으로 더 깊은 친밀감이나 더 강한 정체성을 갈망하게 되어 부부관계가 다음 단계로 발전하거나 혹은 파경을 맞이하는 것과 달리, 구출작전 부부들은 과거의 상처를 딛고 일어난 것만으로도 행복하다고 생각하기 때문에 결혼생활에서 더 이상 아무것도 요구하지 않는다. 구출작전 부부관계에 해당하는 한 아내는 나에게 이렇게 말한 적이 있다. "남편을 사랑하는 것 같아요. 다른 여자들이 말하는 사랑과는 다를지도 모르지만요. 그런 거 있잖아요⋯ 나를 때리는 것도 아니고, 술을 많이 마시거나 바람을 피우고 다니지도 않아요. 생활비도 잘 벌어다주고요. 그러니 내가 불평할 일이 뭐가 있겠어요?"

구출작전 유형의 부부들이 상대적으로 '만족하고' 있기는 하지만 이 결혼 형태는 결핍된 단계에 속한다. 당사자들이 삶의 기본적인 필요를 충족시키는 데에만 집중하느라 배우자와의 친밀감이 너무 부족하고, 비정상적으로 상호의존적이며, 대체로 세상으로부터 도피처를 마련하는 데 급급하기 때문이다. 한마디로, 건강한 심신으로 성장한 사람이라면 결코 바라지 않을 결혼 형태인 셈이다.

구조선 부부들을 위한 제안

구조선 결혼 형태에 해당하는 부부들이 관계의 발전 경로에서 다음 단계인 평범한 결혼으로 옮겨가기 위해서는 다음 사항들에 주의를 기울여야 한다.

1. 삶에 대한 기대치를 높인다. 구조선 결혼생활을 하고 있다면 삶에서 '기본적인 필요' 이상의 것을 바라는 일은 어리석거나 자기중심적이라는 생각을 가지고 있을 것이다. 그리고 주로 이런 사고방식 탓에 결혼생활이 마치 뮤지컬 〈흡혈식물 대소동〉에 나오는 외계식물과 흡사한 모습을 띠게 된다. 즉 생명력을 빨아먹으며 지탱해가는 생활에 휘말려 든 셈이다. 건강한 결혼생활은 생명력을 소진시키지 않는다. 오히려 생기를 불어넣어 본연의 모습을 꽃피울 수 있도록 북돋워준다. 이런 이상적인 결혼생활을 향해 나아가려면 자신의 꿈과 목표, 이상, 가치를 언젠가 복권에 당첨되면 그때 가서 생각해보리라 미뤄두지 말아야 한다. 정체성을 확립하고 부부관계를 다음 단계로 끌어올리려면 그저 현실적으로 가능하거나 보수가 좋거나 중요한 일이 아니라 진정으로 의미 있는 일이나 역할을 찾으려는 의지가 무엇보다 중요하다.

2. 자기의 욕구를 스스로 충족시키는 법을 배운다. 부부관계에서 사랑이 꽃피게 하려면 의존적 생활에서 탈피해야 한다. 지금 배우자에게 의존하고 있는 것 중에서 스스로 할 수 없거나, 하고 싶지 않은 것은 무엇인가? 생활비를 버는 일? 집 청소? 식사 준비? 자녀양육?

친구 만들기? 스스로를 긍정적으로 받아들이기? 의존적인 정신상태
는 사랑을 잠식시킨다. 그러니 의존성을 극복하기 위해 필요하다면
훈련이든, 연습이든, 상담이든 뭐든 당장 시작하라.

3. **배우자와의 관계를 올바르게 정립한다.** 구조선 결혼 유형의 부
부는 집 안을 서성거리며 상대방이 무엇을 원하는지를 생각하느라
너무 많은 시간을 보낸다. 이러한 행동은 필히 개선해야 한다. 존 그
레이John Gray의 '화성-금성' 시리즈나 게리 스몰리 Gary Smalley의《평생
사랑받는 결혼생활을 위한 비밀 열쇠 Hidden Keys to a Loving, Lasting Marriage》
또는 데보라 태넌 Debora Tannen의《그래도 당신을 이해하고 싶다 You Just
Don't Understand》같은 책들이나 결혼생활 관련 전문 프로그램들이 유익
한 도움을 줄 수 있다. 이런 것들을 활용해보라. 또한 원하는 변화를
스스로 주도해나가는 데 도움이 될 만한 심리 상담이나 결혼문제 상
담도 적극 찾아보길 권한다.

4. **마음 편한 것만 추구하려는 습성을 바로잡는다.** 혼란스러운 과
거를 보냈다면 이제라도 평화롭고 조용한 생활을 누려야겠다는 생각
이 들 것이다. 그러나 안타깝게도 이런 생각에 사로잡히면, 자기가 필
요하다고 판단한 것들 외에는 배우자에게 다른 무엇도 주고자 하는
마음이 생기지 않을 수 있다. 어쩌면 더 많은 관심과, 시간 및 여러 다
른 것들을 원하는 배우자의 요청을 노골적으로 거절하거나 은근히 무
시해왔을지도 모른다. 그리고 자신의 허점을 가리기 위해 배우자의
문제점을 자꾸 꼬집고 잔소리를 해왔을 수도 있다. 편안함을 원했다

면 결혼서약서에 동의하기보다는 안락의자를 샀어야 했다. 이제라도 당신과 배우자의 삶을 제대로 채우기 위해 노력하라.

현재 구조선 결혼생활을 하고 있다면, 다음 단계로 옮겨가기 위한 노력을 기울이라고 권하고 싶다. 이러한 결혼생활이 향후 10년 정도 뒤에 맞이하게 될 위기는 관계의 문제라기보다는 정체성의 문제다. 당신의 부족함을 배우자의 탓으로 돌리지 말고 스스로 세상에서 설 자리를 찾아야 한다. 그러기 위해 애쓰는 당신의 모습을 보며 배우자가 못마땅해할 수도 있다. 이 경우 배우자와 당신 사이에 긴장감이 조성될 수 있는데, 이런 갈등은 정신적으로 좀 더 강력한 정체성을 확립하는 데 오히려 도움이 된다. 이때는 배우자를 당신의 정체성이라는 칼을 예리하게 다듬기 위한 숫돌로 삼자. 현 단계에서는 일단 결혼생활에서 기본적인 필요를 충족하는 가운데 개인적 성장을 도모하는 게 좋다. 그러는 동안 배우자도 함께 성장할 수 있도록 격려해보자. 배우자가 잘 따라와준다면 더할 나위 없이 좋은 일이다. 만일 그렇지 않다면, 우선은 개인적·사회적·경제적으로 지금보다 더 나은 입지를 확보하고 난 뒤에 이 결혼생활을 계속해도 좋을지 판단해보면 된다.

부부관계의 발전 경로상 다음 단계는 대다수 부부들이 속해 있는 구간이자 구조선 부부들이 앞에서 언급한 사항들을 성공적으로 완수했을 때 도달하게 되는 지점이다.

평범한 결혼생활

일반적으로 평범한 결혼생활의 주된 목적은 서로 도와서 세상을 살아갈 발판을 마련하고 이를 유지하는 것이다. 사람들은 기본적 필요조건을 충족시킬 수 있는 역량을 갖추고 나면, 일체감을 느낄 수 있는 사람들을 찾는 데 관심을 보이고 평범한 결혼생활을 위한 준비를 갖춘다. 평범한 결혼생활을 하는 부부들 중에는 관계의 발전 경로에서 훨씬 상위 단계에 있는 부부들에게서 나타나는 몇 가지 특성과 태도, 기술이 드러나는 경우도 있지만 그런 요소들이 아직 숙달된 정도는 아니다. 결혼의 주된 목적이 얼마나 실현되는가에 따라 평범한 단계의 결혼은 다시 동화책 유형과 스타 유형으로 나뉜다. 평범한 결혼 단계에 진입하기 위해서는 다음과 같은 기본 요건들이 갖춰져 있어야 한다.

1. 비록 현재 직업을 가지고 있지는 않더라도, 남편과 아내 모두 최소한의 경제적 필요조건을 스스로 해결할 수 있다는 확신이 있어야 한다.

2. 남편과 아내 모두 자신의 직업이나 사회적 역할에서 개인적 의미와 보람을 찾은 상태여야 한다. 예를 들어 구조선 결혼 단계에 해당하는 여성이 의사라는 직업을 갖고 있고 그 일에서 즐거움을 느낀다면 그 이유는 자기 직업이 안겨주는 돈과 힘, 특권 때문이다. 반면 평

범한 결혼 단계에 속하는 여성은 의사라는 직업을 통해 행하는 의술 자체에서 진정한 기쁨을 찾는다. 비슷한 예로, 평범한 단계에 해당하는 전업주부의 경우, 훈련이나 경험만 쌓으면 다른 일도 얼마든 할 수 있다고 생각하지만 전업주부도 개인적으로 의미 있고 사회적으로도 가치 있는 일이라고 진심으로 믿기에 현재의 역할을 스스로 선택한 것이다.

3. 남편과 아내 모두 특정 '가치 집단'에 적을 두고 있거나 그 집단에 가입까지는 안 하더라도 공감 및 지지 의사는 분명히 해야 한다. 그런 집단으로는 종교단체, 전문가 집단, 정치/지역사회 단체, 남성/여성 단체 등을 들 수 있다. 이런 동질감은 결혼생활에서도 중요한 요소로 작용하는데, 그 이유는 매슬로우가 지적했듯이 세상에서 인정받고 소속감을 갖는 것이 자아실현을 위한 필수적인 단계이기 때문이다. 정신분석학자 에릭 에릭슨Erik Erikson 역시 가치 집단들과의 동질감 형성이 건강한 정체성을 확립하는 데 필수적인 요소라는 사실을 연구를 통해 보여주었다.

평범한 결혼 단계에 해당하는 남편과 아내는 그런 단체와의 연계나 동질감을 통해 자신이 중요하게 여기는 가치들을 명확히 인식함으로써 자아 개념을 보다 확고히 다져나간다(이 단계에서의 '가치'란 결혼의 지상목표나 개인의 사명, 신념보다는 특정한 정치적/사회적 어젠다를 의미하는 경향이 있다). 부부 각자가 단체에 참여해 활동하는 모습을 살펴보면, 대체로 이들은 그룹 내 다른 사람들과 견주어 자신이 어느 정도에 위치하는지 가늠해보는 경우가 많다. 즉 '남에게 뒤지지 않으려고 애쓰는' 것이다. 이런 양상은 결혼생활에 대한 책임감의 씨앗이 되며("나도 최소한 누구누구만큼은 괜찮은 배우자야"), 이 씨앗이 싹을 틔우고 무럭무럭 자랄 수 있는 여건이 조성된다면 부부가 다음 단계로 발전하는 데 있어 가장 중요한 촉매제가 될 수 있다.

4. 부부 모두 남녀 사이에 있을 수 있는 기본적인 의사소통 방식의 차이에 대해 타협을 이룬 상태여야 한다. 평범한 단계의 부부도 이따금 "여자(남자)는 절대 모를 일이야" 하는 식의 공방을 벌이는 덫에 걸려들긴 하지만, 이는 단지 예외적인 경우일 뿐 구조선 단계의 부부에게서 나타나는 일상적인 생활방식은 아니다.

이런 요소들이 평범한 결혼과 구조선 결혼을 구분 짓는 가장 중요한 특징이다. 구조선 결혼 형태의 부부들은 자신의 문제를 해결하려고 전전긍긍하느라 결혼 자체를 바라볼 여유가 없으며 세상에 대해, 특히 특정 단체나 그룹에 대해 약간의 피해망상적 또는 자기방어적인 태도를 취한다.

평범한 범주의 결혼생활은 관계의 발전 경로에서 사랑에 근거한 관계로는 첫 번째 단계다. 이 단계에서 부부간의 사랑은 따뜻하고 편안하지만 친밀감의 정도는 깊지 않은데, 그 이유는 평범한 단계의 남편과 아내의 경우 자기 세계에 몰입되어 배우자와의 관계를 충분히 돌보지 못하기 때문이다. 평범한 결혼생활을 성공적으로 지속하기 위해서는 당사자들이 결혼생활의 우선순위와 이를 바라보는 시각을 올바르게 정립해야 한다. 그렇게 할 때만이 평범한 결혼생활의 가장 심각한 위험요소인 '각자의 세계에 몰입되어 멀어지는 경우'를 피할 수 있다(5장과 7장 참조).

관계가 소원해지는 것 외에 평범한 단계의 모든 유형이 직면하는 또 다른 두 가지 문제는 가정에서 점수매기기(집안일을 두고 이번에는 누가 할 차례인가를 따지거나, 가정을 위해 얼마나 노력하는 것이 '공평'한 것인지 따져보는 일)와 내가 '기 싸움'이라 칭하는 상황이다. 기 싸움은 '치킨게임'이라 불리는 담력 겨루기와 흡사하다. 즉 차를 탄 두 사람이 맞은편에서 빠른 속력으로 달려오면서 누가 먼저 핸들을 틀어 피할 것인지를 겨루는 모양새다. 결혼생활에서 기 싸움을 하는 남편이나 아내는 서로에 대해 '당신이 낭만적이고, 성생활에 적극적이며, 나에게 좀 더 자상하게 대해준다면, 나도 당신에게 낭만적이고, 성생활에 적극적이며, 자상한 배우자가 될 수 있어. 하지만 당신은 절대 변하지 않을 거야'라는 생각을 가지고 있다. 기 싸움은 두 가지 면에서 결혼생활에 악영향을 미친다. 배우자가 아무런 변화도 시도하지 않을 수 있는 핑계거리를 제공하는 한편, 부부 각자가 동시에 독선적인 마음을 품도록 만든다. 쉽게 짐작하겠지만 기 싸움은 중독성이 있다.

평범한 결혼생활을 하는 부부가 이런 식의 게임에 취약한 이유는 각자가 어느 정도 건강한 정체성을 가지고 있기는 하지만 사춘기를 지나는 동안 그것이 충분한 자양분을 받지 못해서 완전히 성숙되지 못했기 때문이다. 그래서 평범한 단계의 남편과 아내는 결혼생활로 인해 '자아를 상실'하게 될지도 모른다는 두려움을 느끼고 자기방어 기제를 동원해 그런 식의 게임을 벌이게 되는 것이다. 평범한 단계의 부부들이 성숙해가면서 배워야 할 것은 정말로 건강한 정체성은 잃어버리거나 빼앗길 수 없다는 사실이다. 그러한 두려움은 잠재적으로 '억압적'일 수 있는 배우자나 결혼제도에 기인하기보다는 개인적인 취약함 때문인 경우가 더 많다. 이런 모든 요소들을 감안해볼 때 평범한 단계의 결혼생활은 어느 정도 안정적이며 만족감도 높은 편이다.

이제 평범한 단계의 두 가지 유형인 동화책 결혼과 스타 결혼을 살펴보자.

동화책 결혼
"가끔 우린 마치 평행선 위를 걷는 것 같아요"

결혼의 주된 목적 보수적인 가치로 이루어진 세계에서 자기들의 자리를 찾는 것

이 유형에 속하는 부부는 자기가 설 자리나 역할을 찾는 과정에서 전통적인 가치를 반영하는 지역사회 모임이나 종교단체의 활동에 적극 참여한다. 하지만 결혼 자체는 전통적인 구조를 이룬다. 구조선 유형의 물질주의적 아내와는 달리 평범한 단계의 동화책 유형에 해당하는 아내는 다른 선택의 여지가 있음에도 가정주부의 역할도 중요하다고 생각했기 때문에 그쪽을 선택한 경우다. 결혼 전에 다니던 직장은 결혼과 가정이라는 최우선 목표를 달성할 때까지 기다리기 위한 징검다리였던 셈이다('언젠가 왕자님이 나타날 거야'라는 생각으로). 동화 같은 결혼생활을 하는 아내들은 다른 사람 앞에서는 남편을 존중해주지만, 속으로는 자신을 '남편의 조종자'로 생각한다. 그래서 남편

이 잠재력을 충분히 발휘하지 못한다는 생각이 들면 좀 더 노력해보라며 가차 없이 등을 떠민다. 아내의 이런 모습에 남편은 두 가지 상반된 감정을 느낀다. 한편으로는 아내의 간섭이 싫으면서도 다른 한편으로는 아내가 엄마처럼 이끌어주는 것이 싫지 않다.

평범한 단계의 동화책 결혼생활을 하는 남편은 가족의 생계를 책임지는 가장이지만, 구조선 결혼의 물질주의적 남편처럼 가족 위에 군림하려 들지 않는다. 동화책 유형의 남편들이 직면하는 가장 큰 문제는 자아 정체성의 너무 많은 부분이 (여기에 가족 이름이나 문화적 정체성을 넣어 읽어보라)에 달려 있기 때문에 엄마 아빠 노릇을 하는 데 어려움을 겪는다는 사실이다.

이들 부부의 경우 배우자의 역할을 가장 잘 설명하는 단어는 '반투성_{의견이나 생각이 총체적으로 소통되지 않고 선택적으로 전달되는 경우를 의미한다-옮긴이}'일 것이다. 동화책 유형의 남편은 금전적 문제에 대해 아내의 의견을 묻지만, 대부분의 경우 왜 자기의 의견이 최선인가를 설명하는 것으로 대화가 끝난다. 마찬가지로 아내는 집안 대소사에 남편의 의견을 묻지만, 결국은 왜 자기의 의견이 최선인가를 설명한다. 일반적으로 동화책 결혼생활을 하는 부부들의 경우, 관계의 발전 경로에서 상위 단계에 있는 부부들에 비해 배우자의 역할 분담이 보다 뚜렷한 편이다. 하지만 구조선 결혼의 배우자 역할처럼 융통성이 없거나 법에 의거하여 구분하는 정도와는 거리가 멀다.

앞에서 언급한 바와 같이 평범한 단계의 결혼생활에서 직면할 수 있는 가장 큰 위험은 '부부가 멀어지는 상황'이다. 평범한 단계의 동화책 결혼생활에서 이 문제는 남편은 일에만 완전히 몰입하고, 아내는 집안일과 자녀양육에만 몰입하는 형태로 나타난다. 그러다 보면 어느 날 남편과 아내는 각자 평행선을 걷고 있다는 사실을 깨닫게 될 것이다. 이런 사태를 예방하려면 남편과 아내가 서로의 세계에 최소한의 관심은 가지고 있어야 한다. 하지만 본인이 별 흥미를 느끼지 않는 일을 배우자와 공유한다는 것에 선뜻 마음이 내키지 않을 수 있기 때문에, 일부 부부들에게는 어려운 과제일 수 있다. 이런 경우, 당사자들이 참여하고 있는 그룹에 본보기가 될 만한 부부가 있다면 이런 문제를 극복하는 데 도움이 될 수 있다. 평범한 단계의 결혼생활을 하는 부부는 때때로 배우자에게 무심한 경향이 있지만, 그룹 내의 다른 사람에게 본인들이 그렇게 보이는 것은 끔찍이 싫어한다. 이런 경향이 긍정적으로 작용하면 결혼에 대한 책임감이 높아져 자신의 부부관계를 돌아보고 신경 쓰도록 환기시키는 요인이 된다. 평범한 단계의 결혼생활을 하는 부부가 결혼에 별다른 가치를 두지 않는 '가치집단'에 소속되어 있는 경우, 이혼할 가능성이 훨씬 높아진다.

이제 동화책 결혼생활과 동일한 맥락상에 있지만 약간 변형된 형태인 스타 결혼을 살펴보자.

스타 결혼
"우리에게 가정은 에너지 충전소이자 휴식처일 뿐이죠"

결혼의 주된 목적 현실 세계에서 서로의 위상을 지원하고 지켜주기

동화책 유형과 스타 유형의 유일한 차이는 스타 부부들이 페미니

즘을 비롯해 좀 더 자유로운 정치 신념을 중심으로 결혼생활을 꾸려 간다는 것이다. 같은 맥락에서 스타 부부들은 동화책 부부들처럼 전통적인 종교나 지역공동체 활동에 참여하기보다는 좀 더 자유분방한 사회활동을 하는 전문단체나 정치단체에 참여한다.

스타 부부들에게 있어 가정은 남편과 아내가 세상에 나가 싸워 이기는 데 필요한 힘을 충전하는 곳이다. 이들에게는 직장에서 제 몫을 다 하고 인정받는 것이 다른 어떤 일보다 중요하다. 직업이 화려하고 사회적으로 인정받는 자리인가 하는 것은 그리 중요하지 않다. 그보다는 직장에서 '최선의 성과를 내는 것', 그리고 '자기의 존재가 빛나는 것'이 중요하다. 스타 부부도 동화책 부부가 빠질 수 있는 위험들에 똑같이 취약하다. 다만 세부적인 양상이 다를 뿐이다. 예를 들어 스타 부부들도 남편과 아내가 각자 자기 일에 몰두하다 보면 서로 멀어질 수 있다. 자기 관심사를 배우자와 공유하고, 함께하는 시간을 마련하고자 노력하지 않으면 가정이라는 곳이 각자의 프로젝트에 몰입하고, 각자의 일정을 소화하고, 각기 다른 사회활동에 참여하면서 아주 가끔 서로에게 관심을 보이는 집단 독백 상태가 계속되는 공간이 될 수도 있다.

또한 스타 부부는 '개인적인 것이 정치적인 것이다(일상의 정치화)'라는 생각이 의식, 무의식에 항상 작용하기 때문에 가정에서 잘잘못을 따지는 데 매우 민감하다. 집안일을 '공평하게' 나누는 문제를 놓고 갈등을 빚는 일이 일상적이며, 특히 결혼 초기에는 더욱 그렇다. 서로의 일정이 겹쳐서 우선순위를 두고 충돌할 때는 기 싸움의 양상도 자주 나타난다. "당신 회사에서 하는 부부동반 모임에 난 못 가. 그날 밤에 회의가 잡혀 있거든. 나도 당신에게 중요한 일이 있을 때 나 때문에 그걸 포기하라고 하지 않잖아!" 또는 "나도 물론 집에 일찍 가서 같이 영화를 보고 싶지. 하지만 임원이 참석하는 회식이 잡혀 있는 걸 어쩌겠어. 당신도 그 자리가 나한테 얼마나 중요한지 잘 알잖아. 내 능력을 확실히 보여줄 수 있는 기회라고. 하필 왜 이런 날 이렇게 보채는 거야?" 하는 식으로 언쟁을 벌인다.

스타 부부들은 부모 역할에 치여 '자기 정체성'을 잃게 될까 봐, 자녀로 인해 부부간의 세력 균형에 문제가 생길까 봐 두려워하기 때문에 자녀양육도 첨예한 갈등 요인이 된다. 동화책 유형의 부부와 마찬가지로 스타 부부도 진정으로 확고한 정체성은 잃어버릴 염려가 없다는 사실을 기억할 필요가 있다. 평범한 단계의 결혼생활을 하는 부부는 자기만의 가치, 이상, 목표를 더욱 명확하게 정립해야 한다. 그래야 결혼의 지상목표를 위한 기초가 마련되고, 특별한 결혼생활로 옮겨갈 수 있다(아래 참조).

평범한 부부들을 위한 제안

평범한 결혼에서 다음 단계로 발전하려면 부부가 다음 사항에 집중해야 한다.

1. **가치체계를 확고히 한다.** 특별한 부부와 평범한 부부 사이에 가로놓인 가장 큰 도전과제는 결혼의 지상목표를 세우는 일이다. 결혼의 지상목표란 부부가 마음속에 깊이 간직하고 공유하는 일련의 가치, 이상, 목표로, 부부의 삶과 결혼생활을 이끌어간다. 특별한 부부

로 발전하기 위해서는 어떠한 가치를 추구할 때 배우자와 '공평하기'를 넘어서 좀 더 양보하고, 남들의 눈에 '평범함을 벗어난' 것처럼 보이는 선택을 할 수 있을지 깊이 생각해보아야 한다. 예를 들어 평범한 단계의 결혼생활을 하는 남편은 아내의 언행이 자기의 너그러운 행위를 받을 만하지 못하다고 생각될 때는 애정이 담긴 친절을 베풀지 않는다. 그러나 특별한 결혼생활을 하는 남편이라면 아내의 사소한 실수에 개의치 않으며(본인도 때때로 실수를 하니까), 변함없이 애정 어린 태도로 아내를 대한다. 왜냐하면 바로 그런 모습이 특별한 단계의 남편이 꿈꾸는 더욱 '성숙한' 자신의 모습이기 때문이다. 특별한 단계의 배우자는 스스로를 피해자의 입장에 세우지 않는다. 그리고 스스로에게 부끄럽지 않은 진실한 사람이 되려면 먼저 자기가 추구하는 가치 앞에 진실해야 한다는 사실도 잘 알고 있다.

자기가 추구하는 가치와 이상, 목표를 명확하고 확고하게 다지는 데 도움이 되는 방법 중 하나는 종교단체, 남성 및 여성 단체, 정치단체와 같은 특정 가치 집단이 추구하는 이상에 더 큰 동질감을 형성하고 배우려는 자세로 임하는 것이다. 이는 일부 독자들이 소위 '천성적으로 그렇게 태어났다'고 생각하는 특별한 부부들이 실천하는 방법이기도 하다.

조금 더 평범한 성향을 띠는 부부들의 경우 특정 가치 집단에 참여함으로써 얻는 안도감과 그룹 활동에 참여함으로써 느끼는 삶의 의미 같은 것들을 중요하게 생각한다. 예를 들어 특정 교회의 예배에 참석하는 이유를 들라고 하면 "교회의 가르침 중 공감하지 않는 부분도 많지만, 그래도 교회에 가면 마음이 편안해진다"고 말하고, 시민단체에 참여하는 이유는 '삶에 목적의식을 부여해주기 때문'이다. 이러한 마음가짐은 그 자체로 훌륭하기는 하지만, 근본적으로 일과 신념에 대한 자기중심적인 접근이다. 인생을 한 단계 높은 차원으로 끌어올리기 위해서는 당신이 추구하는 가치가 당신에게 무엇을 해줄 수 있는지 묻기 전에 당신이 그 가치를 위해 무엇을 할 수 있는가를 물어야 한다.

특정 가치 집단에 배우려는 자세로 참여하다 보면 자기가 추구하는 가치를 좀 더 명확하게 확인할 수 있을 뿐 아니라 그 가치를 지키기 힘들어졌을 때 필요한 도움을 받을 수 있다. 저술활동이나 명성으로 볼 때 특별한 부부 중 첫 번째 유형(동반자적 결혼)에 해당될 것이 분명한 몇 쌍의 부부를 예로 들어보겠다. 그중 한 부부는 영화평론가인 마이클 메드베드Michael Medved와 심리학자이자 작가인 다이앤 메드베드Diane Medved 박사이며, 또 한 부부는 사업가이자 동기부여 강사인 스티븐 코비Stephen Covey와 샌드라 코비Sandra Covey, 그리고 또 한 부부는 전국적으로 명성이 있는 아동교육 전문가 윌리엄 시어즈William Sears와 공인 간호사 마사 시어즈Martha Sears다. 이들은 여러 면에서 훌륭한 데다 각기 유대교, 모르몬교, 개신교 복음주의와 같은 신심 깊은 종교단체에 소속되어 열심히 활동하고 있다. 상대적으로 좀 더 세속적인 가치에 근거한 부부들도 특별한 결혼생활을 영위할 수 있다. 이 경우의 좋은 예로 민주당의 정치 전략가 제임스 카빌James Carville과 공화당의 정치 전략가 메리 마탈린Mary Matalin의 결혼을 들 수 있다.

심리학적 측면에서 볼 때 자신이 지지하는 '주의' 그 자체는 그리 중요하지 않다. 중요한 것은, 궁극적으로 신념과 자의식을 명확하게 확립하려면 당신이 선택한 '주의'를 굳게 믿고 배운다는 생각으로 열심히 따라야 한다는 사실이다.

특정 가치 집단에 소속되어 따른다는 개념은 서구 사회, 특히 미국에서는 달갑게 받아들여지지 않는다. 하지만 정체성 계발에 관한 에릭 에릭슨과 에이브러햄 매슬로우의 독자적인 연구, 제임스 파울러James Fowler의 신념 계발에 관한 연구가 모두 개인이 어느 하나의 가치체계를 온전히 내면화하기 위해서는 먼저 그 가치체계가 외부적으로 명확해져야 한다는 사실에 동의한다. 스스로 도덕적 나침반이 되어 세상을 살아가고자 하는 사람(말하자면 특정 가치 집단을 따르지 않으면서 개인적 가치체계와 결혼의 지상목표를 세우고자 하는 사람)도 최소한 나침반에 북쪽은 표시되어 있어야 그것을 기준으로 방향을 가늠할 수 있다. 신앙공동체와 기타 가치 집단들은 나침반의 자북과 같은 역할을 한다.

이제까지 살펴본 모든 내용을 떠나서, 당신이 배우자와 함께 결혼의 지상목표를 세우고 실천하기로 했다면, 진심을 다해 부부의 사명에 함께 몰두하기로 약속한 셈이다. 이런 자세는 가사를 두고 서로의 몫을 일일이 따지는 일과 쓸데없는 기 싸움을 중단하게 해주고, 상대방이 사랑받을 자격이 있건 없건 늘 애정 어린 배려를 베푸는 성숙한 사랑을 할 수 있도록 해준다. 이는 평범한 단계의 부부가 완벽히 소화해내기에 종종 가장 어려움을 겪는 과정이긴 하지만 특별한 부부로 거듭나기 위해 반드시 통과해야 하는 단계다.

2. 혼자만의 세계에서 빠져나온다. 평범한 단계의 결혼생활도 사

랑에 근거한 것이기는 하지만, 부부간의 친밀도에 있어서는 다소 피상적인 면이 있는데, 이는 특히 남편과 아내가 각자 자기만의 세계를 구축하고 그 속에 머무르려는 성향을 지니기 때문이다. 동화책 결혼 유형의 남편이라면 자기 집안이 돌아가는 사정에 대해 아는 것이 거의 없을 것이다. 동화책 유형의 아내도 남편의 직장에 관한 재미없는 얘기를 알고 싶어하지 않을 것이다. 스타 유형의 남편과 아내는 자기 일에 너무 심취해 있기 때문에 배우자의 세계에 관심을 가질 시간이 없다. 한마디로, 평범한 단계의 결혼생활을 하는 부부들은 너무 바빠서 서로를 바라보며 교감을 나눌 시간이 늘 부족하다. 특별한 부부로 발전하려면 이런 점을 개선해야 한다. 서로 상대방의 세계에 관심을 갖고 적극적으로 교감을 나눠야 한다. 한 저명한 상담가의 주장에 따르면 결혼생활이 제 기능을 하기 위해서는 부부가 최소한 일주일에 열다섯 시간 정도는 뭐든 함께 하고 대화를 나눠야 한다. 당신의 결혼생활은 이 기준에 얼마나 근접해 있는가?

3. **의사소통 기술을 연마한다.** 평범한 부부 대부분이 자기 욕구와 감정을 소통하는 능력을 갖추고 있기는 하지만, 그래도 더 좋은 방향으로 개선할 여지는 있을 것이다. 평범한 단계의 부부들도 가끔 미묘하지만 중요한 소통방식의 차이 때문에 부부 사이에 단절을 경험한다. 이 문제에 대해서는 특별한 일치감과 특별한 타협에 관한 장을 읽어보면 도움이 될 것이다.

지금까지 가장 많은 부부들에게 해당되는 일반적인 결혼 유형을 살펴보았다. 이제 특별한 결혼생활의 두 가지 유형에 대해서 알아보도록 하자. 앞으로 몇 페이지에 걸쳐 읽게 될 내용은 결혼의 지상목표가 부부에게 얼마나 큰 의미와 힘이 되는지를 이해하는 데 도움이 될 것이다.

특별한 결혼생활

특별한 단계의 결혼생활은 결혼의 지상목표의 중요성을 얼마나 잘 이해하고 있는가에 따라 크게 두 가지 유형으로 나눌 수 있다. 첫 번째 유형은 특별한 부부의 대부분이 해당되는 동반자적 결혼이다. 동반자적 결혼은 개인의 유능성을 추구하고 향상시키는 일을 최우선 목표로 삼는다. 당사자들은 결혼의 지상목표를 추구하는 과정에서 우선 자신의 능력이 부족한 분야가 어디인지 깨닫게 되고(관심이 부족해서든 타고난 재능이 부족해서든), 부족한 능력을 향상시키기 위해 노력한다. 특별한 결혼의 두 번째 유형은 영적 반려자 결혼(또는 낭만적 동료 결혼)이다. 부족했던 능력이 만족할 만큼 향상되고 나면 부부는 결혼생활에서 친밀감과 자아실현을 추구하기 시작한다. 이 두 가지 유형을 간단히 살펴보기로 하자.

동반자적 결혼
"혹시 나에게 부족한 부분은 없나요?"

결혼의 주된 목적　능력과 친밀감 추구. 결혼의 지상목표의 첫 번째 열매다.

결혼의 지상목표를 명확하게 세우고 나면 남편과 아내는 각자 스스로에게 이렇게 묻는다. "내가 소중하게 생각하는 긍정적 품성과 도덕적 가치(사랑, 지혜, 진실성, 창의성 등)를 좀 더 모범적으로 실현하는 사람이 되려면 어떻게 해야 하지?" 이 의문에 대한 일차적 해답은 대부분 지금까지는 관심이 없었거나 재능이 없었던 분야에서 유능해지도록 노력하는 것이다. 남편은 아내가 집안일을 하면서 "도와주세요"라고 말할 때까지 기다리지 않고 솔선해서 할 일을 찾아서 한다. 아내는 자기가 싫어하는 일이라는 이유 하나로 자기 몫의 일이나 책임을 남편에게 떠넘기지 않았는지 성찰해보고 해당 부분에서 유능해지도록 노력한다(6장 참조).

진정한 동반자적 결혼생활을 하는 남편과 아내는 가정에서 해야 하는 일이라면 어떤 것도 자기 능력이나 책임 한도 밖이라고 밀어내지 않는다. 두 사람이 똑같이 집안일, 결혼생활의 낭만, 경제적인 문제를 책임진다. 집안일은 먼저 보는 사람이 하거나, 할 수 있는 여건이 되는 사람이 한다는 데 두 사람의 의견이 일치한다. 평상시에 자기가 잘하는 분야가 아니어도 마찬가지다.

이렇게 유능성을 추구하는 동반자적 부부는 다음의 세 가지를 성취할 수 있다. 단순한 공평함을 넘어선 진정한 평등주의, 친밀감을 저해하는 자기방어적 장벽의 제거, 특별한 일치감과 타협이다.

1. **공평함을 넘어서는 진정한 평등주의.** 페퍼 슈워츠 박사는 자신의 저서인《평등 결혼》에서 특별한 부부(슈워츠 박사는 '동료적 부부'라고 부른다)가 평범한 부부들과 다른 점은 단순한 공평함보다 평등주의를 선호하는 성향이라고 했다. 기본적으로 이것은 '50/50의 거래 제안'으로 이루어진 결혼과 '100/100 동반자관계'로 이루어진 결혼의 차이다. 평범한 부부는 집안일과 각자의 영역을 똑같이 나눔으로써 '공평함'과 '세력의 균형'을 이루는 것이 결혼생활에 무엇보다 중요하다고 생각한다. 반면에 동반자적 부부는 동등한 관계임을 입증하기 위해 모든 것을 똑같은 무게로 나누어야 할 필요를 느끼지 않는다.

동반자적 결혼생활을 하는 남편과 아내는 서로가 평등하다는 사실을 이미 잘 인지하고 있기 때문에 굳이 줄다리기를 하면서 확인하려고 애쓰지 않는다. 언제나 자신의 역량을 100퍼센트 내놓거나 인간적으로 가능한 한계까지 최선을 다하며 배우자도 그러리라는 것을 믿는다. 어떤 일도 둘 중 한 사람에게 책임이 있다고 생각하지 않는다. 그러다 보면 서로에게 정중하면서도 효율적이고 이타적인 방식으로 일상의 일들을 처리해나가게 되는데, 나는 이를 유능성의 유희라고 부른다.

평등주의적 결혼의 핵심은 '존재'의 평등함이지 집안일을 공평하게 나누어 하는 것은 아니다. 이는 동반자적 부부가 성취하고자 하는 가장 심오한 친밀감의 기본 전제이기도 하다.

2. **진정한 친밀감.** 결혼생활에 아무리 충실히 헌신해도 배우자가 당신의 노고를 당연하게 여기는 일은 결코 없으리라는 믿음은 당신

을 정신적으로 자유롭게 한다. 그리고 이 자유로운 느낌은 방어적인 자세를 버리고 공평함이나 힘의 균형을 위한 줄다리기를 멈출 수 있는 용기로 이어진다. 그러고 나면 소통과 교감이 제한적 단계에 머물렀던 평범한 부부가 전에 한 번도 경험해보지 못한 일체감을 맛보기 시작한다. 남편과 아내가 모두 상대방의 세계에 관심을 갖고 점차 익숙해지기 시작한다. 결과적으로 부부가 나누는 모든 것, 일상의 모든 잡무들이 서로를 더욱 가깝고 친밀해지게 하는 기회가 된다.

또한 결혼의 지상목표에 충실하기로 약속한 동반자적 남편과 아내는 본인들이 꿈꿔온 성숙한 인간의 모습으로 삶을 완성할 수 있도록 이끌어줄 가장 확실한 희망의 등불로 서로를 생각하게 된다. 이에 대한 내용은 이 책의 뒷부분에서 부부 고유의 지상목표 세우기를 할 때 더 자세히 이야기할 것이다. 여기에서는, 동반자적 부부는 이 단계를 거치면서 결혼생활에서 가장 중요한 것은 서로의 정체성이 더욱 확고해질 수 있도록 돕고, 두 사람이 공유하는 영적 가치, 도덕적 이상, 정서적 목표를 향해 함께 나아가는 일이라는 사실을 점점 확실하게 깨닫게 된다는 정도로만 알아두자. 이런 면에서 동반자적 부부는, 사실 모든 특별한 부부들이 그렇지만, 배우자가 결혼생활의 사명과 가치체계를 실현하도록 도울 수 있는 자신의 능력을 믿는다. 바로 이러한 마음가짐이 특별한 부부들이 누리는 특별한 친밀감, 감사, 만족, 지속적인 결혼생활을 가능하게 한다. 남편도 아내도 살아가면서 더 매력적이고, 가진 것도 많으며, 사회적으로도 더 좋은 위치에 있는 사람을 만날 수 있지만, 그 누구도 현재의 배우자만큼 자기가 삶의 목적을 실현하는 데 든든한 지원자가 되어주지 못할 것이라 확신한다.

3. **예외적인 일치감과 타협.** 이 부분에 대해서는 7장과 8장에서 더 자세히 살펴볼 것이다. 상대방의 세계에 관심을 기울이고 서로의 세계를 나누다 보면 소통을 방해하는 마지막이자 가장 큰 방어기제를 내려놓을 수 있다. 삶의 거의 모든 영역을 공유하면서 의견을 교환하다 보면 깊은 일치감을 형성함과 동시에 서로에 대한 이해도 깊어진다. 뿐만 아니라, 특별한 부부는 의견이 다를 때에도 서로를 지극히 존중하기 때문에 언쟁조차도 '심층적 근육 마사지' 정도의 경험이 된다. 말하자면 언쟁을 하는 당시에는 조금 언짢을 수 있지만 결과적으로 결혼생활이 더 편안하고 유연해진다.

동반자적 결혼은 전통적인 유형과 현대적인 유형으로 나눌 수 있다. 전통적인 부부는 좀 더 보수적이고 종교적인 가치에 근거해서 결혼생활을 꾸려간다. 대부분의 경우 남편은 생계를 책임지는 가장이지만, 부모의 역할과 집안일에 있어서 아내만큼 능숙하게 참여할 것이 요구되고, 스스로도 그렇게 하는 것이 당연하다고 생각한다. 따라서 사려 깊고 친밀하게 가정생활과 집안일에 참여한다. 같은 맥락에서 남편과 아내는 정서적인 면이나 의사소통 면에서 동료적 관계를 이룬다. 남편과 아내가 똑같이 자신의 정서 상태와 원하는 바를 효과적으로 전달하기 위해 노력한다.

전통적 동반자 결혼의 아내는 가정경제를 꾸려나가는 데 적극적으로 참여한다. 가족의 생계를 책임지는 데 일조하는 것이 매우 중요하다고 생각하기 때문이다. 직장을 가지고 있지 않다 하더라도 자녀교육을 홈스쿨로 대치한다거나 그 밖의 봉사나 기술을 동원해서 어떤 방식으로든 가족이 경제적 윤택함을 누릴 수 있도록 돕는다. 이런 유형의 주부들은 '낮에 한가하게 사교모임을 즐기는' 여자들과는 다르다.

평범한 결혼 단계의 전업주부들은 이중적인 가치 사이에서 갈피를 잡지 못하는 경향이 있다. 한편으로는 자기들의 삶이 가치 있다고 느끼면서도, 다른 한편으로는 전업주부를 무시하는 듯한 사회의(때로는 남편의) 시선에 괴로워한다. 그리고 스타 결혼 유형에 속하는 다른 친구들과 자신을 비교하며 열등감을 느낄 때도 많다. 전통적인 동반자 유형의 아내는 그런 정체성의 위기를 겪지 않는다. 이들은 가족을 위한 자신의 역할을 중요시하고, 경제적으로도 도움이 된다는 사실을 확신하기 때문에 힘들게 일한 만큼 깊은 성취감을 맛본다.

특별한 단계에 속하는 모든 부부들이 그렇듯이 전통적 동반자 유형의 부부도 공동의 관심사를 찾기 위해 노력한다. 대부분의 경우 자기가 좋아하는 일을 다른 사람과 하기보다 좋아하지 않지만 배우자와 함께할 수 있는 일이 있다면 그 쪽을 택한다. 동반자적 결혼 유형의 배우자라면 "나는 그런 거 별로 좋아하지 않아요. 당신 친구에게 연락해보세요"와 같은 말을 하는 경우는 극히 드물다. 그러나 오해하지는 말자. 동반자 부부들이 뭐든 함께하기를 좋아하기는 하지만, 남편도 아내도 각자 자유롭게 자기 친구들과 밖에서 어울리는 시간을 즐기기도 한다. 이들은 자기만의 세계와 혼자만의 시간을 상호 존중해준다(구조선 부부의 경우, 배우자에게 외출 동의를 얻기가 번거롭다는 이유로 차라리 늘 함께 있는 쪽을 택한다).

동반자적 결혼의 두 번째 유형인 현대적 동반자 결혼은 좀 더 세속적이면서 자유분방한 이상에 근거하지만 부부관계의 형태는 근본적으로 전통적 동반자 결혼과 같다. 평등주의를 중시하고 서로의 세계에 관심을 가지며 배우자가 가정에서의 역할에 충실하기 위해 최선을 다한다는 믿음이 있기 때문에 어떤 일을 누가 할 것인가를 두고 갈등을 빚지 않는다. 결혼생활을 꾸려가는 방식에서 전통적 동반자 부부와 현대적 동반자 부부가 다른 점은 어떻게 하면 좀 더 효율적으로 자원을 활용할 수 있는가에 대한 관점의 차이다. 전통적 동반자 부부가 추구하는 가치를 살펴보면 부부 중 한 사람은 집안일을 좀더 중점적으로 책임지고, 한 사람은 경제적인 문제를 책임지는 것이 바람직하다고 생각한다는 사실을 알 수 있다. 반면에 현대적 동반자 부부가 추구하는 가치를 보면 남편과 아내가 결혼생활의 모든 영역에 할 수 있는 만큼 참여하되 한 사람이 어느 하나의 영역에 지나치게 영향력을 행사하지 않아야 한다는 생각이 깔려 있다. 살아가다 보면 그러한 경계선이 모호해질 수도 있지만 최소한 이론적으로는 그렇다. 이러한 현대적 동반자 결혼구조는 전통적 동반자 결혼과 비교해볼 때 각자의 역할에 다소 혼란이 올 수도 있지만, 다른 한편으로는 전통적 동반자 결혼생활의 함정이 될 수 있는 타성적 결혼생활의 위험에 빠지지 않는다는 장점이 있다. 당신은 어느 쪽을 택할 것인가? 두 가지 유형 모두 훌륭하며, 이 중 한 가지에 속할 수만 있어도 그 자체로 축복이라고 말할 수 있다.

동반자적 부부들을 위한 제안

이 단계까지 왔다면 더 이상 나아갈 단계가 없지 않을까 생각하는 독자가 있을지도 모르겠다. 사실은 그렇다. 동반자적 결혼생활을 하고 있다면 대단한 성취를 이룬 것이다. 하지만 원한다면 여기서 한 단계 더 올라갈 수 있다(영적 반려자 결혼). 이 단계에 이르려면 다음의 두 가지를 더 성취해야 한다.

1. 진정한 의미에서 영육이 화합하는 성생활. 이해하기 힘든 일이기는 하지만, 동반자적 결혼생활에서 무르익는 부부간의 깊은 우정과 친밀감이 일시적으로 그들의 성생활을 저해할 수 있다. 어떻게 이런 일이 일어나는 걸까? 성적으로 자유로워졌다는 우리의 주장과는 달리, 대부분의 사람들은 성에 관한 언급을 할 때 여전히 불편한 어감을 담는다. 성행위를 '외설스러운' 또는 '추잡한' 행위로 치부하며, 자기의 존재감을 증명하거나 권위에 저항하는 행위, 또는 자신의 '야성적'이거나 '불량한' 면모와 연결시켜 언급하는 경우가 많다.

그런데 동반자적 결혼생활에는 부정적인 요소가 거의 없으며, 증명해 보여야 할 것도, 반항할 권위의 대상도 없다. 이를테면 대부분의 사람들이 성생활과 연결시켜 떠올리는 부정적인 개념이 적용되지 않는다는 뜻이다. 동반자적 결혼생활을 하는 어느 한 아내의 말이다. "남편을 너무 사랑하고 존경하기 때문에 그 앞에서 '추잡'한 모습을 보일 수가 없어요." 슈워츠 박사는 자신의 저서 《평등 결혼》에서 이를 가리켜 '근친상간의 금기'와 같은 현상이라고 했다(두 사람이 너무 친밀하고 서로를 존경하는 나머지 함께 성행위를 한다는 것이 합당하지 못한 것처럼 느껴진다는 것이다).

이러한 문제를 해결하려면 부부가 자신들의 성생활을 깊이 성찰하고 그 속에서 정신적인 가치를 찾아내야 한다. 그러기 위해서는 성에 대한 요즘 사람들의 기본자세를 재조명하고 결혼한 부부들에게 성생활이라는 것이 사랑하는 감정을 포함하여 서로에 대한 모든 선의를 향유하는 행위일 뿐 아니라 이를 현실화하는 기회임을 깨달아야 한다. 이 문제에 대해서는 10장에서 좀 더 자세히 다루기로 하자.

2. **경제적인 희생을 감수하겠다는 의지.** 동반자적 결혼생활을 하는 부부는 평범한 결혼관을 가진 친구들이 던지는 "너 자신을 위한 시간을 가져야 해. 결혼생활에 치여서 너 자신을 잃어버리지 마"와 같은 충고에 흔들리지 않고 배우자와 친밀감을 쌓고 함께하는 시간을 만드는 데 가치를 두기 때문에 기본적으로 기꺼이 수용의 자세를 취하고 있는 셈이다. 하지만 동반자적 결혼을 한 단계 위로 끌어올리려면 경제적으로 부를 쌓는 일은 우선순위에서 뒤로 밀릴 수 있다. 그렇다고 가난하게 살아야 한다는 뜻은 아니다. 다만 배우자의 가치체계를 실현하는 데 방해가 되는 모든 요인을 엄격하게 견제해야 한다는 의미다. 물질적 성공을 추구하려다 보면 정신적으로 상당한 에너지를 빼앗길 수밖에 없다. 그렇기 때문에 확고한 정체성을 확립하여 결혼의 최상위 단계에 이르려면 수입이 줄어드는 것을 감수하거나, 아니면 최소한 사회적 성공을 위해 소모되는 에너지를 줄이려는 노력을 해야 한다.

영적 반려자 결혼

"당신 덕분에 나는 매일 더 좋은 사람으로 거듭납니다"

결혼의 주된 목적 친밀감, 단순화, 자아실현 추구

현재까지 진행된 연구에 따르면 이것이 결혼의 최상위 단계다. 특별한 결혼의 두 가지 유형(동반자적 결혼과 영적 반려자 결혼)을 합하면 전체 부부의 15퍼센트(그중 첫 결혼은 7퍼센트)를 차지하고, 그중 영적 반려자 관계는 '모든' 부부의 4퍼센트에 불과하다.

영적 반려자 부부는 자기실현의 맥락에서 친밀감을 형성하는 데 집중한다. '실현한다'는 것은 기꺼이 자기가 추구하는 가치를 따라 살면서 스스로 특정 가치체계의 본보기가 되는 것을 의미한다는 사실을 다시 한 번 상기해주기 바란다. 영적 반려자 부부들에게 가장 중요한 것은 배우자가 깊이 간직하고 있는 정신적 가치, 도덕적 이상, 정서적 목표를 실현하며 살 수 있도록 돕는 일이다. 동반자 부부들은 마음속 깊이 간직한 이상을 자기들의 독특한 환경에 어떻게 적용할 것인지를 놓고 고민하다가 가치 집단에 참여함으로써 좀 더 명확한 해답을 얻는 경우가 많다. 하지만 영적 반려자 부부는 대부분 자기들의 가치를 완전히 내면화하거나, '자기 것으로 만든다'. 또한 자신이 참여하는 단체의 가치를 거의 대부분 생활에 반영하고 있기 때문에 가치의 실현이 제대로 이루어지고 있는지 확인하기 위해 누군가의 도움을 필요로 하지 않는다(하지만 여전히 믿을 만한 사람의 비판에 귀를 열어두고 지속적인 성장을 할 수 있는 기회를 적극적으로 찾는다).

이러한 결혼 유형을 검증하는 세 가지 특징이 있다. 바로 단순화,

유능성, 그리고 평등주의다. 이 중에 두 가지 특징에 대해서는 동반자적 결혼을 다루며 언급했었는데, 영적 반려자 결혼에서는 이들 각각이 더 순수한 모습으로 나타난다. 우선 단순화에 대해서 얘기해보자. 남편과 아내가 모두 급속성장의 궤도에서 벗어나 있다. 일을 더 많이 '할 수도 있지만' 시간과 돈보다는 부부의 친밀감과 그 밖의 가치를 추구하는 것이 더 중요하다는 결론에 의견이 모아진다. 사기가 떨어지거나 게을러서가 아니라 돈, 시간보다 더 중요한 것들이 있기 때문이다. 바로 배우자와 자녀를 사랑하는 일이다. 영적 반려자 부부는 순교자가 아니다. 진정으로 필요한 것들은 포기하지 않는다. 다만 중요하지 않은 것들을 버릴 줄 아는 것이다. 말하자면 본인들이 필요하거나, 본인들이 소중하게 생각하는 대상을 위해 필요한 정도를 넘어가는 명예나 돈을 욕심내지 않는다는 뜻이다.

둘째, 남편과 아내가 가정생활의 모든 영역에 유능하다. 그리고 가사노동에서 보이는 조화로운 능력 발휘와 책임을 받아들이는 자세는 전반적인 부부관계로 확장된다. 누가 직장에 다닐 것인가? 누구든 현시점에서 자신의 능력을 발휘할 기회를 얻은 사람이 다닌다. 아이들은 누가 돌볼 것인가? 부부가 함께 돌본다. 영적 반려자 부부는 항상 자녀양육에 적극적으로 동참한다. 친교 일정과 '부부만의 시간'은 누가 계획하는가? 남편과 아내가 똑같이 사회생활과 부부관계의 중요성을 인지하고 능숙하게 대처한다.

셋째, 공평함보다 평등함을 중요하게 생각한다. 이 점에 있어서도 영적 반려자 부부는 동반자 부부에게서 보았던 특성을 좀 더 원숙한 모습으로 나타낸다. 앞에서 언급했듯이 평등주의를 존중하는 사람들은 자기들이 평등하다는 사실을 알고 있기 때문에 굳이 이를 증명하기 위해 역할을 균등하게 나누고 특정 임무를 누군가의 몫으로 지정할 필요를 느끼지 않는다. 동반자 부부들도 이런 면에서는 훌륭하지만, 그래도 가끔 집안일이나 역할 분담 문제로 점수매기기를 할 때가 있다(평범한 부부들보다는 훨씬 덜하다). 반면에 영적 반려자 부부는 가정에서 평등주의를 실천하고 자신의 유능함을 조화롭게 발휘하는 데 매우 익숙하다. 오랜 세월 결혼생활을 유지해오면서 남편도 아내도 배우자를 당연하게 기댈 수 있는 존재로 생각하지 않으려는 의지를 보였기 때문에 집안일을 두고 점수매기기를 한다거나 기 싸움을 해 본 기억이 거의 없다.

부부가 관계 발전 경로에서 상위 단계로 옮겨감에 따라 유능성과 평등주의가 어떻게 성숙되어가는지 살펴보기 위해 다소 우스운 예를 들어보겠다. 구조선 결혼 유형의 아내는 전구를 교체하는 일이 남편의 몫이라고 생각하기 때문에 자기 손으로 전구를 교체하느니 차라리 불편하지만 남편이 할 때까지 기다리는 쪽을 택한다. 그러면서 전구 교체하는 데 소모할 에너지의 300배 정도를 남편에게 전구 교체하라는 잔소리를 하는 데 소모한다. 평범한 단계의 아내는 남편에게 전구를 교체해달라는 요청을 했는데도 남편이 갈지 않으면 자기가 전구를 교체하지만, 남편의 직무 유기에 대해서 평생 속으로 원망한다. 동반자적 아내는 두 번 생각할 것도 없이 직접 전구를 교체한다. 영적 반려자 아내는 전구를 교체할 뿐 아니라 남편이 퇴근하기 전에 다른 전구에는 문제가 없는지 살펴보고 혹시 전구가 나간 게 있다면 교체해놓는다.

마찬가지로 구조선 결혼 유형의 남편은 '아이 보기'를 할 경우, 마지못해 아이를 보기는 하지만 소파로 가서 잘 수 있는 기회만 엿본다. 평범한 결혼 단계의 남편도 아이를 돌봐야 한다는 사실을 알기 때문에 아이를 돌보지만, 얼마 안 가서 아이들은 지하실에 내려가 놀게 하고 자기 할 일을 한다. 동반자적 남편은 아내가 원할 때는 언제든 아이들과 열심히 놀아줌으로써 아내가 잠시라도 쉴 수 있게 해준다. 영적 반려자 남편은 자기 혼자 아이들과 놀아줄 수 있는 시간을 갖기 위해 아내에게 외출할 것을 독려한다(그리고 아내가 돌아오면 집이 깨끗이 청소되어 있다).

　영적 반려자 부부는 자기 자신은 물론 배우자도 지극 정성으로 돌보기 때문에 남들이 보기에는 그들의 결혼이 신기할 정도다. 이들이야말로 팔로알토 정신건강연구소의 돈 잭슨 박사와 윌리엄 레더러가 '협력적인 천재들'이라고 한 고기능성 부부의 표본이다. 물론 이들도 결혼생활을 유지하기 위해 엄청난 노력을 하지만, 그 모든 노력이 사랑에서 발로한 자발적 노동이다. 영적 반려자 부부는 서로에게 가장 친한 친구이기 때문에 비밀이 없으며, 모두가 선망할 만한 성생활을 영위한다. 흔히 권태기를 겪기도 하는 하위 단계의 결혼생활과는 달리 영적 반려자 부부관계는 세월이 지날수록 점점 더 활력 있고, 짜릿하며, 재미있고, 충만해진다.

　이 부부들이 힘들어하는 부분이 있다면, 상대적인 사회적 고립감일 것이다. 영적 반려자 부부는 서로 사랑하고 자기들의 삶을 살아가기에 바빠서 다수의 지인들과 관계를 맺을 때 겪는 '질풍노도'를 감당할 여력이 없다. 이런 면에서 타인을 두려워해서 피하는 구조선 부부들과는 다르며, 오다가다 만난 사람들과의 사교에 빠져들거나 사회활동에 몰입하는 견습 부부와도 다르다.

욕구의 단계를 정리한 매슬로우는 자아실현을 성취하는 사람들에 대한 연구도 했는데 이 연구에서 그가 찾아낸 사실들이 특별한 부부, 특히 영적 반려자 부부들에게 딱 들어맞는다. 이들은 타인과 자기 자신을 수용하고, 예측할 수 없는 삶을 편안하게 받아들이며, 자율적이고 창의적이다. 이들은 또한 유머감각이 좋고, 사생활을 중시하며, 스스로를 돌볼 줄 알고, 누군가와 깊고 친밀한 관계를 맺고 유지해나갈 수 있다. 그리고 삶에 대해 긍정적이다. 사실 이들이야말로 모든 사람들이 닮고 싶어하는 인간형이다.

행복한 결혼생활을 향한 대장정

특별한 부부들에 대해 알고 나면 그 높은 경지에 이를 수 없을 것 같은 절망감이 들 수도 있다. 하지만 용기를 갖기 바란다. 이 책을 쓴 주 목적이 당신의 결혼이 특별한 결혼의 첫 번째 유형(전통적, 현대적 동반자 결혼)까지 도달할 수 있도록 돕는 것이니까. 거기서부터는 부부들 각자가 알아서 결혼의 가치를 실현하고 정신적인 반려자로 성장할 수 있는 길을 찾아야 한다. 또한 대다수의 특별히 행복한 부부들도 평범한 관계에서 출발했다는 사실을 기억해주기 바란다. 결혼의 지상목표를 세우고 삶의 온갖 역경 속에서도 그 목표에 충실하다 보니 그 결과로, 때로는 전혀 예상치 못했던 결과이기도 하지만, 부부간의 친밀감이 훨씬 충만한 단계에 이르게 된 것이다.

각고의 노력으로 부부관계가 더 성숙된 단계로 발전한 좋은 예로 케니Kenny와 바비 멕커히Bobbi McCaughey 부부의 이야기를 들어보자. 두 사람은 평범한 맞벌이 부부로 결혼생활을 시작했으며 지역공동체와 교회 활동에도 열심히 참여했다. 그러고는 첫 딸인 미케일라와 그 유명한 일곱 쌍둥이의 부모가 되었다.

케니는 부부가 함께 쓴 《천국에서 온 일곱 아이Seven From Heaven》라는 책에서 그가 걸어온 인생 여정을 풀어내면서 아내의 임신에서부터 일곱 쌍둥이의 탄생에 이르는 모든 과정을 통해 경험한 남편으로서의 삶에 대해 이야기한다. 아내가 임신 초기부터 침대 밖으로 나오지 못하고 절대 안정을 취해야 하는 상황에서 케니는 평범한 단계의 남편과 아내가 편리하게 나누어 지는 모든 책임을 혼자 감당해야 했다. 자신의 역량을 최대한 발휘해서 모든 일을 빠르고 충실하게 해내야 하는 상황이었다. 케니는 우리가 상상조차 못할 정도로 힘든 그 시간을 통해 아내에 대한 특별한 감사의 마음을 갖게 되었다. 언제나 아내를 사랑했지만 결혼생활에 바치는 그녀의 노고에 진심으로 감사하지 못했었는데, 그들 부부에게 찾아온 축복이자 위기의 시간 동안 아내의 역할을 대신하면서 케니는 그동안 아내가 얼마나 큰 몫을 담당하고 있었는지 깨닫게 되었다. 떠들썩한 임신 기간과 일곱 쌍둥이가 태어난 후의 일대 혼란기를 거치면서 케니가 붙잡고 매달렸던 것은, 내가 결혼의 지상목표, 결혼의 주된 목적이라고 칭하는 바로 그것들이었다. 두 사람이 결혼식 날 서로에게 불러주었던 '우리가 믿음의 가정임을 세상이 알게 될 것이니'라는 노랫말처럼, 그들은 진정 믿음의 가정을 이루었고, 온 세상이 알게 되었다.

나는 케니와 개인적인 친분이 없기 때문에(그리고 그의 책도 대부분 아이들에 대한 내용이고, 결혼생활에 대한 언급은 별로 없기 때문에) 그들 부부가 스스로를 이 책에서 말하는 특별한 부부에 해당된다고 자평할지는 알 수 없지만, 분명 그 단계를 향해서 가고 있다고 확신한다. 그리고 결혼의 지상목표를 삶의 지표로 삼고 그것을 이루기 위해 노력한다면 그들은 분명 궁극의 목적지에 도달할 것이다.

그런 면에서는 독자 여러분도 마찬가지다. 특별한 부부로 향하는 길은 험난하지만, 동시에 우리 모두는 그 여정을 갈 수 있도록 만들어졌기 때문이다. 모든 인간의 육신과 영혼은 사랑에 의해 온전해진다. 다른 사람의 사랑을 받으면서, 다른 사람을 사랑하면서, 그리고 자신을 사랑하면서 인간은 온전해진다. 이렇게 지극히 자연발생적인 본능을 충족시키는 데 결혼보다 더 좋은 기회가 어디 있을까? 결혼은 말 그대로 '사랑의 학원'이 아니고서는 아무런 의미가 없으니 말이다.

이 책의 나머지 부분은 부부관계의 발전 경로를 모두 거쳐 특별한 부부의 경지에 이르기 위해 필요한 기술과 정보를 찾도록 돕는 내용이다. 다음 장에서는 활력 넘치고, 고무적인, 그러면서도 도전의 가치가 있는 결혼의 지상목표를 세우는 방법을 배우게 될 것이다. 자, 이제 사랑하는 배우자와 함께 행복한 결혼생활의 비결을 찾는 대장정을 떠나보자.

3
결혼의 지상목표:
특별한 결혼생활을
여는 황금열쇠

결혼은 인간의 행위를 신의 업적을 위한
도구로 변화시킨다.

자크 르클레르

맥스와 쉘비는 16년째 결혼생활을 이어오고 있다. 쉘비의 말에 의하면 맥스는 쉘비가 항상 '목표에 집중할 수 있도록' 도와주는데 바로 맥스의 이런 점을 쉘비는 가장 좋아한다.

"대학 시절에 저는 졸업 후 뭘 하고 싶은지 몰라서 고민했던 적이 있어요. 그 무렵 철학 강의를 들었는데 그 강의를 계기로 제 삶이 바뀌게 되었죠. 그때 교수님이 우리에게 어떤 일을 하며 살고 싶은가에 대해서만 생각하지 말고 어떤 사람이 되고 싶은가에 대해서도 생각해보라고 하신 거예요. 과제로 내준 자료도 세상살이의 원칙, 말하자면 '세계관'을 찾는다는 관점에서 읽으라고 말씀하셨죠. 그러다 보면 우리가 무엇을 하면서 살든 인생의 성공을 자기관리의 관점에서 가늠하게 될 거라고요. 나는 그 과제에 열심히 임하기로 결심했어요. 중요하다고 생각하는 자질의 목록을 만들고, 수입의 많고 적음을 떠나 삶이 나를 어디로 데려가든 마음의 중심을 잃지 않고 살아갈 수 있게 해줄 가치들을 열거해보았어요. 그리고 '내가 정한 원칙에 얼마나 부합하는 인생을 살았는가'를 성공의 척도로 삼기로 마음먹었죠.

이 원칙들이 명목상의 이상이 되지 않도록 마음에 새기고 일상생활에서도 따르고자 노력했어요. 남자친구를 사귈 때도 내가 지향하는 자질을 좀 더 북돋워줄 사람이 아니면 만나지 않았고, 결혼상대로도 내가 중요하다고 생각하는 것들에 집중하게끔 도와줄 수 있는 사람을 원했어요.

내가 이런 이야기를 하면 남자들은 내가 머리 둘 달린 괴물이라도 되는 듯 바라보곤 했어요. '너는 생각을 너무 많이 해'라고 하면서 앞으로 살면서 그런 생각을 할 시간은 많으니 마음의 여유를 갖고 편하게 살라고 충고하는 사람도 있었죠. 친구들도 내가 세운 삶의 기준이 너무 비현실적이라고 했고요. 그러다 보니 내가 세운 가치체계와 남자친구와의 지속적인 관계 중 하나를 선택해야 하는 거 아닌가 하는 생각이 들기 시작했어요. 물론 너무 얄팍한 생각이긴 했지만, 그때 저로서는 그렇게 생각할 수밖에 없었어요. 저를 온전히 이해해주는 사람이 하나도 없었으니까요. 감사하게도 그러던 중에 맥스를 만나서 아무것도 포기하지 않을 수 있었죠. 맥스는 나를 완벽히 이해해주었거든요."

쉘비가 여기까지 얘기했을 때 맥스가 이야기를 이어받았다.

"제가 어렸을 때 어머니가 돌아가셨어요. 어머니를 잃으면서 저는 나에게 정말 중요한 것이 무엇인지 알게 되었던 것 같아요. 어머니는 생전에 험멜 인형을 수집하셨어요. 그 인형들을 좋아하셨죠. 몇 시간씩 카탈로그를 들여다보시고, 수집가들의 전시회 같은 것도 찾아다니셨어요. 그런데 어머니가 돌아가시자 아버지가 그 인형들을 모두 팔아버리신 거예요. 그 인형들을 보면 너무 슬퍼져서 집에 둘 수가 없다고 하시면서요. 그 모든 과정이 저에게는 커다란 충격이자 상처였는데, 이상하게도 어머니의 죽음보다도 아버지가 어머니의 물건들을 처분하는 것이 더 슬펐어요. 아무리 생각해봐도 그 이유를 알 수가 없었어요. 오랜 시간이 지난 후에야 그 인형들이 어머니의 일생을 대변한다는 사실을 깨달았죠. 그리고 생각했어요. '어머니의 전 생애가 상자에 담겨서 팔려나갔잖아.' 그리고 제 자신의 인생에 대해 생각하기 시작했어요. 내 인생도 끝나고 나면 상자에 담겨 팔려나갈까? 그 일련의 기억들이 십대 소년이었던 저에게는 상처로 남았던 것 같아요. 그 후로 우울증을 앓다가 회복될 즈음 내 인생을 그렇게 만들고 싶지는 않다는 생각을 하게 되었죠. 나는 어떤 사람으로 살고 싶은지, 세상에 어떤 공헌을 하고 싶은지에 대해 생각하기 시작하고, 인간관계에 관한 책도 많이 읽었어요. 어머니가 돌아가시고 아버지는 다른 생각을 할 틈을 만들지 않기 위해 일에 파묻혀 사셨는데 그 모습을 보면서 저는 인간관계라는 것은 어떤 걸로도 대신할 수 없다는 사실을 깨달았어요. 그래서 미래에 가족을 갖게 되면 가능한 한 충만한 가정을 이루고 살겠다고 맹세했어요. 그러기 위해서는 필요한 자질을 갖추어야 한다고 생각했죠.

스무 살에 쉘비를 만났어요. 그리고 첫 데이트를 하던 날 쉘비야말로 내가 찾던 여자라는 걸 알았죠. 쉘비는 자기가 지키고 싶은 것들을 말해주었어요. 그러면서 그 목표를 이룰 수 있도록 도와주는 사람과 일생을 함께 보내겠다고 말하는데 제 가슴이 벅차오르더라고요. '이 여자야말로 내 인생에 꼭 필요한 사람이구나' 하는 생각이 들었거든요."

다시 쉘비가 말을 이었다.

"함께 사는 동안 우리는 서로의 이상을 지킬 수 있도록 최선을 다해 도왔어요. 물론 어려울 때도 많았지만 그렇게 할 수 있어서 기뻤어요. 서로가 더 나은 사람이 될 수 있도록 이끌어주었으니까요. 맥스가 아니었다면 지금의 절반만큼도 나 자신에게 만족하지 못했을 거예요. 지난 세월 맥스는 꾸준히 제가 다짐했던 말들을 상기시켜주면서 용기를 주었고, 내 마음이 내킬 때나 내키지 않을 때나 스스로 세운 이상을 실천해나갈 수 있도록 도와주었어요. 저 역시 맥스에게 그렇게 해주었지요."

맥스가 덧붙였다.

"우린 서로에게 솔직했고, 그래서 더욱 사랑이 샘솟는답니다."

결혼의 지상목표의 다섯 가지 혜택

앞 장에서 살펴보았듯이 결혼의 지상목표—깊이 간직하고 상호 공유하고 있는 정신적 가치, 도덕적 이상, 정서적 목표—에 기반을 두고 살면 여러 가지 좋은 점이 있다. 이 장에서는 그 장점들을 좀 더 자세히 살펴보기로 하자. 그런 다음 당신과 배우자도 삶을 진정으로 영위할 수 있게 하는 결혼의 지상목표를 세워보자.

1. 정체성이 더욱 군건해지고 결혼생활의 만족감도 커진다.
2. 혼란이 찾아와도 평정심을 유지할 수 있다.

3. 결혼생활에 더 유능해지고 자신감이 향상된다.

4. 부부간의 친밀감이 깊어진다.

5. 결혼생활이 오래 지속될 가능성이 커진다.

결혼의 지상목표는 특별한 부부의 자질인 정절, 사랑, 배려, 일치감, 타협, 감사, 즐거움, 영육이 화합하는 성생활을 모두 가능하게 하는 열쇠다. 뒤에서 이 자질들에 대해 더 자세히 다루기로 하고, 여기서는 결혼의 지상목표를 통해 얻을 수 있는 다섯 가지 혜택을 간단히 살펴보기로 하자.

첫 번째 혜택:
정체성이 확고해지고 결혼생활의 만족감도 커진다

누군가와 깊은 관계를 맺기 전에 먼저 자아정체성을 찾아야 한다는 말을 들어본 적이 있을 것이다. 많은 사람들이 이 말을 들어보기는 했을 테지만, 그 뜻을 정확히 알고 있는 사람은 별로 없다. 정체성이 결혼생활을 성공으로 이끄는 데 그토록 중요한 이유는, 이것이 결혼의 주된 양상을 결정하는 유일한 요인이기 때문이다(관계의 발전 경로를 상기해보자). 정체성이 결혼의 기본 형태를 좌우하는 데 미치는 영향을 좀 더 명확하게 이해하기 위해 다음과 같은 질문을 생각해보자. '정체성'이란 무엇인가? 당신이 정체성을 제대로 확립하고 있는지 어떻게 알 수 있는가? 정체성이 얼마나 확고한가는 어떻게 가늠할 수 있을까? 이러한 질문과 대답들은 결혼생활의 성공, 행복과 어떤 관련이 있는가?

정체성이란 무엇인가?

간단히 말해서 정체성이란 살아가면서 근간으로 삼는 기본 전제다. 우리는 모두 굳건한 자의식을 가지고 있다고 자부하지만, 앞 장에서도 언급했듯이 세상에는 남들보다 좀 더 높은 차원의 기본 전제에 근거해서 살아가는 사람들도 있고, 그렇지 못한 사람들도 있다. 예를 들어 도피, 기본 욕구, 일, 사회적 역할, 소유와 같은 가치들은 정체성을 이루는 요소라고 보기에는 너무 단기적이고 가변적이다. 굳건한 정체성을 가지고 있는 사람들은 긍정적인 성품을 기르고, 정신적 성장을 추구하며, 도덕적으로 용기 있는 행동을 하는 것을 다른 무엇보다도 중요하게 생각한다. 정체성을 구성하는 요소 중에서 드러내 보이고 싶은 성품에 근거하고 있는 부분은 얼마나 되는가? 당신의 이상에 근거하고 있는 부분은 얼마나 되는가? 그리고 오늘 이후 생이 끝나기 전까지 반드시 이루고 싶은 한두 가지 꿈에 근거하고 있는 부분은 얼마나 되는가?

건강한 정체성이 무엇인지 잘 보여주는 예로, 내가 '불량한 컨트리 노래'라고 이름 붙인 실험을 해보자. 여기 노래 가사가 있다.

당신이 만일 친구도 잃고, 직장도 잃고
집에서 쫓겨나기까지 했다면.
당신의 개가 도망을 갔는데 트럭도 도둑을 맞았고

아내마저 동네 남자와 도망을 갔다면.
그래서 기운이 빠지고 신발 뒤축에 걸어차인 말 같은 느낌이라면,
친구여 내가 한 가지만 물으리,
여전히 당신이 누구였는지 기억하는지?

설마 이런 엉망진창인 인생이 있겠느냐고 생각할 수도 있지만, 누군가는 인생의 어느 한 시점에서 한두 가지는 겪었을지도 모를 일이다. 어쩌면 당신에게도 일어날 수 있는 일들이다. 건강한 정체성이란, 그 핵심으로 들어가보면, 자신이 하는 일이나 역할, 소유하고 있는 것들에 의해 결정되는 것이 아니라, 당신이 깊은 내면에 간직하고 있는 일련의 가치, 이상, 목표에 의해 결정된다는 사실을 기억하는 것이 절대적으로 중요하다. 결국 그러한 가치와 이상, 목표가 살아가면서 하는 모든 행동과 판단을 인도하고 명확하게 해주기 때문이다.

정체성이 얼마나 건강한지는 어떻게 알 수 있을까?
위에 언급한 가치와 이상, 목표가 일상생활과 당신의 선택들에 얼마나 잘 반영되는가를 보면 알 수 있다. 다음의 질문에 답을 해보자.

전혀 모르는 사람이 당신의 생활방식, 선택, 그리고 시간과 정열을 쏟는 것들을 본다면, 당신이 가장 중요하게 생각하는 정신적 가치와 도덕적 이상, 그리고 정서적 목표를 알 수 있을까?

확실하게 알 수 있다.	조금 알 수도 있을 것 같다.	전혀 알 수 없다.
○	○	○

다른 사람이 당신이 일상 속에서 어떤 선택을 하는지, 어떤 일에 대부분의 시간과 노력을 할애하는지를 보고 당신이 가치를 두는 것들을 얼마나 정확하게 맞출 수 있는가를 가늠하는 것이 정체성의 건재함을 평가하는 가장 좋은 방법일 것이다.

이제 가치와 이상, 목표의 중요성을 최소한 피상적으로나마 알게 되었다. 문제는 많은 사람들이 그것들을 실현할 수 있는 여건이 아니라는 핑계로 스스로를 합리화하며 살아간다는 사실이다. 만족스럽지 못한 결혼생활을 하고 있는 여성은 본래 자기 안에는 사랑이 충만하지만 '남편이 자기 사랑을 받을 만한 사람이 못돼서' 남편에게 사랑을 베풀 수 없다고 생각한다. 남편 쪽의 말을 들어보면, 원래 본인은 너그럽고 배려를 잘하는 사람인데 아내에게 무심한 이유는, "자기가 아내를 사랑한다는 것을 아내도 잘 알고 있으며, 결혼생활이란 좋을 때도 있고 그렇지 못할 때도 있는 법이니 매사에 너무 애쓸 필요는 없다"는 식이다. 부모들은 자식이 무엇보다 소중하다고 하면서 '자식만큼 중요하지 않은' 다른 많은 일들로 바빠서 자식에게 하루 15분 정도밖에 할애하지 못한다. 우리는 이미 주어진 것들에 대해서는 충분한 시간과 관심을 할애하지 않는 경우가 많다. 하지만 충분하지 못하다는 것을 인정하고 그 책임을 통감하며, 바람직한 방향으로 개선해나가는 사람들이 있고, 변명으로 넘어가려는 사람들이 있다. 정체성이 강한 사람은 자신의 가치체계를 실현해야 할 의무를 다하지 못한 것에 대해서 변명을 하지 않는다. 설사 그 변명이 합당한 것이라 할지라도.

또 한 가지 흔한 오해는 자기주장을 강하게 내세우는 사람이 정체성도 탄탄하리라는 가정이다. 그러나 언성을 높이는 것과 자기가 믿는 바를 굳건히 지키는 것은 엄연히 다르다. 이와 관련된 좋은 사례가 있다. 한 의뢰인이 나에게 말하길, 자기는 강인한 여자라서 남편이 조금만 소홀히 대해도 바로 따져서 시비를 가린다고 했다. 문제는 자기가 원하는 결과는 하나도 얻지 못했다는 점이다. 그저 언성만 높였을 뿐이다. 왜 문제를 끝까지 해결하려고 노력하지 않았느냐고 묻자 그녀는 이렇게 대답했다. "내가 왜 그렇게까지 해야 하죠? 문제가 있는 사람은 남편이잖아요."

그 의뢰인은 끝내 자기주장을 하고 있다고 고집했지만, 그녀는 단지 자기 발등을 찍고 있었을 뿐이다. 여기서 명심해야 할 것은 진짜 건강한 정체성을 가진 사람은 언성을 높이는 것으로 끝내지 않고 자기가 정한 원칙에 근거해 분명한 선을 긋고, 그 선을 지키려고 노력한다는 사실이다.

정체성을 논할 때 중요한 것은 모든 요소가 일관되게 한 방향으로 모아져야 한다는 것이다. 건강한 정체성을 가지고 있다면 당신이 주장하는 가치와 실제의 삶이 일치해야 한다.

이런 것들이 부부관계와는 어떤 관련이 있는가?

첫째, 정체성은 편의와 동지애를 보장받기 위한 방편으로 시작된 결혼생활에 힘을 실어주어 꿈을 실현하기 위한 도구로 승격시킨다. 다시 말해서 기본 욕구를 충족시킨다거나 동지애를 찾기 위해서, 또는 직장 일과 같은 부차적인 요소를 전제로 한 결혼은 마치 안락의자나 볼링장에서 만나기로 한 데이트 상대처럼 '있으면 좋은 것' 정도로 여겨지기 쉽다. 그렇기 때문에 또 다른 '좋은 것'이 나타나면 그리로 마음이 옮겨가게 마련이다.

반면에 중요한 정신적 가치와 도덕적 이상, 정서적 목표로 맺어진 관계에서는 둘 사이의 좋거나 나쁜 모든 교류가 두 사람이 추구하는 원칙과 자질을 구현할 수 있는 기회가 된다. 예를 들어보자. 당신은 정신적으로 스트레스를 받았을 때 배우자에게 화를 폭발시키는가 아니면 배우자와 함께 스트레스를 해소할 방법을 찾는가? 배우자 때문에 짜증이 났을 때 당신은 머릿속에 떠오르는 모진 말들을 그대로 쏟아내는가 아니면 배우자를 좀 더 이해하려고 애쓰는가? 갈등 상황에서 당신은 배우자가 사랑받을 자격이 없다는 이유로 냉대하는가 아니면 사랑을 표현하는 것이 당신에게 의미 있는 일이기 때문에 변함없이 애정을 표현하는가? 이 중에 어떤 쪽을 '택해야 하는지는' 우리 모두 알고 있다. 하지만 기꺼이 그런 선택을 할 수 있으려면 스스로 정한 원칙을 지키려는 굳은 결심을 해야 한다.

하위 단계의 목표나 가치를 전제로 맺어진 부부는 자신의 결혼생활이 관계의 발전 경로에서 어느 단계에 속하는지는 중요하지 않다. 왜냐하면 어느 단계에 있든지 본인들에게 중요한 것, 말하자면 도피나 소유, 일, 공동체 참여, 친구들과 같은 것들에 안주할 수 있기 때문이다. 그러나 내면 깊숙이 간직한 일련의 가치, 이상, 목표와 같은 결혼의 지상목표를 중심으로 이루어진 부부 사이에서는 가장 우선적이고 중요한 일이 성공적인 결혼생활을 유지하는 것이다. 왜냐하면 행복과 성취를 이루려면 지금부터 생이 끝나는 날까지 관용과 사랑, 이해를 실천하며 살아야 하는데 이러한 자질을 향상시킬 가장 좋은 기회는 성공적인 결혼생활을 통해서 얻어지기 때문이다.

결혼생활이 각양각색인 것은 바로 이런 이유에서다. 결혼생활의 장기적인 평화를 위해서는 변화가 필요하다는 점을 인정하고 그 변화가 너무 힘든 것이 아니라면 대부분의 사람들은 기꺼이 변화를 시도해보려고 한다. 그런데 그 변화를 위해서는 어떤 식으로든 불편을 감수해야 하고, 더구나 배우자와의 관계가 좋지 않은 경우라면 어떨까? 이런 경우 관계 회복을 위해 필요한 변화를 시도하려는 동기를 어디서 찾을 수 있을까? 하위 단계의 목표와 가치를 중심으로 결혼생활을 꾸려가고 있었다면 이 경우 대답은 '찾을 수 없다'일 것이다. 하지만 내면 깊이 간직하고 있는 일련의 가치와 이상, 정서적 목표를 실현하는 것이 결혼생활의 핵심이라면 당신의 정체성과 결혼의 지상목표에 더욱 충실하겠다는 마음이 바로 변화를 위한 동기가 될 수 있다. 그러한 경우의 예를 하나 들어보겠다.

제니스와 빌은 부부관계 문제로 나를 찾아왔다. 두 사람은 처음부터 팽팽한 기 싸움을 벌이는 양상을 보였는데, 둘 중 누구도 먼저 양보를 하려 들지 않았다. 빌은 어머니와의 관계에 선을 그을 필요가 있었다. 그의 어머니는 늘 아들에게 뭔가를 부탁하곤 했으며 아들의 부부생활에 수시로 끼어들었다. 제니스는 애정표현이 서툰 편이었고 남편에게 좀 더 자연스럽게 애정을 표현할 방법을 찾을 필요가 있었다. 그러나 두 사람 모두 배우자의 행동거지를 탓하며 자신이 바뀌어야 할 이유를 찾지 못하겠다고 했다.

나는 우선 빌과 제니스를 따로 상담하면서 각기 '훗날' 어떤 사람이 되고 싶은지 물었다. 말하자면 생을 마감할 때 어떤 사람으로 기억되고 싶은가를 물은 것이다. 그렇게 '사랑을 실천하는, 강인한, 독립적인, 평화로운, 너그러운, 창의적인'과 같은 자질을 열거한 목록이 작성되었다. 그러고는 제니스와 빌에게 그런 성품을 지닌 사람이 되려면 결혼생활에서 각자의 행동을 어떻게 바꾸어야 할지 물었다. 이 과정을 마치자 두 사람은 배우자를 '이겨먹기' 위해 기 싸움을 하는 것이 상대방에게 침을 뱉기 위해 자기 뺨을 때리는 것과 같다는 사실을 이해하기 시작했다.

그동안 본인이 배우자를 무시해왔을 뿐 아니라 자신에게 충실하지 못한 삶을 살아왔음을 깨닫기 시작한 것이다. 빌의 경우, '독립적이고 강인한' 사람이 되고 싶은 자신의 이상에 충실하기 위해서는 어머니와의 관계에 선을 그어야 했다. 제니스가 원해서가 아니라 '빌 자신을 위해서'. 제니스는 본인이 바라는 대로 생이 끝나는 순간 진실로 '사랑을 실천해온 사람'이 되려면 지금부터 애정을 있는 그대로 표현할 수 있는 역량을 키워나가야 했다. 빌이 원해서가 아니라 '사랑을 실천하는 사람'이 되는 것이 그녀의 자아정체성에 중요한 부분이기 때문이다. 그러고는 일주일도 지나지 않아서 제니스와 빌은 지난 수개월간 언쟁거리였던 변화를 편안하고 기쁜 마음으로 실천하기 시작했다. 본인들이 정한 원칙을 결혼의 지상목표로 굳건하게 세우고 나니 매순간 벌이지곤 하던 기 싸움도 피할 수 있게 되었을 뿐 아니라 결혼생활의 다사다난한 순간들을 서로를 존중하는 마음으로 맞이할 수 있었다.

제니스와 빌의 이야기는 이차적으로 습득된 정체성이 배우자를 상대로 벌이던 줄다리기를 멈추게 함으로써 자신들이 꿈꾸는 결혼생활을 이룰 수 있는 사람으로 변화하게 하고, 그리하여 결혼생활의 만족도를 끌어올릴 수 있음을 보여주는 좋은 예다.

두 번째 혜택:
혼란이 찾아와도 평정심을 유지할 수 있다

결혼의 지상목표가 남편과 아내에게 가져다주는 두 번째 선물은 혼란의 시기에도 마음의 평화를 유지하도록 해준다는 것이다. 하위 단계의 목표나 가치를 중심으로 살아가는 부부는 위기가 닥쳤을 때 붙잡고 의지할 것이 없다. 자신의 욕구 충족이나 생활비 충당, 또는 개인적으로 중시하는 직장이나 사회적 역할이 위태로워진다는 것은 곧 단순한 일상의 문제가 아니라 정체성의 문제로 이어지기 때문이다.

하지만 지상목표를 중심으로 꾸려나가는 결혼생활은 위기의 순간이 오더라도 정체성의 핵심을 이루는 가치, 이상, 목표에 매달릴 수 있다. 앞 장에서 거론한 멕커히 부부가 일곱 쌍둥이의 탄생을 기다릴 때도 미지의 세계로 들어가는 심정이었을 것이다. 두 사람의 주변에는 그들이 앞으로 어떻게 해야 할지 말해줄 수 있는 사람이 없었다. 그들이 함께한 지난날도 앞으로 다가올 일을 준비하는 데는 아무런 도움이 되지 못했다. 부부는 그때의 심정을 이렇게 말한다. "이건 우리가 단순히 감당할 수 있는 문제가 아니었어요." 하지만 두 사람은 '믿음의 가정을 이룬다'라는 결혼의 지상목표에 매달린 덕분에 그 시간을 견딜 수 있었다.

"첫 아이가 유산되었을 때 사람들은 뭐라고 위로의 말을 해야 할지 몰랐죠. 우리도 상실의 아픔을 어떻게 극복해야 할지 알 수 없었어요. 받아들일 수도 없었죠. 오로지 사랑을 추구하고, 지혜를 구하며, 신의 말씀을 듣는다는 결혼의 지상목표에 절실하게 매달리다 보니, 그때의 시련이 부부로서 그리고 부모로서 오늘의 변화된 모습을 있게 해준 촉매였다는 사실을 깨달을 수 있었어요."

내 지인 중에 태풍으로 인해 집이 무너져 겨우 목숨을 구한 가족이 있다. 그들은 근방에 친인척도 없는 데다가 보험금 지급이 늦어져 집을 재건하는 데 어려움을 겪었다. 그 부부는 '삶에 어떤 위기가 닥쳐도 굳건히 사랑하며 늘 함께한다'를 결혼의 지상목표로 삼고 있었는데, 그 지상목표에 충실함으로써 서로에게 분노를 표출하며 등을 돌릴 수도 있었던 위기의 순간을 극복하고, 새로 마련한 보금자리에서 변함없이 가정을 꾸려갈 수 있었다.

하위 단계에 속하는 결혼의 주된 목적, 일례로 직장 일을 중심으로 결혼생활이 전개될 경우, 그 일이 끝나면 부부에게는 아득한 절망과 불안, 우울감이 남게 된다. 하지만 지상목표를 중심으로 결혼생활이 계속되고 있었다면, 중요한 일이나 역할을 잃더라도 여전히 두 사람이 함께 사랑과 관용, 배려, 지혜를 나누며 살 수 있고, 그러다 보면 새로운 일이나 역할이 찾아올 것이라는 희망에 위안을 받을 것이다.

퀘이커 교도들이 옛날부터 부르는 찬송가에 '내가 반석에 매달려 있으니 어떠한 풍파도 마음 깊은 곳의 평온을 흔들지 못해'라는 구절이 있다. 심리학적으로 말하자면 결혼의 지상목표는 결혼생활의 '반석'과 같다. 그 반석 위에 서 있는 한, 어떠한 풍파도 당신의 마음과 부부관계에 충만한 평온을 흔들지 못할 것이다.

세 번째 혜택:
결혼생활에 더 유능해지고 자신감이 향상된다

마가렛과 포레스트는 가사분담을 두고 끊임없이 싸웠다. 두 사람 모두 직장에 다녔고 서로 자기가 가정에서 '더 많은 몫'을 감당한다고 생각했다. 이 갈등이 악화일로를 걷고 있는 터라 어느 한 사람이 확실히 양보해도 받는 사람 쪽에서 감사의 마음을 일체 갖지 못하는 상황이었다. 양쪽 모두 '내가 이만큼 했으니 당연히 당신이 할 차례 아니야?' 하는 식의 반응만 보일 뿐이었다.

나는 이번에도 두 사람에게 '충분히 성숙한 자신의 모습'을 그려볼 시간을 갖게 했다. 두 사람이 목록을 작성한 후, 추가로 한 가지 질문을 더 제기했다. 훗날 '유능한 사람'으로 서로에게 기억되고 싶진 않은지 물은 것이다. 예상대로 양쪽 모두 강하게 긍정하는 반응을 보였다. 곧이어 나는, 가만히 앉아서 상대방이 뭘 얼마나 더 해야 하는지 따지고 싸우며 불평을 늘어놓는 경우와 해야 할 일이 눈에 띄거나 생각날 때 곧장 해치워버리는 경우 중 그들이 생각하는 '유능한 사람'에 부합되는 쪽이 어느 쪽인지 물었다. 그러자 두 사람은 단번에 내가 전달하고자 하는 의미를 알아차렸다. 그런데 마가렛이 예리하게 이의를 제기했다. "그야 그렇죠. 하지만 내가 그렇게 했는데 포레스트가 가만히 앉아서 나 혼자 모든 일을 다 하도록 보고만 있으면 어쩌죠?" 물론 포레스트도 이와 비슷한 반격을 가했다. 이들 부부에게 나는 이렇게 말해주었다. "두 사람 모두 사소한 일로 말다툼과 불평이나 하면서 무기력하게 살고 싶지는 않을 거예요. 그러니 지금부터 석 달 동안 배우자 때문이 아니라 자신을 위해서 유능한 사람이 되도록 열심히 노력해봐요. 만일 그 후에도 상대방이 자기를 이용한다는 느낌이 계속 든다면, 이혼도 하나의 방편으로 고려해볼 수 있겠죠. 그렇지만 지금 내가 보기에 두 사람의 상황은 '뭐 묻은 개가 겨 묻은 개 나무라는 식'인 것 같아요." 그렇게 두 사람은 내 제안을 받아들였다. 우리는 그날 상담을 통해 기본 규칙을 몇 가지 더 정했고, 그후 한두 주 동안 나는 두 사람이 집안일을 놓고 집요하게 점수를 매기려 드는 습관을 고치는 데 주력했다.

다행히 4주 만에 그 부부는 전혀 다른 사람이 되었다. 가정생활이 한결 원활해졌고 두 사람 사이에 감사의 마음이 싹트기 시작한 것은 물론, 각자 자신에 대한 만족감도 높아져 있었다. 포레스트가 말했다. "처음에는 집안일을 하는 도중에 불쑥 아내한테 화가 나곤 했는데, 그걸 억누르기가 정말 힘들었어요. 그런데 시간이 좀 지나고 나니까 자진해서 집안일을 하고 있는 제 모습에 스스로 대견한 마음이 들더군요. 나중에는 굳이 할 필요가 없는 일까지 찾아서 하게 되었죠. 식탁 의자가 낡아서 좀 삐걱대길래 손을 좀 보기도 하고요. 전에는 한 번도 그래본 적이 없었거든요." 마가렛이 말을 이었다. "우리 둘 다 집안일에 솔선수범하게 되면서 나중에는 서로 약간 경쟁심이 발동하는 것 같기도 했어요. 둘 다 승부욕이 좀 강한 편이거든요."

결혼의 지상목표는 부부로 하여금 스스로 유능해지기 위해 노력하고 개인적 사명을 실현할 책임을 느끼게 한다. 결국 자기의 이상에 충실하게 만드는 긍정적인 자의식도 이 지상목표에 달려 있다. 명확하게 규명된 일련의 가치, 목표, 이상, 즉 결혼의 지상목표 위에서 함께 노력한다면 남편도 아내도 삶이 끝나는 날까지 자기가 원하는 모습으로 변화되어갈 확률이 높아진다. 바로 에릭슨이 말한 '자아통합', 즉 자기 자신과 삶에 대한 정당성을 깊이 확신하는 단계로 다가가는 것이다.

네 번째 혜택:
부부간의 친밀감이 깊어진다

결혼의 지상목표를 중심으로 결혼생활을 이어가다 보면 남편도 아내도 예전에는 배우자의 몫으로 미뤄두었던 일들을 솔선해서 처리하기 때문에 자연히 부부간의 친밀감이 깊어질 수밖에 없다. 동반자적 결혼에서 다루었던 내용을 상기해보자. 부부가 서로의 세계에 좀 더 관심을 갖고 서로의 일을 적극 돕다 보면 대화도 늘고 공유하는 부분도 많아지니 친밀감도 더 깊어지게 마련이다.

결혼의 지상목표가 부부간의 친밀감을 깊어지게 하는 두 번째 이유는, 자신이 삶을 통해 구현하고 싶은 이상적 인간으로 성장해가게끔 도울 수 있는 유일무이한 동반자로서 배우자를 인식하고 서로간에 감사한 마음을 갖도록 해주기 때문이다. 결혼은 우리 각자의 내면에 깊이 간직한 소중한 가치와 이상을 실현하는 데 있어 다른 어떤 관계나 역할보다 더 큰 도전과제를 던진다. 일부 독자들은 이 말에 의구심을 가질 수도 있을 것이다. 우선 이에 대해 확실히 짚고 넘어가기로 하자.

자기 아이나 남편보다는 남들에게 좀 더 너그럽게 대하기 쉽다는 생각을 해본 적은 없는가? 회사에서는 사려 깊고 관대한 편인데 집에만 오면 그러기가 쉽지 않다는 생각을 해본 적은 없는가? 왜 그럴까?

우리 모두에게는 남들에게 보이기 위한 얼굴이 있는데, 그 얼굴을 하고 있을 때는 남에게 보이고 싶은 모습을 쉽게 드러낼 수 있다. 하지만 집에 오면 나의 진면목이 드러난다. 굳이 누군가에게 보여줄 필요가 없을 때 드러나는 꾸미지 않은 진짜 내 모습으로 돌아오는 것이다. 즉 우리가 완전한 무방비 상태인 동시에 가장 친밀한 상태에서 나타나는 모습이다. 그러므로 배우자의 눈에 비치는 당신의 모습을 보면 당신이 추구하는 가치와 이상, 목표를 얼마나 이루고 사는지 명확하게 알 수 있다. 도미노피자의 창립자이자 자선가로 유명한 톰 모나한Tom Monaghan이 어느 한 인터뷰에서 말했듯이 "목사님은 내게 '훌륭합니다. 잘했어요'라고 하시는데, 내 아내는 늘 '제 눈에는 안 그래요!'라고 하죠. 제가 분수를 잊지 않도록 하는 게 아내의 역할인가 봐요."

물론 모든 남편과 아내가 맡은 역할이 바로 그런 것이기는 하다. 서로의 참 모습을 비춰주고, 서로가 되고 싶은 사람으로 성장할 수 있도록 도와주는 역할. 직장 동료의 눈은 속일 수 있다. 친구의 눈도 속일 수 있다. 목사님의 눈조차도 속일 수 있을지 모른다. 하지만 아내와 자녀들은 당신의 참모습을 속속들이 알고 있다. 그런 상황에서 도

피할 수도 있고(구조선 유형과 평범한 유형의 많은 부부들이 그러듯이), 아니면 그 상황을 받아들이고 결혼생활을 발판으로 삼아 남들 눈에 비쳤던 그 모습보다 더 성숙하고 훌륭한 사람으로 성장해갈 수도 있다. 결혼의 지상목표가 바로 이러한 협력적이고도 친밀한 노력을 가능하게 해준다. 결혼의 지상목표가 부부간의 친밀감을 깊어지게 하는 마지막 이유는 배우자의 장점뿐 아니라 약점까지도 감사하는 마음으로 보듬을 수 있게 해주기 때문이다. 당신의 배우자와 비슷한 장점을 가진 사람은 또 있을 것이다. 하지만 배우자가 가진 장점과 단점의 고유한 조합이 당신의 부부관계에 공헌하는 바는 다른 누구도 대신해줄 수 없다. 그 조합이 당신의 단점들을 개선할 수 있는 맞춤형 훈련 과정을 제공해주는 것이다.

서로의 장점이 힘이 되어준다는 얘기는 쉽게 납득이 가겠지만, 단점들까지 도움이 된다는 게 정말 가능한 일일까? 배우자의 허점이 드러났을 때 우리의 반응은 크게 두 가지로 나뉜다. 하나는 못 본 척하는 것이다. "그렇다, 분명 배우자에게 단점이 있고 물론 신경에 거슬린다. 허나 그렇다고 내가 뭘 어쩌겠는가?" 하는 식이다. 두 번째는 배우자를 탓하는 것이다. "당신을 도무지 이해할 수가 없어. 왜 항상 그러는 거지? 정말 한심해"와 같은 반응이다.

그런데 상대방의 허점에 정말 이런 식으로 반응하고 있다면 우리는 인내심을 기를 기회는 물론 스스로 성장할 수 있는 소중한 기회를 놓치고 있는 셈이다. 일전에 집단 감수성 훈련에 참여한 적이 있는데, 그 그룹의 지도자는 배우자나 자녀, 직장 상사에 대해 불만을 토로하는 참가자들에게 이렇게 물었다. "그런 것들이 당신에 관해 무엇을 말해주나요?"(게슈탈트 심리치료의 창시자인 프리츠 펄스$^{Fritz Perls}$는 이 효과적인 기술을 '투사 연기'라 지칭하고 자신의 심리치료 체계에 광범위하게 활용했다.) 처음에는 참가자들이 이 질문에 당황하고 동요하지만 마음이 진정되고 나면 자기가 못마땅해했던 타인의 결점이 사실은 자신이 좀 더 성숙해지고 주변 환경을 개선하기 위해 고쳐야 할 점들이었음을 깨닫게 된다.

그날 '한심한 자식들'에 관해 불평을 늘어놓던 한 여성은 자녀교육을 좀 더 일관성 있게 해야 할 필요성을 깨달았으며, 아내가 너무 무신경하다고 불평하던 남성은 자신의 완벽주의적 성향 때문에 아내가 결국 자신을 무시하게 되었다는 사실을 알게 되었다. 남편이 무관심하다고 불평하던 여성은 자신이 늘 남편에게 잔소리를 해왔으며 최근에 남편의 관심을 받을 만한 일을 한 번도 한 적이 없다는 것을 깨달았다.

이런 통찰을 얻었다고 해서 한심한 자녀와 무신경한 아내, 무심한 남편이 하루아침에 바뀌지는 않는다. 하지만 다른 면에서 몇 가지 도움이 된다. 우선, 타인의 잘못을 일일이 지적하느라 자신을 정당화하는 쓸데없는 소모전을 멈출 수 있게 된다. 다음으로, 더 이상 자신을 무력한 방관자로만 보지 않고, 변화를 도모하거나 최소한 자기를 지킬 수 있는 좀 더 강인한 사람이 되도록 노력하게끔 해준다. 끝으로, 타인의 결점을 마주했을 때 좀 더 참을성 있게 대처하도록 인도해준다.

결혼의 지상목표를 세웠다고 해서 우리가 배우자의 결점을 두 팔 벌려 수용할 수 있게 되는 것은 아니지만, 그런 단점을 보다 긍정적인 방향으로 활용할 수 있는 방법을 알려줄 수는 있다. 그러므로 배우자가 자기의 결점을 당신 앞에 드러냈을 때 참을성 있게 대처해야 함은 물론이고, 배우자와 함께 살면서 당신의 결점을 바라보고 개선할 수 있는 기회를 얻는 것에 감사하는 자세를 갖는 게 좋다.

다섯 번째 혜택:
결혼생활이 오래 지속될 가능성이 커진다

결혼의 지상목표가 다른 주된 목적들보다 우위에 있는 이유는 부부의 일생 동안 퇴색되지 않는 가치를 제공해주기 때문이다. 하위 단계의 주된 목적을 중심으로 맺어진 결혼은 시간이 지나면서 의미가 퇴색되는 취약점이 있다. 예를 들어 경제적 안정이 주된 목적으로 작용하는 부부라면 살다가 경제적으로 어려워지거나 더 나은 조건을 제시하는 상대가 나타나면 결혼생활이 심각한 위협을 받게 된다. 마찬가지로 동료애가 주된 목적인 경우, 남편이나 아내가 더 호감이 가고 더 깊게 공감할 수 있는 상대를 만나면 위기를 맞게 된다.

어떤 목표가 다른 것들에 비해 더 강력한 힘을 갖는지(그래서 결과적으로 어떤 결혼생활이 더 성공적일 것인지)를 결정하는 요인은 그 목표를 성취하기가 얼마나 어려운가에 달려 있다. 왜냐하면 결혼의 주된 목적을 성취하고 나면(말하자면 궁극적인 목표를 달성하면) 결혼생활이 위기 국면에 들어설 수 있는데, 이때 부부는 결혼관계를 지속해야 할 새로운 이유를 찾는 가운데 서로를 멍하니 마주보며 "이제 뭐 하지?"라고 묻게 되기 때문이다. 일회성 문화에 젖어 있는 현실 속에서 이런 위기에 직면하면 많은 경우 힘겨운 부부관계를 정리하고 새로운 출발을 모색한다. 물론 대다수 남편과 아내는 그런 상황을 있는 그대로 솔직히 시인하려 들지 않겠지만, 현재의 배우자가 더 이상 효용가치가 없다는 생각이 진심에 더욱 가까울 것이다. 그래서 현재의 배우자와 더 높은 차원의 목적을 찾고자 노력하기보다는, 새로운 목적을 중심으로 결혼생활을 이어갈 또 다른 대상을 찾곤 한다. 이런 일은 늘 일어난다. 아이를 낳아 단란한 가정을 이루거나, 꿈꾸던 집을 마련하거나, 원하던 자격이나 학위를 손에 넣거나, 경력을 안정된 궤도에 올려놓는 것을 목표로 살다가 그 일을 이루고 나서 이혼을 하고, 그 결실은 다음 배우자와 누리며 사는 사람들을 주위에서 종종 볼 수 있지 않은가.

결혼의 지상목표 역시 우리가 결혼을 하게 되는 주된 목적 중 하나이지만, 여타 목적들과 다른 점은 평생토록 노력해야 하며 배우자의 도움 없이는 성취가 불가능하다는 사실이다. 예를 들어 역량을 두루 갖춘 훌륭한 인격체가 되겠다거나, 더 큰 사랑을 베푸는 존재가 되겠다거나, 정신적으로 보다 강인한 사람이 되겠다거나, 좀 더 포용력 있는 사람이 되겠다거나 하는 지상목표들은 평생에 걸쳐 노력해야 얻어지는 것들이다. 그리고 이러한 목표는 결혼의 정절을 훨씬 더 높은 단계로 끌어올릴 뿐 아니라 결혼생활을 오래도록 지속되게 해준다.

결혼생활의 지상목표 세우기

잠시 시간을 내서 '나는 어떤 사람으로 성숙해가고 싶은가?' 그리고 결혼생활이 내가 그런 사람으로 성숙하는 데 어떠한 도움을 줄 수 있는지 생각해보자. 아래에 소개된 연습문제를 풀고 나면 결혼의 지상목표를 세우는 첫 걸음을 뗄 수 있을 것이다.

정체성

연습문제를 끝까지 푸는 데는 시간이 좀 걸릴 것이다. 그러나 서두르지 말자. 앞으로 살아가게 될 50여 년의 결혼생활을 위한 청사진을 그리는 일이니까. 아래에 제시된 질문을 하나하나 숙고해보자. 아직은 배우자에게 당신의 답을 보여주지 않는 것이 좋다. 여기에 제시된 문항은 당신의 정체성에 관한 것이며, 그 정체성은 당신이 결혼을 했든 하지 않았든 가지고 살아가야 하는 것이기 때문이다.

1. 아래에 열거된 항목 중에서 당신에게 가장 소중하게 느껴지는 가치는 무엇인가? 당신이 가장 중요하다고 생각하는 덕목을 몇 개 선택한다. 아래에 열거된 항목 중에서 선택해도 좋고, 빈칸에 다른 덕목을 적어도 좋다(선택하기가 어렵다면, 당신의 생이 끝날 때 어떤 사람으로 기억되고 싶은가를 생각해보면 도움이 될 것이다).

사랑	○	신념	○	희망	○	강인함	○
이해	○	지혜	○	진실성	○	성실	○
유능성	○	온화함	○	봉사	○	즐거움	○
평화	○	인내심	○	친절	○	선함	○
너그러움	○	점잖음	○	충실함	○	자제력	○
배려	○	호의	○	연민	○	창의성	○
유용성	○	유머감각	○	자애로움	○	평정심	○

기타 _____

2. 삶의 좌우명으로 삼고 있는 덕목을 적어보자(예를 들면, '나는 사랑, 지혜, 배려를 추구하며 살고 싶다'라고 적을 수 있다).

3-a. 배우자가 당신의 신경을 자극하는 것들을 떠올려보자. 예를 들면, 거슬리는 습관, 성격, 찬성할 수 없는 그의 의견이나 행동 등 가장 두드러진 사항을 한두 개 적어보자.

3-b. 배우자가 위의 행동이나 의견을 나타낼 때, 당신은 그에 대응하는 방식을 어떻게 바꿀 수 있을까? 당신이 위에서 선택한 좌우명에 입각해서 생각해보자(예를 들면, "배우자가 늦게 들어올 때, 내가 좀 더 사랑을 실천하는 사람이라면 어떻게 대응해야 할까?")

4. 당신에게 배우자의 발전을 가로막는 측면이 있다면 어떤 것이 있을까? 그런 자기중심적인 태도를 극복하는 데 있어 당신이 지향하

는 덕목은 어떤 도움이 될까? 배우자에게 좀 더 너그러워지기 위해서는 어떤 동기가 필요할까?

5-a. 생이 끝날 때 당신이 바라던 모습의 사람이 되어 있기 위해서는 어떤 목표 또는 성취를 이루어야 할까?(너무 허황되거나 사소한 것 같아서 무시하려 해도 계속 가슴속에 남아서 사라지지 않는 욕구나 소망을 생각해보자.)

5-b. 이 목표를 달성하기 위해 필요한 조건들이 모두 갖추어져 있는가? 그렇지 않다면 무엇이 더 필요할까?(학업, 상담, 다른 직업, 또는 특별한 인생 경험?)

6. 직장 일과 자녀교육, 개인적 일상이 당신의 좌우명을 좀 더 합당하게 반영하게 하려면 어떻게 해야 할까?(예를 들어 자녀교육에 관한 공부, 부부문제 상담, 정신을 풍요롭게 하기 위한 독서, 또는 직업 훈련 등)

당신이 선택한 덕목들을 실천하며 사는 것이 당신의 고유한 여건 속에서 어떤 의미를 갖는지 좀 더 분명히 인식하기 위해 다음 훈련을 해보자. 우선 '더 나아진 새로운 당신'(또는 선망하거나 본보기로 삼고 있는 남성 또는 여성)을 떠올려보라. 그 사람이 당신이 살아가면서 계발하고 싶은 모든 덕목을 갖추고 있다고 가정해보자. 그 사람이 당신의 일상을 살아가면서 그 속에서 마주치는 모든 문제와 어려움들을 당신이 선택한 덕목과 원칙에 부응하는 방식으로 해결해나간다고 상상해보자. 그리고 이 시나리오에 당신을 대입해서 그렇게 품위 있고 예의 바른 모습으로 대응할 때 어떤 느낌일지 상상해보라. 매일 아침과 저녁에 이 시나리오를 반복해서 돌려보면서 당신이 어떤 사람으로 변모하고자 노력하는 중인지 시각적으로 그려보자.

배우자와의 관계

이제 당신과 배우자가 정체성에 관한 질문에 답한 내용을 함께 살펴보자. 답변에 관해 이야기를 나누는 동안, 배우자가 신중한 성찰을 통해 그 답변에 도달했으며 따라서 그 답변들은 배우자가 평생을 살면서 실현해나갈 정체성에 대한 진실한 믿음을 반영한다는 사실을 기억하자. 그 정체성의 요소 중에는 당신이 좋아하지 않거나 하찮게 생각하는 부분, 또는 싫어하는 부분도 포함되어 있을 수 있지만 그건 중요하지 않다. 결혼서약을 충실히 지키려면 결혼의 모든 목적과 기능에 충실해야 한다. 그러기 위해서는 각자 타고난 모든 잠재성을 실현할 수 있도록 도와야 한다. 다음 항목에 대해 깊이 생각하고 토론하다 보면 당신과 배우자가 서로에게 좋은 영향을 미치고 있는지 알 수 있을 것이다.

1. 결혼의 지상목표를 세워보자. 이 연습문제를 풀면서 정체성과 관련하여 당신과 배우자가 선택한 좌우명을 검토해보자. 이제 좌우명에 포함된 덕목을 통합하여 결혼을 통해 성취하고자 하는 내용을

한 문장으로 함축해보자.

"우리 부부는 다음과 같은 결혼의 지상목표에 도달할 수 있는 능력을 향상시키기 위해 적극적으로 노력할 것이다.

지상목표: _____ "

2. 결혼의 지상목표에 좀 더 충실하려면 부부간의 소통과 서로를 대하는 방식을 어떻게 바꾸어야 할까? 변화를 위해 필요한 정서적 역량이나 기타 관련 능력을 갖추고 있는가? 만약 없다면 어떤 식으로 필요한 능력이나 기술을 습득할 것인가?(예를 들면 부부 상담이나 관련 도서 읽기, 교회나 기타 가치 집단 참여)

3. 결혼의 지상목표를 실현하며 살기 위해서는 당신 부부의 우선순위가 어떻게 바뀌어야 할까? 대대적인 변화가 필요한 경우, 단계별로 나누어 '5개년 계획'을 세워보자.

약속하기: 서로 다음과 같이 약속한다

(배우자의 이름), 나는 당신을 한 인간으로 존중합니다. 나는 당신이 소중히 여기는 것들 속에서 좋은 점들을 보도록 노력할 것이며, 특히 내가 이해하지 못하는 것에 대해서도 그럴 것입니다. 당신이 소중히 여기는 것을 하찮게 생각하지 않을 것이며, 당신의 가치와 이상, 목표를 위해 내 시간을 기꺼이 할애할 것입니다. 당신에게 약속하건대, 내가 스스로 가장 중요하게 여기는 인생의 목표를 추구하며 열심히 매

진하는 동안에도 당신이 궁극적으로 소망하는 당신의 모습을 이루도
록 최선을 다하여 도울 것입니다.

　나는 당신의 삶에 가장 중요한 사람이 되고 싶습니다. 어려움과 불
편함을 감수하고라도 당신이 가장 온전하고, 자족할 수 있는, 성취한
사람이 될 수 있도록 도울 것입니다. 내가 이런 약속을 하는 이유는
현재의 당신은 물론, 당신이 추구하는 모습 또한 사랑하고 존중하기
때문입니다. 나는 일생 동안 매일 당신을 위해 노력하며 살 것입니다.

결혼의 성패를 가르는 핵심 요소

주디스 월러스타인은 자신의 저서 《행복한 결혼생활》에서 '낭만적
인 결혼생활'을 영위하는 특별한 부부들이 부모의 죽음을 경험한 경
우가 많다는 점을 지적했다. 월러스타인은 낭만적인 결혼생활을 하
는 부부들이 공통적으로 이런 경험이 있다는 사실과 그들이 여러 면
에서 가장 바람직한 부부관계를 유지하고 있다는 사실을 종합해서,
그들이 겪은 상실의 경험이 특별한 친밀감을 형성하는 데 어떤 식으
로든 영향을 미쳤을 것이라는 결론을 내렸다. 왜 그럴까? 월러스타인
박사는 이 질문에 대한 답을 독자들의 몫으로 남겨두었다. 내 생각에
는 이 부부들이 부모의 죽음을 통해 자기 생명의 유한성을 돌아보게
되었으며, 쉘비와 맥스처럼 자신의 삶에 어떤 의미를 부여해야 하는
지 깊이 생각할 기회를 가졌기 때문인 듯하다.

대부분의 사람들은 자기가 언젠가 죽을 것이라는 사실을 부정하고 삶에 부질없는 정열을 쏟아붓는다. 우리가 태어나는 순간부터 시간은 죽음을 향해 흐르기 시작하다가 마지막 시간에 이르면 커다란 의문부호만 남기고 끝난다는 것이 삶에 대한 일반적인 견해다. 그리고 이러한 견해는 삶을 무의미하고 부조리하게 만든다. 하지만 이것은 잘못된 생각이다. 철학자 마틴 하이데거Martin Heidegger는 시간이 죽음으로부터 거꾸로 흐르면서 삶에 의미를 부여한다고 주장했다. 죽음이 삶에 명확한 의미를 부여하는 것이다. 죽음의 현실을 인지하고 있는 사람은 쾌락보다는 의미를, 사사로움보다는 진리를, 단순한 행위보다는 가치 실현을 추구한다. 자신의 유한한 삶을 바라보는 건강한 정신을 가진 사람의 자세는 '나에게는 살아가는 동안 성취해야 할 중요한 일들이 있고 시간은 한정되어 있다. 그러니 허송세월을 보내지 말자'라는 것일 수밖에 없다.

이른바 '자연 발생적인' 특별한 부부들은 선택의 여지없이 자신의 유한성과 삶의 의미를 직면했을 수도 있다. 반면 스티븐 코비가 자신의 저서《성공하는 가족의 7가지 습관The Seven Habits of Highly Effective Families》에서 말했듯이, '죽음을 염두에 두고 사는' 사람들은 "나는 내 인생과 결혼생활이 어떤 모습이길 원하는가? 그리고 그러한 이상을 보다 훌륭하게 실현하려면 어떤 면을 바꾸도록 노력해야 하는가?"라는 질문을 통해 결혼생활의 목표와 친밀감이 더욱 뚜렷해지기 때문에 더욱 성공적인 결혼생활을 누리게 된다.

앞에 소개된 연습문제는 결혼의 지상목표를 명확히 확인하기 위한 과정으로, 사실상 시작에 불과하다. 진정한 결혼의 지상목표는 전 생애를 통해 발전하고 확장되기 때문이다. 당신이 실제로 수행하고 있는 배우자의 역할을 당신이 인지하고 있는 역할에 비추어보면서 그 역할을 얼마나 잘하고 있는지 확인하기 위한 방편으로 매일 지상목표를 검토해야 한다. 그리고 그 발전 과정에 대해 부부가 정기적으로 대화의 시간을 갖는 것도 좋다. 그러다 보면 문제가 생기기 전에 미리 예상하고 해결할 수 있다.

지금까지 당신이 어떤 인생과 결혼생활을 영위하고 싶은지에 대해 알아보았다. 이제 특별한 정절에 대해 살펴보기로 하자. 정절은 당신과 배우자가 결혼의 지상목표에 항상 충실할 수 있게 해준다.

4

특별한 정절:
행복한 결혼생활을
위한 경계선 긋기

유명한 것보다 성실한 것이 더 좋다.

테오도어 루즈벨트

어느 날 집으로 들어가다가 앞마당에 튀어나온 뭔가에 걸려 넘어졌다고 상상해보자. 화가 난 당신은 삽을 가져와 마당에 혹처럼 튀어나온 보기 싫은 물체를 파버리려고 한다. 그런데 삽이 튀어나온 물체에 닿는 순간 둔탁한 소리가 난다. '도대체 뭐지?' 갑자기 궁금해져서 계속 파내려간다. 그러다 어느 순간, 당신이 파내려가고 있는 것이 보물 상자라는 사실을 깨닫는다. 창고로 가서 망치와 끌을 가져와 자물쇠를 부수고 뚜껑을 열어보니, 눈부신 보석과 황금이 가득 들어 있다.

이때 당신은 보물 상자를 누구든 가져갈 수 있도록 마당에 그대로 둘 것인가, 아니면 집 안으로 들여가 단단히 지키면서 현명하게 어딘가에 투자를 할 것인가?

결혼은 '앞마당에 튀어나온 돌부리'와 같아서 많은 사람들이 살아가면서 수없이 걸려 넘어진다. 결혼의 지상목표를 세우는 과정에서 그 '돌부리'가 사실은 땅속에 묻혀 있는 보물 상자라는 사실을 깨달았다. 이제 선택이 남았다. 당신은 그저 어깨를 들썩이며 "아하, 보물 상자구나. 희한한 일이군" 하고는 신문만 집어 들고 다시 집으로 들어갈 것인가, 아니면 보물 상자를 이용해서 삶을 훨씬 더 풍요롭고 충실하게 만들 수 있는 멋진 방법을 궁리할 것인가? 당신이 후자를 선택했기 바란다. 이 장에서는 결혼의 지상목표를 현명하게 활용하는 방법에 대해 이야기할 것이기 때문이다.

정절이라고 하면 대부분의 사람들이 "나는 배우자 외에 다른 사람과 잠자리를 하지 않으니 정절을 지키고 있다"라는 식으로 성(性)적인 의미만을 생각한다. 하지만 이러한 개념은 정절의 의미를 반만 이해한 것이다. 심리분석가인 에릭 에릭슨은 그의 주요 저서《아동기와 사회 Childhood and Society, 1964》에서 정절은 '정체성'과 '역할 혼미' 사이에서 일어나는 갈등을 성공적으로 해결한 후에 얻을 수 있는 덕목이라고 설명한다. 다시 말해서 자신이 삶의 본보기로 삼고 싶은 좋은 성품이 어떤 것인지 명확하게 인지하고 나면(즉, 정체성을 찾게 되면), 정절을 실천할 수 있다는 뜻이다. 에릭슨에게 있어서 '정절'이란 '건강한 정체성'의 또 다른 말이기도 하다.

특별한 부부들은 정절이란 단어가 내포하는 이러한 의미들을 잘 이해하고 있다. '다른 모든 것에 우선하여' 서로에게 충실하려면 복잡하게 얽힌 모든 인간사, 친구들과의 우정, 본가 가족들에 대한 의무, 직업의 기회, 공동체 참여 등을 포함해서 배우자의 신체적, 정신적 건강과 부부간의 친밀감 향상에 도움이 되지 않는 모든 관계를 배제해야 한다. 결혼생활이 '운명의 동반자' 관계가 되려면 이러한 의미에서의 정절이 반드시 지켜져야 한다. 이런 특별한 정절을 실천하려면 남편과 아내가 서로의 곁을 절대로 떠나지 말아야 한다는 뜻이 아니다.

오히려 그 반대다. 진정한 의미의 정절을 지키며 살다 보면 다수의 지인들과 별 의미 없이 어울려 지내기보다는 소수의 진정한 친구들과 우정을 나누는 편을 택하게 되고, 결혼생활을 적당히 희생하는 대가를 치러야만 사회와 직장에서 성공할 수 있다는 잘못된 생각을 떨쳐버리게 된다. 당연히 부부간의 친밀감이 더욱 깊어지고, 결과적으로 결혼생활이 새로운 차원으로 올라간다. 특별한 결혼생활을 하는 부부들은 자기에게 중요한 것은 어떤 것도 포기하지 않는다. 다만 중요하지 않은 것들에 시간을 낭비하지 않을 뿐이다.

특별한 정절은 결혼의 지상목표를 더욱 탄탄하게 다져준다. 특별한 정절이 뒷받침되지 않는 지상목표는 그저 냉장고 문에 붙여놓은 종잇조각에 지나지 않는다. 달력이나 쇼핑 목록과 다를 바 없는 셈이다. 삶의 지표로 삼고 싶은 가치와 이상, 목표를 찾고 나면 당신과 배우자는 결혼생활을 통해 그런 것들을 실현할 수 있는 방법을 생각할 것이다. 특별한 정절은 두 가지 측면에서 이러한 과정을 원활하게 해준다. 첫째, 결혼생활이야 말로 당신이 노력을 기울여야 할 가장 중요한 과제임을 인지하게 한다. 둘째, 삶을 단순화할 수 있게 해준다. 단순한 삶이야말로 특별한 부부생활의 보증증서다. 이 둘을 각각 좀 더 자세히 살펴보자.

결혼은 서로의 잠재성을
실현시키는 과정이다

살아가다 보면 하고 싶은 일도 많고 중요한 일도 많다. 특별한 정절을 추구한다고 해서 우리 삶의 터전이 되는 지역공동체에 대한 기여나 친지와 친구들을 초대해 함께 즐거운 시간을 보내는 일 등에 소홀해야 하는 것은 아니다. 특별한 정절을 지키는 길은 우리가 가장 소중히 여기는 가치와 이상, 목표의 실현을 최우선으로 생각하는 것이며, 그런 일을 함께 추구하기에 결혼보다 더 적절한 관계는 없다.

특별한 정절은 부부 사이의 가장 단순한 상호작용에서도 최대한의 잠재적 가능성을 끌어낼 수 있는 힘을 부여해준다. 예전에 나에게 상담을 의뢰했던 여성이 이런 말을 한 적이 있다. "지극히 사소한 일들에 정성을 기울이는 것만으로도 내가 얼마든지 성숙한 사람으로 거듭날 수 있다는 사실을 예전엔 미처 몰랐어요. 진심이 담긴 입맞춤, 톰(그녀의 남편)의 말에 진정으로 귀 기울이는 일, 그리고 남편의 하루가 어땠는지 세심하게 물어보는 일들이 모두 사소한 것 같지만, 내가 막상 피곤하거나 바쁘거나 마음이 복잡할 때는 그조차 실천하기가 쉽지 않았어요. 그런데 노력을 하다 보니 어느새 조금씩 나 중심적인 사고에서 벗어나게 되더라고요. 그러면서 남편과 좀 더 친밀한 느낌이 들고, 내가 항상 되고 싶었던 평온하고 사려 깊은 모습에 내가 조금씩 가까워지는 것 같았어요."

결혼의 지상목표는 삶의 편의와 동반자 관계를 위한 방편이었던 결혼을 가치 실현을 위한 도구로 변화시킨다. 결혼을 하지 않고도 사랑하고 포용하면서, 현명하고, 건강하고, 창의적인 삶을 살 수 있다. 그리고 당연히 그래야 한다. 하지만 결혼은 다른 어떤 관계보다도 그러한 덕목을 실현할 수 있는 기회를 풍성하게 제공한다. 세상 어느 누구도 배우자만큼 당신을 잘 알지 못하고, 다양한 상황과 맥락 안에서 당신을 지켜보지 못한다. 그렇기 때문에 당신이 건강한 정체성과 진정한 기쁨을 누리며 살기 위해 추구하는 가치와 실제의 삶이 일치하도록 도와줄 수 있는 최적의 동반자도 결국 배우자인 것이다.

특별한 정절은
삶을 단순하게 해준다

결혼의 지상목표가 세워지고 나면 특별한 정절을 지키는 당신은 하나의 질문을 염두에 두고 삶을 돌아보게 된다. "내가 현재 맡고 있는 역할과 어울리는 사람들이 궁극적인 행복의 중심이 되는 가치와 이상, 목표를 성취하는 데 도움이 되는가, 아니면 방해가 되는가?"

대형 제조업체의 영업 책임자를 지낸 칼은 이 질문을 통해 자신의 인생과 결혼생활을 되찾았다고 한다. "아내인 에리카와 함께 정한 결혼의 지상목표 덕분에 인간관계라는 것이 함께 있는 시간뿐 아니라 그 밖의 시간에도 내 삶에 어떤 식으로든 영향을 미친다는 사실을 깨달았어요. 그리고 친구들 중에도 내가 추구하는 가치를 지지하지 않는 그룹이 있다는 걸 알아채기 시작했어요. 아내와 내가 결혼생활에 대해 정한 원칙을 실천하며 살려면 내가 직장을 옮겨야 한다는 생각을 하게 됐죠." 어느 날 아침 칼은 에리카와 마주 앉아 매일의 일과에 두 사람이 함께 보낼 시간을 정했다. 그리고 남은 시간을 취미생활과 친한 친구들에게 할애하고, 적당히 알고 지내는 사람들과 어울리는 시간을 최소한으로 줄였다. 그리고 좀 더 작은 회사로 직장을 옮겼다. 물론 수입이 줄어든 것을 감수해야 했지만, 칼은 아내와 아이들과 충분한 시간을 보낼 수 있고 직장에서 받는 스트레스도 훨씬 줄어들었기 때문에 수입의 하락은 보상받고도 남는 것 같다고 했다.

쉐리의 이야기도 결혼의 지상목표가 삶을 단순하게 하고, 개인적 성장과 결혼생활의 행복을 추구할 수 있는 에너지를 준다는 사실을 입증하는 좋은 예가 될 것 같다. 쉐리는 남편인 토드와 5년째 결혼생활을 이어가고 있다. 쉐리는 부동산 중개업을 하고 있는데 일도 즐겁고 직장 동료들과도 좋은 관계를 유지하고 있다. 그중에서도 특히 안젤라라는 친구와 가까운데, 안젤라는 늘 쉐리의 관심을 필요로 할 뿐 아니라 거의 항상 복잡한 이성관계에 시달리고 있었다. 그러다 보니 저녁 늦은 시간에 쉐리에게 전화를 걸어 자기 얘기를 들어달라며 만나자고 하는 일이 많았다. 그런 일이 계속되자 결국 토드는 무례한 사생활 침해에 대해 분통을 터트렸고, 쉐리는 남편이 자기 시간을 독차지하려 한다며 비난했다. 그러고는 토드가 화를 내는데도 안젤라에게 달려갔다. "친구가 곤경에 빠져 있을 때 곁에 있어주는 거니까 내가 옳은 일을 하고 있다고 생각했어요." 쉐리는 나와 상담을 하면서 결혼의 지상목표를 명확히 확인하고는 자신을 성찰할 시간을 가졌다. "사실 그동안 남편에게 친밀감을 느끼지 못했던 것 같아요. 지금 생각해보니 안젤라 문제를 핑계로 토드와 거리를 유지하려 했던 것 같아요.”

상담이 진행되면서 쉐리는 남편과 좀 더 친밀해질 필요가 있으며, 그녀가 계속해서 안젤라의 일을 더 우선시하는 한 부부관계가 좋아질 수 없다는 사실을 이해하기 시작했다. 쉐리는 자신의 과거 기억들 때문에 남편과 깊은 친밀감을 나누기를 두려워하고 있었지만, 동시에 그로 말미암아 잃어버리는 결혼생활의 행복에 대해서도 무척 안타까워하면서 어떻게든 이를 극복할 의지를 내비쳤다. 쉐리의 경우, 특별한 정절을 실천하기 위해서는 친밀감에 대한 두려움을 극복하는 동시에 안젤라와의 관계를 조정해야 했다. 즉 안젤라와의 관계를 완전히 단절하지는 않되 전화하는 횟수를 제한할 필요가 있었다. 이에 대해 안젤라는 처음에 몇 번 섭섭한 마음을 내비쳤지만 이내 다른 친구에게 매달리기 시작했다.

평범한 단계의 결혼생활을 하는 부부들은 특별한 정절을 실천하는데 큰 곤란을 겪곤 하는데, 그 이유는 이들이 대부분 자기가 맡은 일과 역할을 비롯해 전반적으로 자기가 누구인지를 명확하게 인지하지 못하기 때문이다. 그래서 내가 그들 자신과 결혼생활을 위해 직장 일과 공동체에 할애하는 시간을 줄이라고 조언하면 방어적 자세를 취하기도 한다. “나 자신에게 충실하라면서요! 나는 일하는 시간이 정말로 즐겁단 말이에요!” 하는 식으로 말이다. 근래에 한 광고회사의 회계부서 책임자와 아주 인상적인 대화를 나눈 적이 있다. 그녀는 업무관계로 출장이 잦다 보니 아이들과 거리감이 생기는 것 같다며 내게 고민을 털어놓았다. 그리고 잦은 편두통에도 시달리고 있는데 담당의사의 말로는 스트레스 때문이라고 했다. 게다가 업무로 인한 심적 부담감이 커서 불면증도 있고 미약한 공황증세까지 겪고 있다고 했다. 나는 업무 자체나 업무 일정이 그녀가 감당하기에 너무 과한 것 같다고 조언했다가 의외의 대답을 들었다. "그렇지만 전 제 일이 좋아요!"

바쁘고 고달픈 삶을 사느라 아드레날린이 과다 분비되는 상태는 중독성이 있다. 많은 사람들은 '고달픈 상태'를 '누군가 나를 필요로 하는 상태'로 받아들인다. 그래서 힘이 들수록 스스로 더욱 특별한 존재인 양 느낀다. 물론 이런 방식으로 '자존감'을 확인하는 성향이 강해질수록 정신적으로는 피폐해진다. 가치를 실현하는 대신 감당해야 하는 활동량만 늘리는 것이기 때문에 당연한 결과다.

그런데 자신이 사회에서 하는 일이 본인이 추구하는 가치를 실현할 수 있는 기회를 안겨준다고 진심으로 믿는 사람이라면 어떨까? 혹은 본인이 하는 일의 성격상 자신이 결혼생활에 적극적으로 임하지 못할 만한 정당한 이유가 있다고 생각하는 사람들의 경우는 어떨까? 의사인 레이몬드는 주당 근무시간이 70시간 이상이다. 아내인 아만다는 방사선 의료기사인데 나는 두 사람의 시간이 허락하는 대로 만나서 결혼상담을 해주고 있었다. 상담 중에 아만다가 레이몬드의 과다한 근무시간에 대해 불평을 한 적이 있는데 이에 대한 레이몬드의 대답은 다음과 같았다. "환자가 나를 필요로 할 때 나는 항상 그들 곁에 있어야 해. 당신을 사랑해. 하지만 내 일은 사람의 생명이 달린 일이야. 그러니 나도 어쩔 수가 없어. '스미스 부인, 남편이 돌아가신 것에 대해서는 정말 마음이 아프지만, 아내와 함께 영화를 보러 가기로 해서 이만 가봐야겠네요.' 이렇게 말할 수는 없잖아."

이와 비슷한 사례가 몇 년 전에도 있었는데 오리건에 사는 여성 의뢰인과 전화상담을 할 때였다. 그녀의 남편은 업무시간이 많았을 뿐 아니라 환경운동에도 적극적으로 참여하는 사람이었다. 어느 정도로 적극적인가 하면, 주말에는 거의 집에 있지 않았고, 주중에도 며칠은 외박을 해야 하는 정도였다. 그녀는 남편의 이러한 열정에 별 소리 하지 않았고, 그녀 역시 세 아이를 돌보면서 자기 취미생활을 즐기고 있었다. 단지 남편을 거의 보지 못하고 살 뿐이었다. 그녀가 남편의 부재에 대해서 언급을 할라치면 남편은 아내의 마음을 잘 알고 있다는 듯 고개를 끄덕이며 말했다. "여보, 나도 알아. 나도 좀 더 많은 시간을 집에서 보낼 수 있었으면 좋겠어. 하지만 이 일이 얼마나 중요한지는 당신도 잘 알잖아."

레이몬드 박사도 우리의 환경운동가도 표면적으로는 모두 그럴듯한 이유가 있다. 생명을 구하는 일도 환경을 보호하는 일도 물론 중요하다. 아주 중요하다. 그러나 자기에게 충실하게 산다는 말의 의미가 전적으로 자기가 중요하다고 생각하는 일이나 업무에만 매진하는 거라면 왜 결혼을 했는가? 이렇게 생각해보자. 애완동물센터에 가서 반려견을 한 마리 입양한다고 가정해보자. 그 개를 집에 데려와 지하실에 가둬두고 굶겨 죽일 것인가? 도대체 어떤 사람이 그런 짓을 하겠는가? "먹이와 물을 줘야 한다는 걸 몰랐어"라고 한다면 변명이 될까? 혹은 "밖에 나가 훨씬 더 중요한 일을 해야만 했어"라고 한다면 책임을 면할 수 있을까? 물론 그렇지 않다. 동물에게 그런 짓을 하는 것만 해도 충분히 충격적인데, 하물며 영혼까지 돌봐주겠다는 혼인서약을 한 배우자에게 무관심으로 일관해 정신적으로 황폐하게 만든다면 얼마나 큰 잘못이겠는가? 당신의 업무와 추구하는 가치가 아무리 중요하다고 해도 배우자를 아무렇게나 방치해두는 일은 일말의 변명의 여지도 없다.

만일 당신이 소명을 받아서 소신이나 직업, 또는 사목을 위해 전 생애를 온전히 바치기로 한다면 나는 그 숭고하고 이타적인 삶에 찬사를 보냄과 동시에 독신주의자로서의 삶을 충실히 살아내기를 기원할 것이다. 그러나 결혼을 택했다면 몇 가지 책임을 받아들이기로 약속한 셈이며, 그중 첫째는 배우자의 영혼을 보살펴주는 일이다. 물론 배우자도 당신의 영혼을 보살펴야 한다. 자신에게 충실한 삶을 산다는 것은 앞서 소개한 광고회사 임원처럼 과로사를 불사하며 일을 해야 하는 것도 아니고, 의사나 환경운동가처럼 세상을 구하기 위해 온 사방으로 뛰어다녀야 하는 것도 아니다. 당신이 한 약속과 다짐을 지키되 각각에 대해 균형을 잃지 않으면 되는 것이다. 그 약속과 다짐의 대상은 배우자일 수도 있고, 자녀, 직장 상사, 가족, 공동체, 또는 친구일 수도 있다. 그러다가 모든 약속을 지키는 것이 너무 큰 부담이 되거나 불가능해지면, 특별한 정절을 기준으로 전체적으로 규모를 줄일 수도 있고, 당신의 삶과 결혼생활의 근간이 되는 가치와 이상, 목표를 성취하는 데 도움이 되지 않는 순서에 따라 몇 가지를 제외시킬 수도 있다.

정절의 울타리가 행복한 결혼생활을 만든다

결혼생활을 최우선에 두고 얼마큼의 시간과 정열을 가까운 주변 사람들에게 할애할 것인가는 부부들마다 각자의 상황을 감안해 결정해야 할 사안이다. 이런 의미에서 특별한 정절은 상대를 존중하면서 내가 감당할 수 있는 한계를 정하는 기술이기도 하다(말하자면, 어디까지가 내가 감당해야 할 부분이며, 어디서부터 상대의 몫인지를 판단할 수 있어야 한다는 뜻이다). 남에게 이용당하지 않으면서 너그러울 수 있다면 '경계의 개념이 확실하다'고 할 수 있다. 이러한 경계의 개념은 다른 모든 관계로부터 인간의 존엄성과 결혼의 지상목표, 그리고 결혼생활의 우위성을 지켜준다. 적절한 경계선을 정하지 못하면 자신이 수행 중인 역할과 주변 모든 사람들이 뒤엉켜 관심과 시간을 분산시키고 커다란 혼란과 스트레스를 겪을 수밖에 없다. 그러면 모든 사람을 만족시키기 위해 허둥지둥 사방으로 뛰어다니지만 결국 누구도 100퍼센트 만족시키지 못하면서 본인은 지쳐버리고 친밀해야 할 부부관계는 소원해진다. 다음 몇 페이지에서 당신의 삶과 결혼생활에 건강하고 정중한 경계선을 두르기 위한 첫 단계부터 살펴보자.

1단계:
'결혼생활' 우선주의를 실천하라

우리는 매일 혼인서약을 새롭게 다짐할 기회를 맞이한다. 배우자와 아침 인사를 나누면서 이렇게 속삭여보자(또는 혼자서 생각만 해도 좋다). "오늘 나는 우리의 혼인서약을 되새기면서 모든 선택에 있어 우리 결혼생활을 먼저 고려하겠습니다."

그리고 매일 아침 결혼의 지상목표를 다시 한 번 떠올려보자. 그것이 당신의 정체성을 이루는 가치에 근거하고 있다는 사실을 기억하자. 한 인간으로서 당신의 성공은 오늘 결혼의 지상목표를 실현하기 위해 노력하고 결혼생활의 우위성을 보호할 수 있는 능력에 달려 있다. 당신의 부부관계가 지상목표에 근간을 두고 있는 한 당신은 대체 불가능한 존재다. 부부가 서로의 정체성을 실현하는 데 고유한 역할을 맡고 있기 때문에 당신의 배우자 또한 대체가 불가능한 존재다. 일상을 살아가면서 언제나 결혼생활을 최우선 순위에 두고, 당신의 삶에 배우자가 얼마나 중요한 존재인가를 배우자가 느끼도록 하자.

2단계:
누군가의 부탁을 어디까지 들어주어야 하는지 판단해야 할 때는 결혼의 지상목표를 기준으로 생각하라

부모님이나 직장 상사, 또는 친구가 뭔가 부탁을 할 때가 있다. 그런데 그 부탁이 상대방의 입장에서는 당연하고 합당하지만, 내 입장에서는 전혀 그렇지 않은 경우가 있다. 상대방에 대한 예의를 지키면서 선을 넘지 않게 하려면(즉, 특별한 정절을 실천하려면) 부탁을 들어줄 때와 거절할 때를 적절히 가려서 응대할 수 있어야 한다. 대부분의 사람들이 이런 일을 어렵다고 생각하는데 그 이유는 판단에 도움이 되는 객관적인 기준이 없기 때문이다. 어떠한 기준도 없이 본인의 기분에 의거해 판단하면 문제가 생긴다. 남의 부탁을 거절하지 못하는 사람들이 있다. 부적절한 부탁이라도 거절을 하고 나면 참을 수 없는 죄책감을 느끼기 때문이다.

두 아이의 엄마인 디엔은 하루에 한 번은 반드시 친정어머니를 찾아가 시간을 보내야 한다는 강박적인 생각을 가지고 있었다. 그뿐 아니라 자주 엄마의 심부름까지 도맡아 했다. 어머니는 건강에 아무런 문제가 없는데도 다른 사람을 시킬 수 있는 여건만 되면 되도록 집 밖으로 나가지 않으려 했다. 프리랜서 작가인 디엔은 자기 일을 할 시간이 늘 부족했고, 남편과 아이들에게도 충분한 시간을 할애하지 못하는 형편이었다. 남편과 아이들도 디엔의 부재에 불만을 느끼고 있었다. 디엔도 그런 상황을 충분히 인지하지만, 친정어머니의 부탁을 거절한다는 것은 생각만 해도 양심의 가책이 느껴졌다. 그런데 이렇게 지나친 죄책감은 다른 상황에서도 마찬가지였다. 여동생의 아이들을 자청해서 봐주기도 하고, 다른 형제들과 부모님의 해결사를 자처했다. 그런 일들을 할 시간이 절대적으로 부족한데도 말이다. 디엔의 좌우명은 '아무도 할 사람이 없으니 내가 해야만 한다'였다.

디엔은 결국 죄책감을 이기지 못해 공황장애 치료까지 받아야 했다. 디엔은 삶의 목표를 정하고 그것을 실천하기 시작하고 나서야 이타적인 배려에 선을 긋고 정신 건강과 행복한 결혼생활을 되찾을 수 있었다. 이와 비슷한 경험이 있는 미키의 이야기를 들어보자. 미키는 삶 자체가 '근면함'의 표본이었다. 직장 업무를 완벽하게 해내고 싶은 욕심에 매일 밤 열 시, 열한 시까지 사무실에 남아 상사가 떠맡긴 일을 마무리하곤 했다. 이런 상황이 지속되자 당연히 미키의 결혼생활은 치명상을 입고 말았다. 미키는 자기에게 너무도 중요한 업무와 악화일로를 걷고 있는 가족관계 사이에서 갈등하던 도중에 나를 찾아왔다.

한편, 남에게 이용당할까 봐 늘 경계를 풀지 않는 사람들도 있다. 그들은 남의 부탁을 거절하는 데 아무런 거리낌이 없다. 사실상 그들의 문제는 남의 부탁을 절대로 들어주지 않는다는 데 있다.

프랭크는 어린 시절에 자기가 원하는 바를 들어준 적이 거의 없는 가정에서 자랐다. 그러다 보니 남의 부탁을 '냉혹하게' 거절하는 습성이 확고히 자리 잡았는데 특히 아내에게 그랬다. 프랭크는 아내가 좀더 많은 시간을 보내고 싶다거나 관심을 좀 보여달라는 요구를 하면 주저 없이 단칼에 거절을 하곤 했다. 따로 자기가 하고 싶은 일이 있을 때는 더욱 그랬다. 프랭크는 이렇게 말했다. "나는 평생 남들이 시키는 일만 하면서 살았어요. 그런데 아내까지 나에게 이래라 저래라 하는 건 참을 수 없어요."

양쪽 모두 건강한 대처 방식이라고 할 수 없다. 남에게 도움을 주는 일을 전적으로 기분에 따라 결정하는 것은 옳지 않다. 남들의 요구에 합리적이고 예의바르게 대응하려면 자신에게 한 가지만 물어보면 된다. "이 사람의 부탁을 들어주는 것이 결혼의 지상목표에 더욱 충실하게 사는 걸까, 아니면 덜 충실하게 사는 걸까?"

남의 부탁을 들어주어야 할지를 결정할 때 결혼의 지상목표에 의거해 생각하면 객관적이면서도 상대를 존중하는 균형 잡힌 판단을 할 수 있다. 그리고 논리적이고 건강한 근거에 따라 내린 판단이므로 죄책감에 시달릴 필요도 없다.

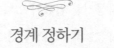

경계 정하기

다음에 소개되는 내용은 당신이 삶의 다양한 영역에서 적절한 경계선을 그으며 특별한 정절을 실천하고 있는지 살펴보기 위한 것이다.

직장에서

경계를 정할 필요가 있는 모든 상황 중에서도 경계를 짓기 가장 힘든 경우가 바로 직장일 것이다. 경계선을 긋지 않음으로써 얻을 수 있는 보상이 너무 유혹적이기 때문이다(예를 들면 연봉, 상사와 동료들의 인정, 승진 등). 직장에서 적절한 경계선을 긋고 생활하는지 확인해보기 위해 다음 문제를 풀어보자.

직장에서 경계 정하기에 관한 문제

그렇다 ○	아니다 ○	결혼생활과 가족보다 직장에서 심적으로 더 큰 보상을 얻는다.
그렇다 ○	아니다 ○	나는 집에서도 자주 일 생각을 한다.
그렇다 ○	아니다 ○	배우자와 나는 직장의 업무 일정 때문에 자주 언쟁을 벌인다.
그렇다 ○	아니다 ○	나는 복잡하고 고달픈 가정생활로부터 벗어나기 위해 직장을 이용한다.
그렇다 ○	아니다 ○	일 때문에 배우자와의 데이트나 가족행사를 놓치는 경우가 많다.

이 질문 중 하나 이상에 '그렇다'라고 답했다면 직장에서 경계를

정하는 기술을 좀 더 향상시킬 필요가 있다.

세 개 이상의 항목에 '그렇다'라고 답했다면 이 문제에 관해 좀 더 진지하게 생각해볼 필요가 있다. 직장을 옮기거나 부부관계 상담을 받거나, 그 외에 적절한 중재를 모색하는 것이 좋다. 배우자와 이 문제에 대해 상의해볼 것을 권한다.

친구들과의 사이에서

모든 사람은 친구가 필요하다. 하지만 때때로 친구들이 너무 많은 것을 요구할 때가 있다. 진정한 친구라면 당신의 결혼생활을 지지하고 존중해주어야 한다. 의식적으로든, 무의식적으로든 당신의 결혼생활과 경쟁하지 말아야 하며 당신이 배우자에게 말하지 않는 비밀을 알려고 하지 말아야 한다. 친구들과의 사이에 적절한 경계를 정해놓고 있는지 확인해보기 위해 다음 문제를 풀어보자.

친구관계의 경계 정하기에 관한 문제

그렇다 ○	아니다 ○	내 주변에는 곤란을 겪는 친구들이 포진해 있고 그럴 때마다 나는 곧장 달려가 도움을 줘야만 할 것 같은 의무감을 느낀다.
그렇다 ○	아니다 ○	내가 친구들과 보내는 시간이 너무 많은 것에 대해 배우자가 불평을 한다.
그렇다 ○	아니다 ○	나는 결혼이나 가정생활의 골치 아픈 문제들로부터 벗어나기 위해 친구들과 어울린다.
그렇다 ○	아니다 ○	나는 배우자에게는 절대로 꺼내지 못할 얘기를 친구에게는 한다.
그렇다 ○	아니다 ○	배우자보다 더 가깝게 느껴지는 친구들이 있다.

이 질문 중 하나 이상에 '그렇다'라고 답했다면 사회생활에서 경계를 정하는 기술을 좀 더 향상시킬 필요가 있다.

세 개 이상의 항목에 '그렇다'라고 답했다면 이 문제에 관해 좀 더 진지하게 생각해볼 필요가 있다. 일부 친구관계를 다시 생각해보거나, (결혼생활이나 본인에 관해서) 상담을 받거나, 그 외에 적절한 중재를 받는 것이 좋다. 배우자와 이 문제에 대해 상의해볼 것을 권한다.

가족들과의 관계에서

부모님은 우리에게 언제까지나 중요한 존재다. 하지만 부모님과 우리의 결혼생활을 놓고 최우선 순위를 다툴 정도라면 부모님이 차지하는 비중이 지나치게 크다는 증거다. 가족들과의 관계에서 적절한 경계를 정해놓고 있는지 확인해보기 위해 다음 문제를 풀어보자.

가족들과의 관계에서 경계 정하기에 관한 문제

그렇다 ○	아니다 ○	나는 종종 배우자와 부모 사이에 끼어 있는 것처럼 느낀다.
그렇다 ○	아니다 ○	부모님과 나 사이에는 비밀이 없다. 배우자와 나 사이에 있었던 일들도 모조리 말씀드린다.
그렇다 ○	아니다 ○	배우자와 보내는 시간보다 부모님과 보내는 시간이 더 많다.
그렇다 ○	아니다 ○	부모님이 우리 생활에 지나치게 관여하는 것에 대해 배우자가 불평을 한다.
그렇다 ○	아니다 ○	나는 부모님의 부탁을 '거절'할 때 심한 죄책감을 느낀다.

이 질문 중 하나 이상에 '그렇다'라고 답했다면 가족들과의 관계에서 경계를 정하는 기술을 좀 더 향상시킬 필요가 있다.

세 개 이상의 항목에 '그렇다'라고 답했다면 이 문제에 관해 좀 더 진지하게 생각해볼 필요가 있다. 부모님과의 관계를 다시 생각해보거나, (결혼생활이나 본인에 관해서) 상담을 받거나, 적절한 중재를 받는 것이 좋다. 배우자와 이 문제에 대해 상의해볼 것을 권한다.

그 밖의 사회생활에서

내가 생활하는 지역공동체에 기여하거나 특정 대의명분을 지지하는 일, 또는 어딘가에 '참여하는' 일은 정신 건강을 위해서도 매우 중요하다. 하지만 이러한 일들이 결혼생활에 갈등을 야기한다면 불행의 씨앗이 될 수도 있다. 사회생활에서 적절한 경계를 정해놓고 있는지 확인해보기 위해 다음 문제를 풀어보자.

사회생활에서 경계 정하기에 관한 문제

그렇다 ○	아니다 ○	나의 사회활동 일정이 배우자, 자녀들과 보내는 시간을 방해하는 경우가 많다.
그렇다 ○	아니다 ○	나는 결혼과 가정생활의 골칫 아픈 문제에서 벗어나기 위해 사회활동에 참여한다.
그렇다 ○	아니다 ○	내 사회활동이 결혼생활에서 차지하는 시간이 너무 많아 배우자가 불평한다.
그렇다 ○	아니다 ○	나는 위원회활동이나 봉사활동을 해달라는 부탁을 '거절'할 때 심한 죄책감을 느낀다.
그렇다 ○	아니다 ○	결혼생활과 가족보다 사회나 공동체에 참여할 때 심리적으로 더 큰 보상을 얻는다.

이 질문 중 하나 이상에 '그렇다'라고 답했다면 사회활동을 할 때 경계를 정하는 기술을 좀 더 향상시킬 필요가 있다.

세 개 이상의 항목에 '그렇다'라고 답했다면 이 문제에 관해 좀 더 진지하게 생각해볼 필요가 있다. 사회단체나 공동체 참여에 대해 다시 생각해보거나, (결혼생활이나 본인에 관해서) 상담을 받거나, 그 외에 적절한 중재를 받는 것이 좋다. 배우자와 이 문제에 관해 상의해볼 것을 권한다.

배우자와의 관계에도 경계는 있다

특별한 정절이란 결혼의 무결성을 지키는 것뿐 아니라, 부부가 각자의 내면적 무결성을 지키는 능력도 포함한다. 그렇기 때문에 때로는 배우자와의 관계에서도 경계를 정할 필요가 있다. 특히 배우자가 당신에게 요구하는 것이 당신이 세운 삶의 원칙에 부응하는지 의문이 들 때에는 더욱 그렇다. 이런 문제는 결혼생활의 여러 가지 대의명분과 관련되어 있기 때문에 이 책의 여러 장에 걸쳐 다룰 것이다. 5장과 6장에서는 경계 정하기와 사랑, 부부간의 배려에 관한 내용을 살펴볼 것이며, 8장에서는 언쟁을 할 때 부부관계를 손상시키지 않으면서 경계 정하기, 그리고 11장에서는 성생활과 연관된 경계 정하기에 대해 살펴볼 것이다.

다음에 소개되는 연습문제는 당신과 배우자가 우선순위에 대한 생각을 서로 확실히 공유하는 데 도움이 될 것이다. 그럼으로써 두세 영역 간에 우선순위를 놓고 갈등이 생겼을 때 어느 쪽을 먼저 해결할 것인지 효과적으로 선택할 수 있다. 잠시 시간을 내서 종이와 펜을 준비하고 다음의 연습문제를 풀어보면 당신이 관계를 맺고 있는 다양한 사람들, 단체, 기관, 활동들이 각기 얼마나 중요한가를 명확히 파악하는 데 도움이 될 것이다.

우선순위 정하기

1. 배우자와 자녀를 비롯해 당신과 배우자가 자주 함께 시간을 보내는 사람들 중에 가장 중요한 사람들을 적어보자.
2. 직장 업무를 비롯해 당신이 참여하고 있는 활동들을 적어보자.
3. 현재 참여하고 있지 않지만 가까운 장래에 참여하고 싶은 활동들을 적어보자(예를 들면 학부모 모임, 종교단체, 정치단체).

위에 적은 사람들과 활동들에 대해 결혼의 지상목표를 추구하는

데 영향을 미치는 순서대로 순위를 정해보자. 순위마다 하나의 항목만 적되, 몇 개 항목은 통합하여 '가족' 또는 '직장동료'와 같이 적을 수 있다.

배우자와 다음에 관해 논의해보자.

1. 실제로 위에서 적은 목록의 우선순위에 따라 살기 위해서는 당신과 배우자의 삶에 어떠한 변화가 필요할까?
2. 이러한 변화가 당신의 결혼생활에 어떠한 긍정적 영향을 미칠까?
3. 이러한 변화를 위해 가장 먼저 어떤 것을 실천해야 할까?

당신과 배우자가 잘 볼 수 있는 곳에 목록을 붙여두자. 우선순위 목록에 있는 두 항목을 두고 갈등을 해야 할 때, 우선순위가 높은 항목에 중점을 두도록 한다.

정서 통장의 초과인출 사태를 방지하라

특별한 정절을 실천하면 우선순위를 명확하게 정하고 지킬 수 있기 때문에 부부의 정서가 쌓이는 계좌가 초과인출되어 정서적으로 고갈 상태에 빠지는 것을 방지할 수 있다. 어렸을 때는 신용카드가 요술지팡이인 줄 알았다. 장난감을 사고 싶은데 부모님이 돈이 없다고 하면,

"카드를 쓰면 되지 않아요?"라고 했으니까. 그때는 부모님의 은행계좌에 남아 있는 잔고가 매우 적었다는 사실을 몰랐다.

마찬가지로 우리 인간은 사회적, 심리적, 정서적으로 제한된 자원을 가진 유한한 존재다. 어떤 역할을 수행하거나 누군가와 관계를 맺을 때마다 우리는 일정량의 자원을 소비하게 되며, 따라서 다른 역할과 관계에 소비할 수 있는 자원은 점점 줄어들 수밖에 없다. 신용카드를 이용해서 너무 많은 물건을 사는 것이 가정경제를 잘 관리하는 것이 아니듯이, 정서적 자원이 감당할 수 있는 한도를 초과해서 인간관계를 맺고, 역할을 맡는 것도 자기관리를 잘하는 것이 아니다. 그러므로 우리 자신에게 중요한 순서로, 가장 원하는 것 중심으로 자원을 활용하는 것이 현명할 것이다. 그 외에 다른 것들은 할 수 있으면 좋고 못하면 그만이다.

소모적으로 끝나는 일들이 있다. 자원을 소모하고 나서 지치고 피폐해지는 경우다. 반면에 결혼과 가정생활에 정성을 들이고 노력을 투자하면 그 보상을 평생 동안 누릴 수 있다. 이 장의 첫머리에서 예로 들었던 보물 상자 이야기처럼, '결혼을 통해 얻게 된 보물'을 파내려면 노력을 해야 한다. 하지만 그런 노력은 충분한 가치가 있다.

사방에 정말 멋지고 유혹적인 기회들이 가득한 이 세상에서 결혼생활을 다른 모든 것보다 우위에 두고 강조하는 사람들이 있다. 물론 결혼이 여러 다른 관계 맺기 중 하나에 불과하다면 우선권을 강조하는 것이 아무런 의미도 없을 것이다. 하지만 결혼의 지상목표를 중심으로 이루어진 결혼이라면 가정은 당신이 소중히 생각하는 가치, 이상, 목표를 실현하는 데 가장 중요한 터전이 될 것이다. 이런 경우 결혼생활보다 더 중요한 것은 없다.

특별한 정절(결혼생활외적인 일 포함)은 건강한 정체성의 원천이 될 뿐 아니라 결혼의 가치와 중요성을 온 세상에 당당히 주장할 수 있는 힘을 준다. 뿐만 아니라 당신과 배우자로 하여금 서로의 가치와 특별함, 존귀함을 지속적으로 확인하는 일을 잊지 않게 해준다. 특별한 정절은 또한 결혼의 안정장치인 동시에 다음 장에서 살펴볼 특별한 사랑을 위해 필요한 결혼의 무결성을 보장해준다.

5

특별한 사랑:
사랑은 일상적 노력의
결정체

선한 아내 또는 선한 남편과 사는
모든 이는 안다. 자신이 매번 사랑스러워서
사랑받는 것이 아니라 상대의 마음속에 사랑이
찾아와서 당신을 사랑해줄 때도 있다는 것을.

C. S. 루이스

다음 중 당신이 진정으로 누군가를 사랑하고 있다고 확신할 수 있는
항목을 하나만 선택해보자.

A. 그 사람에 대해 따듯한 감정이 생겼다.

B. 그 사람이 없으면 살 수 없을 것 같다.

C. 그 사람과 함께 있는 것이 즐겁다.

D. 말 한 마디 하지 않아도 편안하게 함께 있을 수 있다.

E. 그와의 성생활이 만족스럽다.

F. 위의 항목이 모두 해당된다.

G. 해당되는 항목이 하나도 없다.

정답은 G, '해당되는 항목이 하나도 없다'이다. A, C, D는 모두 애
착의 다양한 양상이다. 애착도 사랑하는 감정이기는 하지만, 진정한
사랑의 감정을 대변하기에는 너무 수동적이다. 반면에 E는 열정을 보
여주는 항목으로, 이 역시 부부의 사랑에 있어서 중요한 부분이기는

하다. 하지만 물리적인 행위가 없이도 낭만적인 사랑이 가능하고 변치 않을 것을 약속하지 않고도 애정이 싹트는 경우를 어렵지 않게 목격할 수 있기 때문에 열정만 보고 '진정한 사랑'이라고 간주할 수는 없다. 끝으로 B는 단순한 의존성을 나타내는 것으로 사랑과는 정반대의 감정이다. 의존적인 자세는 관계를 망치는 지름길이다. 의존적인 정서가 짙을수록 관계는 불만족스럽고 단기적이다.

그렇다면 사랑이란 무엇일까? 당신이 현재 사랑을 하고 있는지 어떻게 알 수 있을까?

관계의 발전 경로를 따라 살아가고 있는 우리 모두는 사랑에 대해 나름대로 정의를 내린다. 예를 들어 치명적인 결혼생활을 하는 부부는 사랑에 대해 그리 많은 생각을 하지 않는다. 다만 즐기면서 현실의 문제를 잊을 수 있으면 만족하기 때문에 서로에게 이런 도피처를 제공해줄 수 있는 한 관계는 지속될 것이다.

구조선 유형의 부부에게는 사랑이 삶에 뜻하지 않게 찾아온 감정이다. 그래서 관계 개선을 위해 노력해야 한다고 조언하면 이들은 난감해하면서 동의하지 않으려 든다. '좋은 관계란 자연스럽게 형성되는 것이지, 애써 노력한다고 얻어지는 것이 아니다'라고 생각하기 때문이다. 또한 잃어버린 사랑을 되찾을 수 있다는 말에도 마찬가지로 반응할 것이다. '떠나간 사랑은 다시 돌아오지 않는다'라고 생각하니까. 이런 부부들은 사랑이 느껴지면 그런 채로, 사랑이 느껴지지 않으면 또 그런 채로 살아가는 거라고 믿으며 사랑을 되찾기 위해 '노력하는 것은' 자신에게 솔직하지 못한 행위라고 주장한다. 남편에 대한 애정이 없는데도 남편을 사랑하는 척하는 것은 위선이라고 생각하기 때문이다.

평범한 단계의 부부들은 사랑에 대해 아주 훌륭한 정의를 내린다. 사랑이 노력의 결실이라는 점을 잘 이해하고 있기 때문이다. 사랑이 상대에 대한 좋은 감정을 느끼는 것일 뿐 아니라 서로 존중하고 '보살피는' 일이라고 생각한다. 평범한 단계의 부부들이 직면할 수 있는 사랑의 함정이라면, 당사자들이 각기 '공정함'이나 '평등함'에 입각해서 평가할 때 더 큰 가치를 두는 일이 있으면 그에 따라 사랑의 한계가 정해진다는 점이다. 가사와 힘의 균형이 평등하게 유지되고, 남편과 아내가 결혼생활에 정서적·심리적으로 동등하게 공헌하고 있다고 느끼는 한, 모든 것이 순조롭다. 그러나 어떤 이유로든 한쪽에서 이런 균형을 깨뜨리는 경우, 다른 한쪽은 곧바로 방어태세를 취한다('내 안전이 보장되는 한 배우자를 사랑할 수 있다. 그러나 어떤 식으로든 이용당하지는 않을 것이다'라는 생각이 기저에 깔려 있기 때문이다).

특별한 결혼생활을 하는 부부들에게 진정한 사랑이란 매일, 매 순간 배우자의 행복과 안녕을 바라고 이를 위해 노력하는 것이다. 그런 노력을 하고 싶을 때나 하고 싶지 않을 때를 가리지 않고 언제나 변함없이. 특별한 단계의 부부는 사랑을 위해 노력하는 바로 그 순간에 기쁨을 느낀다. 물론 배우자의 보살핌을 받는 것도 즐기지만, 특별한 부부들에게 사랑은 감정이 아니라 선택이다. 그래서 사랑은 노력을 필요로 하고, 의지를 실천함으로써 완전해진다. 이들 부부는 결혼이 사랑의 결실이라고 생각하지 않는다. 사랑은 결혼생활에 수반되는 노력이라고 생각하기 때문이다. 그들은 사랑을 실천한다는 것이 배우자에 대해 좋은 감정을 갖고, 가슴 설레며, '사랑의 언어'를 구사하는 것 이상이라는 사실을 알고 있다. 또한 힘의 균형이 유지되고 사랑이 충만한 상태에서 사랑을 실천하는 것만으로는 진정한 사랑을 실천한다고 말할 수 없음도 잘 알고 있다. 특별한 부부들에게 있어서 사랑은 '선택'이고 '실천'이다. 그들에게 사랑은 아침에 일어나서 "오늘은 남편(또는 아내)을 더 편안하고 즐겁게 해주기 위해서, 또는 더 충만한 하루를 살도록 하기 위해서 내가 뭘 할 수 있을까?"를 생각하는 것이다. 특별한 결혼생활을 하는 부부들에게 사랑은 일상 속에서 모든 선택을 할 때 배우자를 생각하고, 모든 일정을 계획할 때 결혼생활을 고려하며, 미래를 계획할 때 결혼의 지상목표를 염두에 두는 것이다. 항상 그렇게 하고 싶어서가 아니라 그렇게 하지 않는 것은 자신의 인격에 부합하지 않기 때문이다. 그뿐 아니라 특별한 부부들은 서로에 대해 점수매기기로 사랑을 확인하지 않는다. 왜냐하면 사랑을 한다는 것은 배우자를 위한 행위가 아니라 자기 자신을 위한 행위이기 때문이다. 특별한 결혼 단계의 당사자들은 배우자가 사랑을 받을 만한 자격이 있는지에 상관없이 사랑을 실천할 책임을 자신의 몫으로 돌린다. 이는 스스로 그런 사람이 되고자 하기 때문이며, 사랑을 실천하지 않는 것은 자아의 개념에 어긋나기 때문이다. 이것이 특별한 사랑의 핵심적 본질이다.

특별한 사랑의 네 가지 비밀

특별한 부부들은 아래에 열거된 특별한 사랑의 네 가지 비밀을 알고
있다.

1. 특별한 사랑은 '개인적인 의지의 실천'이다.
2. 특별한 사랑에 의한 행동은 마음을 움직인다.
3. 특별한 사랑은 75퍼센트의 우애적 사랑과 25퍼센트의 낭만적
   사랑의 합이다.
4. 특별한 사랑은 가치 실현의 수단이다.

특별한 정절(4장 참조)과 마찬가지로 특별한 사랑도 타고난 자질이
라기보다는 훈련을 통해 완전해지는 기술과 같다. 지금부터 몇 페이
지에 걸쳐 특별한 사랑의 네 가지 비밀을 조명해보고, 현재의 결혼생
활에 결핍되어 있을지 모르는 사랑을 되찾을 수 있는 기회를 찾아보
기로 하자.

특별한 사랑은
개인적인 의지의 실천이다

> 그대가 나를 사랑한다면, 다른 아무것도 아닌
> 오직 사랑 그 자체만을 위해 사랑해주세요.
>
> **엘리자베스 배럿 브라우닝**

인간관계에서 좋은 것들은 감정과 연결되어 있는 경우가 많다. 열정도 감정이고, 애착도 감정이며, 호감과 매력도 감정이다. 그러나 '사랑 그 자체만을 위한' 사랑은 감정이 아니다. 그것은 개인적인 의지의 실천이다. '사랑 그 자체만을 위해서' 사랑하는 것은 사랑의 기술을 실천하기 위해 누군가를 사랑하면서, 그 사람을 위한 사랑의 행위를 통해 스스로도 완전해지는 것이다.

특별한 사랑은 특별한 부부들이 궁극적인 목적지에 도달하는 데, 즉 지상목표를 실현하는 데 필요한 연료다. 그렇기 때문에 사랑이 단지 느낌이라고 한다면 논리가 맞지 않는다. 감정처럼 언제라도 변할 수 있는 화학적 부산물에 불과한 것이 우리의 자아를 실현하게끔 할 수 있을까? 불가능한 일이다. 오직 특별한 사랑만이 자아실현을 가능하게 해줄 수 있다. 특별한 사랑은 느낌이 아니라 상대방의 행복과 안녕을 바라고 실현되도록 노력하겠다는 약속이기 때문이다. 본인이 원할 때나 그렇지 않을 때나 변함없이 상대를 위해 노력하겠다는 약속이다.

배우자가 매력적으로 보이는 날이든 그렇지 않은 날이든 특별한 부부는 배우자를 행복하게 해줄 기회를 엿보며 상대방이 특별한 존재라는 사실을 알려줄 방법을 찾는다. 배우자가 그런 사랑을 받을 자격을 갖추어서가 아니라, 그렇게 하지 않는 것은 본인의 인격적 기준에 부합하지 않기 때문이다. 이렇게 사랑의 행위를 하겠다는 지극히 개인적인 약속이야말로 개인적 의지의 실천인 진정한 사랑에 대한 징표다.

물론 독자들 중에는 '그냥 의존적인 관계로 보이는데'라고 생각하는 사람도 있을 것이다. 충분히 수긍할 만한 생각이다. 사랑받을 자격이 없는 사람을 상대로 사랑을 표하는 것은(말하자면 '희생적 사랑'을 자처하는 것과 같으므로) 의존적인 사람의 행동처럼 보일 수도 있다. 혹은 아주 성숙한 사람의 행동이거나. 둘 중 어느 쪽인지는 사랑의 행위를 하는 사람의 감수성과 건강한 인성이 균형을 이루고 있는가에 좌우된다.

상호의존적인 사람은 희생적 사랑을 무분별하고 인위적인 방법으로 이용한다. 사랑을 되돌려줄 수 없는 사람에게 애착을 갖고 헛된 '사랑'으로 상대를 구원하고자 애쓴다. 그러면서 언젠가 상대방도 자신을 구원해줄 것이라는 헛된 기대를 품는다. 또한 상대로부터 아무것도 바라지 않는 것은 물론, 정당하지 못한 대우까지도 감수한다. 이렇게 일방적이고 감상적인 통속극을 만들어가는 동안 의존적인 사람은 온갖 형태의 학대, 방치, 굴욕을 자신이 믿고 있는 '사랑'의 이름으로 수용한다.

그러나 이건 절대로 사랑이라 할 수 없다. 성숙한 사람이 희생적 사랑을 할 때는 상대가 어떤 식으로든 반응을 보일 것을 기대한다. 아니 더 정확하게 말하자면 상대의 반응을 정정당당하게 요구한다. 상대의 감수성을 믿고 필요에 따라 먼저 한 발 다가선 것이기 때문이다. 예를 들어 언쟁을 한 후, 두 사람 모두에게 잘못이 있음에도 먼저 "미안해"라고 말하는 것과 같은 경우다. 또는 배우자를 위해서 아주 중대한 희생을 각오하는 경우일 수도 있다. 그러나 이러한 불균형이 몇 주일 동안 지속된다거나, 한쪽의 희생을 상대가 알아주지 않거나 감사해하지 않는다면, 이 점에 대해서 상대에게 편안하게 얘기할 수 있어야 한다. 이런 경우 상대 또한 특별한 사랑을 하려는 의지를 가지고 있기 때문에 본인이 그에 반하는 행동을 했음을 지적해준 데 대해 감사해할 것이다. 상호의존적인 관계에서 볼 수 있는 희생적 사랑은 감수성만 존재하고 건강한 인성이 결핍된 것인 반면, 건강한 희생적 사랑은 감수성과 인성적 강점_{심리학에서는 성격강점이라고 한다─옮긴이}이 균형을 이루고 있다.

다음 문제들에 답해보면서 당신이 건강한 희생적 사랑을 위한 필요조건을 갖추고 있는지 알아보기로 하자.

다음 항목이 당신의 결혼생활에 해당한다면 '그렇다'를, 그렇지 않다면 '아니다'를 선택한다.

성격강점 테스트

그렇다 ○	아니다 ○	내 일상은 내가 세운 가치를 반영한다(즉, "나는 이러이러한 것을 믿는다"라고 굳이 말할 필요가 없다. 내 삶에 그대로 드러나니까).
그렇다 ○	아니다 ○	내가 필요한 것은 스스로 채울 수 있다(정서적/경제적으로).
그렇다 ○	아니다 ○	나 자신으로 사는 것이 좋다.
그렇다 ○	아니다 ○	나는 분명한 내 의견을 가지고 있다.
그렇다 ○	아니다 ○	갈등상황에 잘 대처할 수 있다(그렇다고 시빗거리를 찾는 것은 아니다).
그렇다 ○	아니다 ○	나는 쉽게 겁먹지 않는다.
그렇다 ○	아니다 ○	나는 쉽게 모욕감을 느끼거나 기분이 상하지 않는다.
그렇다 ○	아니다 ○	나 자신이 만족하고/충족감을 느끼는 것을 중요하게 생각한다.
그렇다 ○	아니다 ○	어떤 것들은 싸워서라도 지킬 만한 가치가 있다.
그렇다 ○	아니다 ○	내 마음을 말로 표현하는 편이다.

감수성 테스트

그렇다 ○	아니다 ○	말이나 행동으로 다른 사람의 기분을 상하게 하지 않으려고 조심한다.
그렇다 ○	아니다 ○	다른 사람의 고통을 빨리 알아채는 편이다.
그렇다 ○	아니다 ○	도움이 필요한 사람을 보면 내가 가던 길을 멈추고라도 돕는다.
그렇다 ○	아니다 ○	남의 말을 잘 들어준다.
그렇다 ○	아니다 ○	사람들은 나와 이야기가 잘 통한다고 한다(모두들 나와 얘기하고 싶어 한다).
그렇다 ○	아니다 ○	남을 배려하는 것이 매우 중요하다고 생각한다.
그렇다 ○	아니다 ○	다른 사람의 행복에 대해 생각하고 걱정해주는 편이다.
그렇다 ○	아니다 ○	내 지인들은 기본적으로 선한 마음을 가졌다고 믿는다.
그렇다 ○	아니다 ○	친구를 잃게 된다면 몹시 마음이 아플 것이다.
그렇다 ○	아니다 ○	내 감정에 대해 남과 편안하게 얘기할 수 있다.

두 가지 테스트 점수를 비교해보자.

- 성격강점과 감수성에서 모두 '그렇다'를 여섯 개 이상 선택했다면 가장 건강한 희생적 사랑을 할 수 있는 기술을 갖추었다고 볼 수 있다.
- 성격강점과 감수성에서 모두 '그렇다'를 여섯 개 이하로 선택했다면 당신은 특별히 감수성이 예민하거나 성격감성이 확고한 편은 아니다. 따라서 당신은 희생적인 사랑을 하는 것이 가치 있는 일이라고 생각하면서도 자신의 성장을 비롯해 모든 면에 충분한 관심을 쏟지 않을 가능성이 있다. 정체되어 있는 삶과 결혼생활을 개선하려면 다른 사람에 대해 좀 더 열정적이고 배려심 있는 태도를 가질 필요가 있다.
- 성격강점 테스트에서 6개 항목 이상에 '그렇다'고 답하고 감수성 테스트에서는 '그렇다'고 답한 항목이 5개 이하라면 희생적 사랑을 하게 될 확률은 낮다. 두 가지 테스트 점수의 차이가 얼마나 큰가에 따라 자기중심적이거나 약자를 괴롭히는 사람일 가능성이 있다. 다른 사람의 감정을 파악하고 다른 사람이 당신을 어떻게 보는가를 인지하는 노력을 할 필요가 있다. 언제나 올바른 처신만 하다 보면 삶이 재미없을 뿐 아니라 주변에 아무도 없어 고적해질 수 있다.
- 성격강점 테스트에서 '그렇다'고 답한 항목이 5개 이하이고 감수성 테스트에서는 6개 항목 이상에 '그렇다'고 답했다면 희생적 사랑을 건강한 방식으로 행하기보다는 상대에게 무시당하거나

이용당하고도 적절한 대응을 하지 못할 가능성이 있다. 또한 두 가지 테스트 점수의 차이가 얼마나 큰가에 따라 상호의존적 성향이 있을 수도 있다. 우선 스스로 자신감을 갖는 것부터 시작해 신념을 갖고 그것을 지키기 위해 용기 있게 맞설 수 있도록 노력해야 한다.

희생적 사랑을 건강한 방식으로 행하는 방법을 터득하고 나면 상대방과 전투를 벌여야만 할 상황을 지혜롭게 선별해낼 수 있으며 당사자 두 사람 모두의 행복을 위해 필요하다면 희생도 감수할 수 있다. 이러한 사랑이야말로 상호의존적인 행위가 아니라 개인의 의지를 실천하는 것이며 자아실현의 도구가 된다.

특별한 사랑에 의한
행동은 마음을 움직인다

결혼 11년차인 발레리와 토마스는 결혼생활을 지속해야 할지 고민 중이다. 서로에 대한 좋은 감정이 더 이상 남아 있지 않기 때문이다. 이 문제로 나를 찾아온 부부에게 사랑은 의지의 실천이라고 말하자 아내 발레리는 이렇게 반문했다. "선생님은 지금 저희에게 위선을 떨라고 조언하시는 건가요? 사랑이 느껴지지 않는데 어떻게 사랑의 행동을 하라는 거죠? 그건 저의 감정을 속이는 거잖아요."

사랑하는 '마음이 없는데' 사랑하는 듯 '행동한다고' 해서 부정직한 것은 아니다. 진정한 사랑은 사랑의 감정이 느껴지지 않을 때에도 사랑하는 행동을 할 수 있게 만드는 힘이 있기 때문이다. 그렇지 않다면 우리가 '사랑'이라고 일컫는 감정은 단지 감성적인 자위행위에 불과하다. 다시 말해서, 마음이 내킬 때에만 사랑한다면 그것은 상대방을 위한 사랑이 아니라 자기의 쾌락을 위한 것이며 그러한 '사랑'은 결국 자기만족이라는 얄팍한 감상을 낳을 뿐이다.

3장에서 나는 일관성의 중요성을 역설했다. 따라서 많은 독자들은 왜 여기서는 그와 상충되는 이야기를 하는지 의아해할 것이다. '자기 감정을 거스르는 행동을 하는 것은 일관성이 없는 게 아닐까' 하는 생각에서 말이다. 아주 훌륭한 지적이다. 이에 대해서는 이렇게 답할 수 있겠다. 자신의 가치체계, 즉 자기가 세운 가치와 이상, 목표에 부합되는 선택을 하고 계획을 세우는 것은 정신 건강을 위해 반드시 필요하다. 반면에 자신의 '감정'에 부합되는 선택을 하는 것, 다시 말해 현재의 감정에 따라 선택을 하고 계획을 세우는 것이 항상 바람직하다고 할 수는 없다.

예를 들어 당신이 배우자에게 화가 났다면 그것에 대해 이야기를 나누고 해결하고자 할 것이다. 이는 정서적으로 건강한 일관성이라 할 수 있다. 그러나 두 사람 사이에 문제가 해결된 후에도 어떤 이유에선지 당신 마음속에 화가 남아 있다고 하자. 이럴 때 뾰로통해 있거나 침울하며 배우자에게 지옥 같은 시간을 안겨주는 게 옳은 일일까? 단지 당신의 기분이 나쁘다고 해서 기분대로 행동하는 게 맞는 일일까? 물론 그렇지 않다. 마찬가지로, 우울증 진단을 받은 사람이 자살충동을 느낀다고 해서, '감정과 일치하는 삶'을 위해 충동을 실행으로 옮기면 되겠는가? 당연히 아니다.

합당한 이유에 근거한 감정이라면 그것이 어떤 감정이든 인정해주어야 하고, 그에 부합하는 행동을 할 필요가 있다. 그렇다면 합당한 이유에 근거한 감정인지 아닌지는 어떻게 알 수 있을까? 몇 가지 방법이 있지만, 그중 가장 쉬운 방법은 스스로에게 이렇게 자문해보는 것이다. "지금 이 감정에 부합하는 행동을 한다면, 나 자신이 지향하는 성숙한 인간의 모습에 더 가까워지는가, 아니면 멀어지는가?"

예를 들어 당신이 지향하는 성품이 '사랑을 실천하는 사람이 되는 것'이라고 하자. 그런데 어느 날 아침 일어났는데 기분이 몹시 좋지 않다고 가정해보자(나처럼 아침형 인간이 아닌 사람은 거의 매일 아침 기분이 별로 개운치 못하다). 그런 날은 사랑을 실천하는 일조차도 '잠시 쉬고 싶은' 심정이다. 그러나 당신의 가치체계에 입각해서 생각하면 사랑을 실천하는 일에 '잠시 쉬는' 일은 있을 수 없다. 그렇다면 어떻게 할 것인가? 건강한 정신을 가진 사람이라면 가치체계를 따라 사랑을 실천하는 행동을 할 것이다. 감성적 일관성이란 감정에 따라 행동한다는 뜻이 아니라, 자신의 가치체계에 확고한 일관성을 갖게 되면 감정조차 당신의 가치와 이상, 목표에 부응하는 방향으로 작용한다는 뜻이다. 그러나 이러한 경지에 이르려면 많은 노력이 필요하다. 좀 더 구체적으로 말하자면 '실제 그런 것처럼 느껴질 때까지 그런 척 행동하는' 노력이 필요하다.

언뜻 들으면 위선을 부리라는 말처럼 들릴 수도 있지만, 실제 그런 것처럼 느껴질 때까지 그런 척 행동하라는 것은 그런 뜻이 아니다. 오히려 단순한 원칙의 문제다. 감정적으로 원하지 않는 선택을 해야 하는 경우 실제 그런 것처럼 느껴질 때까지 그런 척 행동한다는 원칙을 따르면, 오늘 당신의 감정 상태를 거스르는 선택을 함으로써 내일 당신이 원하는 모습의 인간에 한 발 다가설 수 있다.

새 직장에서 일을 시작한다고 가정해보자. 첫 출근 날이어서 긴장도 될 것이다. 그런데 하필 그날 회사의 윗분들과 함께 아주 중요한 회의에 참석해야 한다. 이런 상황에서 구토를 할 것 같은 느낌이 들 정도로 긴장되고 불안하다면, 당신은 어떻게 할 것인가? 허둥대면서 회의실에 들어가서 사과와 변명을 늘어놓고 '만약의 경우에 대비해서' 책상 앞에 놓인 구토용 봉지를 힐끗거릴 것인가? 아니면 심호흡을 하고 스스로를 격려한 다음 '실제로 긴장이 풀어질 때까지' 괜찮다고 다짐할 것인가? 물론 당신은 후자를 선택할 것이다. 그렇다면 왜 현실을 '오도하는' 선택을 할까? 정직하지 못한 선택이 아닌가? 물론 그렇지 않다. 당신이 보여주고 싶은 나름의 이미지가 있기 때문에, 언젠가 실제로 그런 사람이 될 것이라는 희망을 가지고 그런 사람처럼 행동한 것이다. 다시 말해서, 자신의 '진실된 모습'으로 간직하고 있는 이미지에 부합하도록 감정을 훈련함으로써 이상과 정서의 일관성을 갖출 수 있도록 노력하는 것이다.

인간관계에서도 마찬가지다. 특별한 결혼생활을 하고 있는 당신의 배우자도 사랑을 실천하는 사람이 되길 원하기 때문에 그러한 이미지를 자신에게 투영한다. 언젠가 그 이미지가 실제 자기의 모습이 될 것이라는 희망을 갖고. 그러다 보면 재미있는 현상이 나타난다. 마음이 내키든 내키지 않든 사랑을 행하기로 결심하고 나면, 역설적이게도 배우자를 사랑하는 마음이 점점 더 커진다는 것이다. 이는 사랑하는 행동이 사랑하는 마음을 키우기 때문이다. 배우자에게 사랑을 행하면 행할수록, 배우자를 향한 사랑의 감정도 점점 더 커진다. 당신의 부부관계를 돌아보면 더 분명히 이해할 수 있을 것이다.

당신이 원만한 결혼생활을 이어가고 있다고 가정해보자. 부부관계에 많은 정성을 들이고, 함께 많은 시간을 보내며, 서로에 대한 애정도 돈독하다. 그런데 한 가지 문제가 있다. 부부관계에 집중을 하다 보니 다른 일에 충분히 신경을 쓰지 못했고, 그러다 보니 여기저기 문제가 생기기 시작한다. 부부관계는 이미 안정적이라는 생각에 당신은 직장 업무, 사회적인 의무들에 좀 더 신경을 쓰기 시작한다. 삶에 중요한 다른 일들에 신경을 쓰다 보니 당신도 모르는 사이에 부부관계에 조금씩 소홀해진다. 그리고 오래지 않아 부부관계가 부진해지면서 배우자와 거리감이 느껴지기 시작한다. 아무것도 아닌 일을 가지고 서로 은근히 공격을 하고, 사소한 말다툼을 벌인다.

자, 이제 선택을 해야 한다. 부정적 감정에 사로잡혀 부부관계가 망가지는 것을 보고만 있을 수도 있다. '왜 항상 내가 양보해야 하지?'라는 생각이 들면서 사랑을 실천하고 싶은 마음이 생기지 않으니까. 아니면 배우자에 대해 사랑하는 감정이 생기지 않는 이유가 근래에 다른 일에 신경 쓰느라 배우자에게 사랑을 표현하는 행동을 한 적이 별로 없었기 때문임을 깨닫고 반성할 수도 있다. 당신이 후자, 즉 훨씬 더 건강한 선택을 했다고 가정해보자. 퇴근길에 슈퍼에 들러서 자신은 좋아하지 않지만 배우자가 특히 좋아하는 아이스크림을 산다. 그리고 배우자가 귀에 거슬리는 말을 하더라도 말없이 넘어가고 저녁 내내 좋은 기분을 유지하고자 노력한다. 그런 다음 달력을 꺼내들고 배우자의 눈을 바라보며 말한다. "당신과 함께 시간을 보내고 싶은데 그동안 우리 서로 바빠서 시간을 내지 못했잖아. 나는 내 가장 친한 친구인 당신과 함께 보낼 시간을 갖고 싶어. 그러니 계획을 세워보자." 그리고 바쁜 일정을 쪼개 함께 보낼 시간을 만든다. 여기까지만 해도 벌써 두 사람 사이의 긴장감은 풀어질 것이다. 그리고 단번에 다시 동지가 된다. 두 사람의 부부관계가 무엇보다 우선임을 강조함으로써 서로에 대한 좋은 감정을 되찾고 데이트를 하거나 또는 두 사람이 계획한 시간이 오기를 기다리게 될 것이다.

이러한 행동들은 간단하지만 부부간의 사랑을 크게 변화시킨다. 진정한 사랑이라고 해서 반드시 극적인 요소가 필요한 것은 아니며, 노력하고 배려하는 마음을 보여주는 것으로도 충분하다. 특별한 부부들은 매일 서로를 배려하는 소소한 행동을 실천하는 것이 특별한 사랑을 지속하는 비밀임을 잘 알고 있다. 오늘 그러고 싶은 기분이든, 아니든 상관없이. 그런데 여기서 역설적인 사실은 마음과 상관없이 항상 서로를 배려하다 보면 점점 더 그러고 싶어진다는 것이다. 아무 이유 없이 '사랑이 식는' 경우는 없다. 사랑을 행하지 않으면서 마법처럼 사랑하는 감정이 돌아오기를 기다리다가 허기져 죽는 것이다. 그러나 불행하게도 '사랑하는 감정'은 독립적인 생명력을 지니지 않았기 때문에 혼자서 돌아오지 못한다. 그러므로 당신이 배우자를 위한 사랑의 행위를 함으로써 생명력을 불어넣어야 한다. '당신이' 멈추면, '사랑도' 멈춘다. 어떻게 하면 사랑이 허기지지 않게 할 수 있을까? 잠시 시간을 내서 다음의 훈련을 해보자.

매일 사랑을 실천하는 스물다섯 가지 방법

성공적인 결혼생활은 부부가 일상적으로 주고받는 소소한 말과 행위를 먹고 자란다. 주말여행을 간다든지 깜짝 선물을 준비하는 등의 이벤트도 중요하지만, 이런 특별한 순간들은 시간이 지나면서 줄어들게 마련이다. 진정한 사랑은 사소한 배려나 장난스러운 행동, 작은 관심과 같이 일상적인 표현 속에 빛난다. 소파나 침대에 같이 앉거나, 방에 들어오고 나갈 때 키스하기, 대화할 때 눈 마주치기 등도 포함될 수 있다.

배우자가 당신을 배려해서 하는 행동, 또는 배우자가 좀 더 자주 해주었으면 하는 행동을 스물다섯 가지 적어보자. 생각이 나지 않으면, 다른 사람이 당신에게 하는 행동 중에 당신의 말에 귀를 기울여 주었다거나, 당신을 배려한다거나, 당신을 존중하고 있다는 느낌이 들게 하는 행동을 떠올려보자. 간단히 말해서, 다른 사람이 당신에게 어떻게 할 때 자신이 특별한 존재라고 느껴지는가?

배우자에게도 같은 목록을 만들어보라고 권한다. 그런 다음 서로 목록을 바꾼다. 배우자의 목록에 적힌 내용을 가능한 한 자주 실천하려고 노력해보자. 매주 몇 가지나 실천할 수 있을까?

목록을 여러 장 복사해서 잘 보이는 곳에 붙여두는 것도 좋다. 화장실 거울이나 냉장고, 자동차 계기판도 좋다. 스마트폰에 알람을 설정해서 목록에 있는 행동을 하게끔 상기시키는 것도 좋은 방법이다! 매일 배우자로서 당신의 행동을 의식하라. 배우자를 사랑한다는 것은 목록에 명시된 대로 배우자를 위해 노력하는 것이다. 모든 사람이 배우자로부터 특별한 사랑을 할 수 있는 사람이라는 인정을 받고 싶어한다. 당신이 얼마나 훌륭한 사랑의 실천자인가 하는 것은 배우자의 목록에 있는 행동을 얼마나 자주, 많이 하는가에 달려 있다. 어떤 사람에게는 이것이 현실 확인이 될 것이고, 또 어떤 사람에게는 힘든 노력을 검증하는 일이 될 것이다. 어떤 경우든 우리 모두는 더 잘할 수 있다. 무엇을 좀 더 많이 할 수 있을까? 배우자에게 좀 더 멋진 사랑을 안겨주려면 어떤 장애물을 극복해야 할까? 새로운 기술을 익혀야 할까? 아니면 좀 더 관심을 기울여야 할까? 이 모든 것들을 위해 애쓰다 보면 힘들고 불편할 테지만, 궁극적으로는 당신의 자아실현과 결혼의 지상목표를 성취하기 위해 해야 하는 노력이다. 나는 특별한 사랑이 쉽게 얻어진다고 하지 않았다. 다만 그럴 만한 가치가 있다고 말하는 중이다.

배우자의 '사랑의 행위 목록'에 있는 내용을 매일 실천하는 것은 결혼생활을 유지하고 당신 자신의 정체성을 충실하게 다질 수 있는 좋은 훈련이다. 마음이 내키든 내키지 않든 매일 목록을 실천하다 보면 부부관계가 좋은 순간은 점점 많아지고, 위태롭거나 불쾌한 순간은 점점 줄어든다. 그리고 당신이 바라는 성숙한 자신의 모습, 즉 사랑을 실천할 줄 알고 너그러운 사람으로 변화하는 데에도 도움이 될 것이다.

특별한 사랑은
75퍼센트의 우정과 25퍼센트의 낭만으로 이루어진다

사랑은 두 가지 얼굴로 다가온다. 우애적 사랑(우정)과 낭만적 사랑(성생활과 감상적 교감)이다. 진정한 사랑을 이루는 이 두 가지 요소 중에 우애적 사랑이 70~80퍼센트로 훨씬 더 큰 비중을 차지한다. 낭만적인 사랑은 20~30퍼센트밖에 되지 않는다. 이 각각을 살펴보자.

우애적 사랑은 기본적인 우정을 유지하기 위해 부부가 노력하는 부분을 말한다. 매일 서로의 세계를 나누고, 상대의 관심사를 알고, 유능성을 나누려는 노력이 바로 우애적 사랑이다. 우애적 사랑은 건강한 부부관계의 핵심이다. 부부가 각기 자기 세계에 몰입하면서 멀어지는 것을 막아주는 힘도 우애적 사랑이고, 혼자라면 절대로 하지 않았을 일을 배우자 때문에 시도하게 하는 것도 우애적 사랑이며, 자기가 정말 좋아하는 일을 다른 사람과 하기보다는 좋아하지 않더라도 배우자와 함께 하는 일을 택하게 하는 것도 우애적 사랑이다. 우애적 사랑의 유일한 문제점은 감정적인 몰입이 별로 없다는 점일 것이다. 우애적 사랑에 따르는 감정을 굳이 꼽는다면 '배려'일 것이다. 특별한 결혼생활에 있어서 배려하는 마음이 지극히 중요하기는 하지만, 배려심에는 열정이 부족하고, 열정이 없이는 결혼생활이 너무 공허할 수 있다. 그래서 낭만적인 사랑도 필요하다.

낭만적인 사랑은 배우자가 나에게 얼마나 사랑스럽고, 특별하며, 성적인 욕망을 불러일으키는 매력적인 존재인가를 알리는 일이다. 낭만적인 사랑을 하는 사람은 배우자가 자기에게 얼마나 특별하고 매력적인 존재인지 느끼게 할 수 있는 방법을 안다. 그렇기 때문에 낭만적인 사랑은 부부관계에 '와!' 하는 경이감을 더해준다. 이렇게 말하면 독자들은 그런데 왜 부부의 사랑에서 차지하는 비중이 25퍼센트밖에 되지 않는지 궁금해할 것이다. 그 이유는 간단하다. 낭만적 사랑은 그 자체로 하나의 기준이 되기에는 너무 불안정하기 때문이다. 부부관계가 건강하려면 낭만적 사랑은 그 자체가 중심을 차지하기보다는 우애적 사랑에서부터 흘러나와야 한다. 주디스 월러스타인 박사는 자신의 저서《행복한 결혼생활》에서 "낭만적 사랑이 좋은 것이기는 하지만, 남편과 아내가 자기의 감정에 빠져서 유아적으로 서로에게 집착하게 되면 자녀를 비롯해 부부 이외의 세상에 등을 돌릴 위험이 있다"고 언급했다.

구조선 유형의 부부는 우애적 사랑과 낭만적 사랑의 균형을 잘 잡지 못한다. 오로지 낭만적 사랑에 의지해서 결혼생활을 이어가기 때문에 사랑의 불꽃이 꺼지면 남는 게 없다. 이런 유형의 부부는 진정한 우정을 어떻게 쌓아야 하는지 모르기 때문에 우애적 사랑을 이해하지 못한다. 이들에게 친구란 어울려 다닐 만한 사람 정도다. 그러나 진정한 우정은 친구가 자기기만을 그만두고 자기가 꿈꾸는 모습으로 거듭날 수 있도록 돕는다. C. S. 루이스가《네 가지 사랑The Four Loves》이라는 책에 썼듯이 "우정을 비난하려는 것이 아니라, 우정은 사랑의 모든 속성 중에서 가장 자연발생적이지 않으며 본능과도 가장 멀다. 사랑의 감정 중에 오로지 우정만이 당신을 신이나 천사의 반열에 올려놓는다."

친구를 그저 어울려 다니는 사람 정도로 생각한다면 이런 주장은 말이 안 된다. 그러나 루이스가 말하는 친구란 자기의 깊은 내면을 나누는 존재이자, 그를 위해서라면 나를 희생할 수도 있는 존재다. 그 희생이 힘들고 불편을 감수하는 일이라 할지라도. 제1차 세계대전 참전용사였던 루이스가 말하는 우정이라면 매우 현실적인 경험이 뒷받침되었다고 할 수 있다. 총알을 대신 맞아줄 수도 있는 우정일 테니 말이다. 진정한 우정, 진정한 동지애는 상대를 위해 자신의 생명도 내려놓을 수 있는 의지다.

결혼생활을 전제로 얘기하자면, 남편이 아내에게 총알을 대신 맞아달라고 하지는 않을 것이다. 그러나 그와 비슷한 정도로 어려운 부탁을 할 수는 있다. 풋볼경기를 함께 보자든지, 자동차 전시회에 함께 가자든지. 마찬가지로 아내도 남편에게 수류탄을 몸으로 막아 자기를 구해달라고 하지는 않겠지만(정말 많이 화가 났다면 그럴 수도 있을 테지만), 그 정도로 힘든 다른 부탁을 할 수는 있다. 함께 쇼핑을 가자든지, 교회에 가자든지, 아니면 그 밖에 수없이 많은 부탁을 할 수도 있다. 평소의 당신이라면 반기지 않을 이런 부탁들에 긍정적으로 응하는 것이야말로 당신의 생명을 내려놓을 수 있는 의지를 가장 잘 드러내는 것이며, 결혼생활에서 우애적 사랑과 낭만적 사랑을 모두 실천하는 길이다.

이 두 가지 사랑을 모두 잘 행할 수 있는 사람도 있겠지만, 우리 대부분은 둘 중 어느 하나를 다른 하나보다 잘하기 쉽다. 예를 들어 진정으로 깊이 있는 우정을 나눌 수 있어서 어떤 상황에도 옆에 있어주고, 배우자가 필요하다면 신체의 중요한 부분조차 떼어줄 것 같은 사람들이 있다. 그런데 그런 사람들이 낭만적 사랑에 필요한 소소하고,

장난스럽고, 다소 유치한 행동을 하는 것은 극도로 꺼릴 수 있다. 같은 맥락에서 어떤 사람들은 빛 좋은 개살구 같아서 상대의 기분을 풍선처럼 붕붕 떠오르게 할 수는 있지만, 상대방이 공중으로 떠오른 다음에는 어떻게 해야 할지 몰라 결국은 엉덩방아를 찧으며 떨어지게 만들기도 한다.

당신은 우애적 사랑과 낭만적 사랑 중에 어느 쪽을 더 잘 행하는가? 당신의 결혼생활은 이 둘이 균형을 이루고 있는가? 다음의 문제를 풀어보면 알 수 있을 것이다.

우애적 사랑에 관한 문제

부부 각자 다음의 문제에 답변해보자. 두 사람의 점수를 더하지 말자. 이 문제를 푸는 목적은 각자가 부부간의 우애적 사랑이 얼마나 돈독하다고 생각하는지를 알아보기 위해서다.

그렇다 ○	아니다 ○	배우자에게 중요한 것이 무엇인지 알아내기가 어렵다.
그렇다 ○	아니다 ○	배우자가 중요하게 여기는 것들 중에는 너무 사소하거나 합당하지 않거나, 당신의 기준에 못 미치는 것들이 있다.
그렇다 ○	아니다 ○	배우자가 자기의 꿈이나 목표, 가치를 실현하는 데 당신이 어떠한 도움을 줄 수 있는지 잘 모르겠다.
그렇다 ○	아니다 ○	배우자가 당신에게 거는 기대가 부담스럽다.
그렇다 ○	아니다 ○	배우자를 사랑하지만, 다른 일에 대한 압박 때문에 배우자와 함께 있을 기회를 계속 놓친다.
그렇다 ○	아니다 ○	배우자가 따라오는 것도 좋지만, 사실 좋아하는 일은 혼자 하거나 친구들과 하는 편이 더 즐겁다.
그렇다 ○	아니다 ○	당신이 의견을 제시할 때 배우자가 그것을 무시하거나 비웃는다.
그렇다 ○	아니다 ○	배우자의 말이나 행동 때문에 기분이 상했다고 말해도 배우자는 별로 개의치 않는다.
그렇다 ○	아니다 ○	배우자의 관심사나 활동에 당신이 참여하고자 할 때, 배우자가 반기지 않는 기색을 내비친다(꼭 말로 하지 않아도, 다른 방법으로 얼마든지 표현할 수 있다).
그렇다 ○	아니다 ○	배우자는 당신을 사랑한다고 말하면서도 어떤 결정을 내리거나 일정을 계획할 때, 또는 일상의 계획을 세울 때, 당신이 원하는 바를 고려하지 않는다.

'그렇다' 한 개당 1점이다. 그리고 총점은 낮을수록 좋다.

- 0~2 당신 부부는 건강한 우애적 사랑을 나누고 있을 확률이 높다.
- 3~5 당신 부부의 우애적 사랑은 (70~80퍼센트가 아니라) 50~60퍼센트밖에 되지 않는다. 배우자와 우애적 사랑을 늘리는 방법에 대해 의논해보자. 구체적으로 이야기를 나누자. 계획을 세웠으면 반드시 지키도록 한다.
- 6 + 서로에게 친구가 되어주기 위해 '열심히' 노력해야 한다. 3장을 다

시 읽어보라. 배우자와 이 문제에 대해 의논해도 좋은 결론이 나지 않으면, 신뢰할 수 있는 사람이나 전문가의 도움을 받는 것도 좋다.

우애적 사랑은 배우자의 행복을 위해 노력하려는 마음과 결심이라는 점을 기억하자. 당신이 해야 한다고 생각하는 일들뿐 아니라(말하자면 생활비를 충당하고, 육아를 함께 하는 일), 배우자가 그리고 있는 미래의 행복과 성취를 이룰 수 있도록 도우려는 매일의 노력도 여기에 포함된다.

결혼생활의 75퍼센트를 우애적 사랑에 근거하는 것이 이상적이다. 당신의 결혼생활에서 우애적 사랑이 차지하는 부분을 좀 더 자세하게 평가해보려면, 배우자와 함께 다음의 질문에 답을 하고 논의해보는 것도 좋다.

당신은 배우자를 얼마나 제대로 사랑할까?
다음 질문에 답을 하고 배우자와 의견을 나눠보자.

- 배우자에게 가장 중요하다고 생각되는 다섯 가지를 적어보자.
- 위에 적은 항목들을 통해 배우자가 성취감과 기쁨을 더 많이 느낄 수 있도록 하기 위해 당신은 매일 어떤 노력을 하는지 말해보자.
- 당신이 즐기는 일에 배우자를 참여시키는 것이 좋은가? 아니면 당신이 하는 일에 다른 사람이 참견하지 않는 것을 더 좋아하는 편인가?
- 배우자가 즐거워할 만한 취미거리를 찾으려고 노력하는가? 아니

면 배우자가 그만두었으면 싶거나, 당신에게 더 이상 얘기하지 않았으면 하는 취미활동이 있는가?

배우자는 당신을 얼마나 제대로 사랑할까?

다음 질문에 답을 하고 배우자와 의견을 나눠보자.

- 배우자가 당신의 의견을 적극적으로 들으려고 하며, 당신의 성장을 응원하고 당신의 관심사와 가치를 공유하고자 노력하는가? 구체적으로 예를 들어보자.
- 배우자가 자기가 하는 활동과 관심사에 당신을 참여시키고자 노력하는가? 아니면 당신이 참여하는 것을 부담스러워하는가?
- 당신이 보기에 배우자는 어떤 결정을 할 때 당신이 원하는 바를 염두에 두고, 계획을 세울 때 당신의 관심사를 고려하며, 자기 일정을 조정할 때 당신의 존재를 중요하게 생각하는가?

각각의 항목에 해당되는 구체적인 예를 찾아서 배우자와 대화를 나눠보자.

낭만적 사랑에 대한 문제와 논의

부부 각자 다음 문제에 답변해보자. '그렇다'라고 답한 항목 한 개 당 1점을 매긴다. 두 사람의 점수를 더하지 말자. 이 문제를 푸는 목적은 부부가 각기 결혼생활에 낭만적인 요소가 얼마나 강렬하다고 생각하는가를 알아보기 위해서다. 확실하게 답을 할 수 없다면 '아니다'를 선택한다.

그렇다 ○	아니다 ○	배우자와 함께 있으면 나는 내 몸에 대해 자신감을 가질 수 있고 신체 접촉도 편안하게 할 수 있다.
그렇다 ○	아니다 ○	배우자와 자연스럽게 장난을 치거나 소소한 농담을 할 수 있다. 사랑의 감정을 돋우기 위해서라면 내가 좀 우스꽝스러워져도 괜찮다.
그렇다 ○	아니다 ○	나는 매일 배우자가 나에게 얼마나 특별한 사람인지 확인시켜줄 방법을 찾는다.
그렇다 ○	아니다 ○	나는 자주 언어로, 신체적으로, 애정표현을 통해서 배우자에게 사랑을 표현한다.
그렇다 ○	아니다 ○	나는 배우자와의 성생활을 중요하게 생각하고, 늘 활력과 흥미, 만족감을 유지할 수 있는 방법을 찾는다.
그렇다 ○	아니다 ○	내가 매일 사랑을 표현함으로써 배우자를 특별한 존재로 느끼게 한다는 점에 배우자도 동의한다.
그렇다 ○	아니다 ○	내가 사려 깊고, 너그러우며, 자상한 섹스 상대라는 점에 배우자도 동의한다.
그렇다 ○	아니다 ○	배우자가 나에게 얼마나 중요한 사람인가를 보여주기 위해 내가 이번 주에 한 일들을 다섯 가지 정도 쉽게 열거할 수 있다.
그렇다 ○	아니다 ○	부부관계가 생기를 잃어간다고 느껴지면 나는 솔선해서 특별한 깜짝 이벤트나 데이트, 성관계, 또는 사랑을 위한 뭔가를 계획한다.
그렇다 ○	아니다 ○	나는 배우자와 함께 있을 때나 떨어져 있을 때나 배우자의 삶을 좀 더 편안하고 즐겁게 해줄 수 있는 방법을 적극적으로 찾는다.

'그렇다' 한 개당 1점을 준다. 점수가 높을수록 좋다.

- 8~10 좋다! 낭만이 건강하게 살아있다!
- 4~7 당신은 평균적인 노력을 하고 평균적인 사랑을 누린다. 배우자와의 결혼생활이 당신에게 얼마나 큰 의미인지 깊이 생각해보고 사랑을 좀더 강렬하게 표현할 방법을 모색해보자. '스물다섯 가지' 항목(177페이

지 참조)을 가능한 한 자주 활용한다.

- 0~3 정신을 차려야 한다! 너무 늦기 전에 배우자가 당신에게 얼마나 특별한 존재인지 알려주어라. 당신이 그렇게 하지 않으면 다른 누군가가 선수를 칠 수도 있다.

끝으로 배우자와 다음의 질문에 대해 이야기를 나눠보자.

1. 언제 가장 확실하게 배우자가 당신을 사랑한다고 느끼는가?
2. 배우자와 결혼한 것에 대해 가장 감사하는 점은 무엇인가?
3. 당신은 어떤 방법으로 배우자에게 좀 더 사랑을 표현하고 싶은 가? 배우자가 당신의 행동을 막아서는가?
4. 어떤 애정표현을 받을 때 가장 사랑받고 있다고 느끼는가? 배우 자가 좀 더 자주 해주었으면 하는 것이 있다면?

사랑은
가치 실현의 수단이다

특별한 부부는 사랑이 두 사람의 관계에 생기를 불어넣고 부부의 정체성을 실현하는 데 필요한 에너지라는 사실을 잘 알고 있다. 누군 가를 사랑할 때 우리는 평소에 몰랐던 많은 자질들을 드러내는데, 이 는 자신을 위해서도 좋은 일이다. 인성적 강점, 너그러움, 인내심, 이 해심, 창의력, 그리고 장난기를 비롯한 이 모든 자질을 사랑하는 배우자를 위해 매일 발휘하자. 사랑은 두 사람의 관계에서뿐 아니라 내면의 삶에서도 이처럼 좋은 결실을 맺어주기 때문에 특별한 부부는 사랑을 결혼생활의 최우선 순위에 두기 위해 열심히 노력한다.

하지만 나를 포함해서 우리 모두 이기심을 극복하기 위해 항상 노력해야 하는 인간이다 보니 실제로 사랑을 최우선 순위에 둔다는 것이 말처럼 쉽지는 않다. 이타적인 사랑 운운하는 고매한 말들을 하는 나도 실제 행동은 그렇게 하지 못할 때가 많다. 무엇보다 사랑을 실천하고 베풀기보다는 편안함과 자기만족, 자기애적인 선택을 추구하는 데 익숙하기 때문이다. 사랑을 실천하는 것이 '옳은 일'이라는 것을 알지만, 그것만으로는 마음이 동하지 않는 날들도 많다. 그런 날에는 사랑을 실천하기 위해 뭔가 더 강력한, '이기적인' 이유가 필요하다. 그런데 다행스럽게도 나에게는 그런 이유가 있다.

너무 피곤하거나 짜증이 나서 사랑의 행위를 할 수 없을 때는 사랑을 실천하지 않기로 마음먹었을 때의 내 모습이 마음에 들지 않을 것임을 기억하려고 노력한다. 이것은 내 경우에만 해당되는 것이 아니라 모든 인간에게 보편적으로 해당되는 진리다. 사랑을 실천하지 않기로 마음먹는 것은 인간성을 부정하는 것이며 본연의 모습을 닮은 흉측한 풍자화로 스스로를 전락시키는 것이다.

나는 매일 의뢰인들을 만나면서 사랑을 실천하지 않기로 마음먹은 사람들이 마주하는 결과를 지켜보았다. 그들마다 각기 그럴 만한 이유가 있으며, 대부분의 경우 나도 그 이유에 동감한다. 그렇다고 해서 사실이 달라지는 것은 아니다. 살아가면서 사랑을 실천하지 않는 날이 많을수록 그 사람의 삶은 더 우울해지고, 쓸쓸해지고, 분노에 휩싸이며, 고립되고, 과민해지고, 혼란스러워진다. 결혼생활에 있어서는 더욱 그렇다. '사랑을 파업'하기로 결심하고 나면 곧 배우자는 자기혐오의 징후를 보이기 시작한다. 그리고 더 심각한 문제는 배우자가 되돌릴 수 없을 만큼 변할 수도 있으며, 두 사람의 관계는 더 나빠진다는 것이다. 남편과 아내가 부부관계를 회복하기 위해 어떤 결정을 내리든, 우선은 서로를 사랑으로 대함으로써 자존감을 회복해야 한다. 즉 부부가 좀 더 사려 깊고, 덜 방어적이며, 좀 더 협조적이고, 좀 더 자상한 태도로 상대방을 대해야 한다. 배우자가 그런 대우를 받을 자격이 있어서가 아니라 부부가 각기 자존감을 회복하고 스스로에 대해 좀 더 나은 감정을 갖기 위해 반드시 필요한 일이기 때문이다.

사랑의 소명은 인간성의 시작이자 과정이고 종착지다. 감정 상태가 어떤가에 상관없이 그 소명에 응하는 사람은 성취감을 맛볼 것이다. 하지만 그 소명을 외면하면 우선은 외부로부터 소원함과 상실감, 고립감을 맛보게 될 것이며, 궁극적으로는 자기 자신에 대해 그러한 감정들을 느끼게 될 것이다. 옛말에 진리가 담겨 있다. 행복은 기쁨을 추구하는 것이 아니라 덕을 쌓는 데 있다. 사랑은 타인의 행복을 위해 노력할 수 있는 특권이며, 모든 미덕 중에 으뜸이다. 그러므로 사랑을 얻는 것이야말로 가장 큰 행복이다.

사랑의 힘

찰스는 위기를 통해 평범한 단계의 스타 유형이었던 결혼생활을 현대적 동반자 결혼으로 끌어올렸다. 찰스와 그의 아내 매들린은 특별한 사랑에 내재된 노력과 보상을 모두 모범적으로 이행하며 살아가고 있다.

행복한 결혼생활을 누리고 있다고 자부하던 찰스는 결혼 8년차에 접어들면서 아내에게 급격히 거리감이 느껴진다며 상담 차 나를 찾아왔다. 그가 보기에 아내 매들린은 '늘 피곤에 절어 매사에 흥미가 없고, 성생활에도 관심이 없으며, 결혼생활에도 무덤덤하다'고 했다. 처음에는 아내의 무심함에 언쟁을 벌이기도 했는데, 그럴 때마다 아내는 미안하게 생각하기는 하지만 자신도 최선을 다하고 있다고 대꾸한다고 했다. 한편 찰스는 아내가 너무 피곤해하며 잠자리를 거부할 때마다 기분이 언짢고 혼자서 결혼생활을 이어가기 위해 너무 많은 노력을 하고 있다는 억울한 생각마저 든다고 했다.

나는 찰스에게 그의 결혼생활이 정체기에 들어선 것 같다고 말하고 이를 극복하려면 대담한 실험을 하나 해보는 게 좋겠다고 제안했다. 바로 매들린에게 바라고 있는 자상한 배우자 역할을 오히려 찰스 자신이 솔선해서 해보라고 한 것이다. 대신 그런다고 해서 결혼생활이 확 바뀔 거라는 기대는 버리고 찰스 자신을 위해 노력해야 한다고 조언했다. 찰스는 내 제안을 받아들이면서도 자기가 너무 많은 손해를 보는 건 아닐까 걱정했다. "선생님의 말대로 했는데 아무것도 달라지지 않고, 오히려 제가 죽을힘을 다해 애쓰는 동안 아내의 행실만 더 나빠지면 어쩌죠?" 나는 찰스에게 내가 제안한 일들을 모두 완벽하게 실행했는데도 아내가 그의 노력에 부응하는 것 같지 않으면 결혼생활을 정리할 만한 정당한 이유가 생기는 셈이라고 말해주었다. 찰스는 내 말에 동의하고 노력해보기로 했다.

우리는 우선 매들린이 수년에 걸쳐 찰스에게 요구했던 일들의 목록을 작성해보았다. 자녀의 일에 좀 더 관심을 기울이는 아빠가 되기, 아내의 말을 귀 기울여 듣기, 아내에게 너무 많은 걸 바라지 말기 등 여러 항목이 있었다. 찰스에게 주어진 과제는, 아내가 자신의 그런 노력을 받을 만한 자격이 있든 없든 상관하지 않고 목록에 있는 일을 이행하는 것이었다.

찰스는 좀 더 관대한 사람이 되어달라던 아내의 요구사항을 수행하면서 자신이 그동안 얼마나 이기적인 사람이었는지 깨닫기 시작했다. 그는 아주 사소한 일 하나를 하면서도 얼마쯤은 의식적으로 매들린의 보상을 기대했다는 사실을 알아차렸다. 그의 사랑은 매우 제한적이어서 이용당하지 않을까 하는 두려움이 앞서 적극적인 애정표현에 주저하고 있었다. 그러면서도 그는 '자신에게 보상해주어야 할 빚'이 있다는 사실을 매들린에게 넌지시 알리기 위해 전전긍긍하고 있었다. 찰스는 자기가 매들린의 입장이라면 어땠을까 곰곰이 생각해보고는 아내가 왜 결혼생활에 소극적인 자세를 취하는지 비로소 이해하게 되었다. "나는 아내를 조종해서 내가 원하는 관심을 받으려고 했어요. 그리고 아내가 내가 원하는 대로 하지 않으면 화를 내곤 했던 거예요!"

그제야 찰스는 내가 왜 그런 제안을 했는지 제대로 알아차렸다. 이

후 그는 독선적인 태도를 버리고 기쁜 마음으로 사랑과 배려를 실천하는 모습을 보였다. 이와 동시에 아내에게 평소 고맙게 생각했던 점들을 말로써 표현하기 시작했는데, 그러다 보니 아내에게 고마워해야 할 일들이 생각보다 많다는 사실도 깨닫게 되었다.

찰스가 변화를 꾀한 지 한 달쯤 된 시점에 매들린은 찰스에게 달라진 것 같다고 말했다고 한다. 그러면서 그 동기가 무언지 물었다는 것이다(그때까지 찰스는 아내에게 나와 상담한 이야기를 하지 않았다). 그후 찰스가 상담을 하러 와서 나에게 들려준 얘기에 따르면 그날 두 사람의 대화는 부부관계의 전환점이 되었다고 한다. "그날 밤 둘이 함께 울면서 결혼생활을 당연시했던 데 대해 서로 사과했어요. 그리고 부부관계를 위해 가진 것 모두를 쏟아붓기로 약속했어요."

상담이 끝나고 몇 년 뒤 슈퍼에서 장을 보다가 우연히 찰스를 만났다. 그는 악수를 청하면서 아내와의 결혼생활이 아주 행복하다고 말했다. "때로 갈등을 겪기도 하지만 처음 상담을 받을 때와는 비교조차 할 수 없을 정도로 행복해요. 지금은 아내와 모든 것을 나누고, 모든 일을 함께하죠. 그리고 언제나 결혼생활을 최우선으로 생각해요." 그러더니 주변을 한 번 살피고 낮은 소리로 속삭였다. "그리고 잠자리 문제 말인데요, 정말 끝내준다니까요!"

찰스의 사례를 통해 특별한 사랑도 때때로 특별한 위험부담과 특별한 노력이 필요하다는 사실을 알게 되었을 것이다. 그리고 그런 것이 동물의 속성이다. 결혼생활을 통해 자신이 꿈꾸는 모습을 실현하려면 배우자가 당신의 노력을 받을 자격이 있는지 따지지 말고, 마음이 내키는지 생각하지 말고, 항상 가진 것 모두를 걸고 노력해야 한다.

6

특별한 배려:
행복한 부부들의
가사분담 노하우

사랑의 열매는 봉사다.

테레사 수녀

"숀과 함께 살면서 그에게 가장 감사한 점은 집 안에 해야 할 일이 있으면 내가 부탁하기 전에 숀이 먼저 나서서 한다는 점이에요." 리타가 자기 남편에 대해 하는 말이다. "항상 그랬던 건 아니에요. 그런데 지난 몇 년간 자상한 남편이 되기 위해 진심으로 노력하더라고요. 며칠 전에는 빨래를 하려고 보니까 빨랫바구니가 비어 있지 뭐예요. 숀이 벌써 해놓은 거죠. 요즘에는 자주 그래요. 아마도 숀이 나에게 해줄 수 있는 최고의 사랑표현인 것 같아요."

낭만적인 몸짓이나 함께 보내는 특별한 시간, 애정표현 등도 모두 직접적이고 아름다운 사랑의 표현이지만, 그것만으로는 부족하다. 특별한 부부들이 경험하는 충만함, 기쁨, 열정은 많은 경우 평소에 소소한 즐거움과 일상적 배려를 통해 사랑을 표현해왔기 때문에 가능한 것이다. 나는 이 책에서 그런 능력을 특별한 배려라 칭한다.

결혼이라는 단어의 영문 철자
M-A-R-R-I-A-G-E

특별한 배려의 기초가 되는 여덟 가지 계명을 결혼의 영문철자 8개에
맞춰 구성해보았다.

M   Make sure to offer service, not servitude.

       노역이 아닌 봉사를 하라

A   Activate both independent awareness and mutual
       commitment.

       독립적으로 인지하고 서로에 대한 약속에 충실하라.

R   Relate requests to your marital imperative.

       배우자에게 부탁을 할 때에는 결혼의 지상목표에 부합되는
       지 생각해보라.

R   Relish opportunities to grow in competence.

       유능성을 향상시킬 수 있는 기회를 기꺼이 수용하라.

I   Increase intimacy by sharing interests.

       관심사를 나눔으로써 친밀감을 높여라.

A   Avoid mind reading. Tell your mate what you need.

       마음을 알아주기를 바라지 말고 필요한 것은 말하라.

G   Go for similar competence, not 'sameness.'

       '똑같을' 필요는 없다. 비슷하게 맞춰갈 수 있으면 된다.

E   Express love with your body and soul.

몸과 마음으로 사랑을 표현하라.

노역이 아닌 배려를 하라

특별한 배려와 노역의 차이는(앞 장에서 살펴본 희생적 사랑과 의존성의 차이처럼) 배려를 행하는 사람의 건강한 인성이 얼마나 그의 행위를 뒷받침하는가에 달려 있다.

성격강점이 미약한 사람은 상대를 실망시키면 사랑을 주지 않을지 모른다는 두려움 때문에 배려를 베푼다. 이렇게 거절이나 상실의 고통을 전제로 한 행위는 배려보다는 노역에 가까우며 건강한 결혼생활에는 부합하지 않는다.

반면에 건강한 인성이 발달된 사람은 상대의 호감을 잃을 것이 두려워서가 아니라 스스로 사랑에 높은 가치를 두기 때문에, 그리고 상대를 사랑한다면 그를 위해 배려하는 것이 당연하기 때문에 기꺼이 상대를 배려한다. 이러한 생각에서 비롯된 배려 행위는 상대뿐 아니라 배려를 행하는 본인에게도 득이 된다. 배려를 하면 할수록 사랑을 실천하는 사람에 가까워지며, 사랑을 실천하는 사람에 가까워질수록 본인이 원하는 자아상과 결혼의 지상목표에 부합하는 삶을 사는 것이기 때문이다. 배우자의 애정이나 호의를 잃을 것이 두려워서 배려를 하는 것이 아니라, 본인의 건강한 인성에서 우러나와 배우자를 위하고 지지하려는 의도로 상대를 배려할 때 이를 특별한 배려라 할 수 있다.

독립적으로 인지하고
서로에 대한 약속에 충실하라

특별한 결혼생활을 하는 부부는 가정을 지키기 위해 정서적으로나 부부관계, 그리고 가사에서 요구되는 다양한 의무들을 각자가 독립적으로 인지하며 배우자로서 자신의 약속을 충실히 이행한다. 특별한 배우자는 가만히 앉아서 상대가 도움을 청할 때까지 기다리지 않는다. 스스로 해야 할 일을 찾아내서(쇼핑, 청소, 마당 일, '부부'를 위한 시간 마련하기, 친교 일정 챙기기 등) 즐거운 마음으로 완수한다.

배우자에게 부탁을 할 때에는
결혼의 지상목표에 부합되는지 생각해보라

특별한 정절에 관한 내용을 살펴볼 때 타인의 요청에 감정적으로 대응하기보다는 그것이 결혼의 지상목표에 부합되는지 살펴보라는 얘기를 했었다.

그와 마찬가지로 배우자가 어떤 일을 해달라고 부탁할 때에도 감정적으로 대응하거나 자기 편의를 따지지 말고 이렇게 자문해보는 것이 좋다. "지금 배우자의 부탁을 들어주는 것이(또는 그러기 위해 필요한 기술을 습득하는 것이) 나 자신, 또는 결혼의 지상목표의 근간을 이루는 가치와 목표, 또는 이상을 실현하는 데 도움이 되는가?"

이 질문에 대한 답이 '그렇다'라면 배우자에 대한 의무가 아니라 자신에 대한 의무로써 그 요청을 들어주어야 한다. 부탁을 들어주는 사람의 감정상태, 부탁한 일의 난이도, 또는 능력 정도에 따라 수행하는 데 걸리는 시간은 다르겠지만, 결혼의 지상목표에 부합하는 부탁이라면, 배우자는 일단 그 부탁을 들어주기 위한 과정을 시작해야 한다. 그 정도의 성의도 보이지 않는 것은 본인의 정체성에 부합하지 않을 뿐 아니라 스스로 자존감을 낮추는 행위다.

그러나 반대로 '아니다'라는 결론에 도달했다면, 배우자가 자기의 부탁을 들어주는 것이 왜 결혼의 지상목표에 부합하는지를 설명해서 납득시키지 못하는 한, 당신은 확고한 근거에 의거해 그 요청을 거절할 수 있어야 한다. 사실 특별한 결혼생활에서 배우자의 부탁이 결혼의 지상목표에 어긋나는 경우는 거의 없겠지만, 부부마다 본인들의 관점에서 특정 문제에 대해 의견차를 보이는 것은 지극히 정상적이다. 4장에서 예로 들었던 토드와 쉐리의 이야기를 다시 한 번 떠올려 보자. 쉐리는 친구인 안젤라의 상황에 연민을 느끼고 그녀의 의논 상대가 되어주기 위해 밤마다 토드 곁을 떠나 있으면서도 자신의 행동이 정당하다고 믿었다. 그러다가 토드가 결혼의 지상목표 중 하나였던 '둘만의 시간'이 중요함을 호소하고 나서야 친구를 배려하려는 의도는 숭고했으나 우선순위가 잘못되어 있었음을 깨달았다.

배우자의 요청에 긍정적으로 대응할 것인지, 부정적으로 대응할 것인지를 결정할 때 결혼의 지상목표를 기준으로 삼으면 결혼생활에 있을 수 있는 불평이나 불만, 또는 합당치 못한 거래를 줄일 수 있다. 또한 당신의 대답이 확고한 기준에 근거한 것이기 때문에 '죄책감을 느끼게 해서' 요청을 들어주도록(더 정확하게 말하면 그 요청을 들어주고

'죄책감을 느끼도록') 당신의 감정을 조정할 여지가 없다. 지성에 입각한 논쟁을 하거나 서로 동의하지 않을 수는 있지만, 상대의 마음을 조정하려는 말도 안 되는 행위는 절대로 허용되지 않는다.

유능성을 향상시킬 수 있는 기회를
기꺼이 수용하라

특별한 배려를 하다 보면 자연히 현재 능력의 한계를 뛰어넘어 더 유능한 사람으로 발전할 수 있는 기회가 찾아온다. 특별한 부부가 마치 유희를 하듯이 조화롭게 일상의 임무를 처리하고 사랑을 키워가는 비결은 바로 그들이 실천하는 예외적인 배려 덕분이다.

배우자에게 지속적으로 특별한 배려를 하려면 끊임없이 한계에 도전해야 한다. 자신의 부족함을 채우고, 새로운 기술을 배우며, 인성 면에서도 새로운 강점들을 습득해야 한다. 나름대로 성공적인 결혼생활을 하고 있지만 특별한 단계에까지 이르지 못한 부부들은 결혼이 자기들의 부족한 점을 보듬어줄 수 있는 안식처라고 생각한다. 치명적인 결혼과 구조선 결혼, 평범한 결혼 단계의 남편과 아내들은 특정형태의 부부관계나 가사노동을 기피하는 경향이 있는데, 대부분 다음과 같이 생각하기 때문이다. '나는 그런 일을 잘 못해.' '그런 일은 하고 싶지 않아.' '이제 결혼했으니 다시는 요리를 하지 않아도/ 생활비를 벌지 않아도/ 낭만적인 분위기를 잡으려 애쓰지 않아도/ 내 손으로 자동차에 연료를 채우지 않아도/ 집 안 청소를 하지 않아도 되겠구나!' 이런 논리는 일견 매력적인 이유로 들릴 수 있다. 하지만 부부가 이런 생각을 하고 살다 보면 시간이 지나면서 각자 점점 무력해지는 느낌이 들면서 결혼생활 자체에 소원해질 수 있다. 왜 그럴까? 상대가 뭔가 해주기를 바라면서 잔소리를 하거나 회유하는 습관이 생기거나, 아니면 상대에게 기대해봐야 아무 소용이 없다는 절망감에 분개해서 차라리 자기가 해치우는 쪽을 택하기 때문이다. 특별한 배려를 실천하는 남편과 아내는 결혼생활에 필요한 모든 일들을 기꺼이 솔선해서 이행하기 때문에 이런 모든 부작용을 겪을 필요가 없으며 마치 유희를 하듯이 각자가 가진 능력을 조화롭게 발휘하면서 진정한 사랑을 꽃피운다.

관심사를 나눔으로써
친밀감을 높여라

이 부분에 대해서는 10장에서 좀 더 자세히 다루겠지만, 특별한 배려를 하다 보면 부부가 서로 상대방의 세계에 관심을 가지게 되고, 그러다 보면 자연히 함께 즐길 수 있는 능력, 즉 유능성이 생기기 때문에 결국 부부간의 친밀감이 커질 수밖에 없다. 잠시 생각해보자. 당신이 가까운 친구라고 생각하는 사람들은 누구인가? 아마도 당신과 같은 일을 하는 사람들이거나, 당신과 관심사가 같은 사람들이거나, 취미가 같은 사람들일 것이다. 간단히 말해서 동일한 영역에 유능성을 갖춘 사람들이 가까운 친구가 될 확률이 높다. 그렇다면 남편과 아내가 무난한 부부관계를 유지하지만 서로 제일 친한 친구라고는 생각하지 않는 결혼생활을 가정해보자. 남편과 아내가 가정에서 담당하고 있는 가사노동도 확실하게 구분되어 있을 것이고 대부분의 취미생활도 각자 다른 친구들과 어울려 즐긴다("내가 그런 거 싫어하는 거 알잖아요. 당신 친구와 함께 가지 그래요?"). 이런 부부들은 살아가면서 마주하게 되는 문제들에 대해서도 매우 다른 견해를 가질 것이다.

그러다 보면 부부가 각자 동성의 친구에게 속마음을 털어놓을 수밖에 없게 된다. "남편을/아내를 사랑하지만, 그래도 남자들/여자들이란 다 똑같잖아"라고 하면서 말이다. 이런 부부들의 경우 남편과 아내가 유능성을 발휘할 수 있는 부분이 확연히 다르다. 이런 조합이 나쁘다는 얘기는 아니다. 사실 이런 부부들이 매우 만족한 결혼생활을 영위할 수도 있다. 다만 결혼생활에서 얻을 수 있는 최고치의 가능성을 만끽하지 못한다는 사실, 그리고 많은 경우 본인들이 그 사실을 인지하지 못한다는 사실을 강조하고 싶을 뿐이다. 남편과 아내가 능숙한 일만 하면서 더 이상의 노력을 기울이지 않으면 결혼생활에서 맛볼 수 있는 최고치의 행복을 누리지 못한다. 이것이 바로 많은 부부관계가 '소원해지는' 근본 이유이며, 오직 특별한 배려를 통해서만 이를 극복할 수 있다. 특별한 배려를 실천하려는 마음이 있다면 서로의 세계에 다가갈 수 있기 때문이다. 상대에게 집중하느라 '자아를 상실'하는 일은 일어나지 않으며, 서로에게 주의를 기울이다 보면 배우자의 내면세계에 훨씬 더 친숙해질 수 있다.

배우자가 당신의 마음을 알아주리라 기대하지 말고
필요한 것을 말하라

특별한 부부들이 상대방이 필요로 하는 것을 '저절로 알아차리고' 마법처럼 그것들을 충족시켜준다고 생각한다면 큰 오산이다. 그런 생각은 유능성의 조화로운 기능이라기보다는 진부한 낭만적 환상이기 때문이다.

남편과 아내가 서로의 필요를 예측할 수 있다면 더할 나위 없이 좋겠지만, 대부분의 특별한 배려는 상대가 자기가 필요한 것을 공표한 다음에 시작된다. 특별한 배려는 초감각적인 투시력에서 비롯되는 것이 아니기 때문이다. 특별한 배려는 당신이 알아서 충족시켜주고자 했던 한계를 초월하는 무언가를 배우자가 요구할 때, 그것을 적극적이면서도 상대를 존중하는 방식으로 들어주려는 의지다. 특별한 남편과 아내는 언제나 배우자의 요구에 응할 준비가 되어 있지만, 행동으로 옮기기 위해서는 상대의 요청이 있어야 한다.

똑같을 필요는 없다.
비슷하게 맞춰갈 수 있으면 된다

독자들이 주의해야 할 또 다른 오해는 특별한 부부들이 동일한 취향을 갖고, 행동양식이나 사고방식도 모두 동일할 것이라고 가정하는 것이다. 그건 어느 누구에게도 불가능한 일이다. 특별한 남편과 아내는 '동일한 존재'가 아니다. 그들은 단지 비슷하게 맞춰가기 위해 노력하는 사람들일 뿐이다. 남편은 세상에 둘도 없을 만큼 보수적인 사람이고 아내는 열정이 넘쳐나는 진보주의자라 하더라도, 두 사람 모두 사리분별이 명쾌하다면 각자의 유능성을 조화롭게 발휘하면서 부부간의 친밀성을 발전시켜갈 수 있을 것이다. 잭 스프랫^{Jack Sprat, 전래 동}^{요의 주인공-옮긴이}은 비계를 먹지 못하고 그의 아내는 살코기를 싫어하지만, 두 사람 모두 유능한 요리사라면 그들의 삶에는 언제나 논쟁거리가 풍부할 것이고, 논쟁을 통해서 자기 자신은 물론 상대에 대해서도 점점 더 많이 알게 될 것이다. 그리고 서로를 더욱 더 사랑하고, 서로를 위해서 기꺼이 배려하게 될 것이다. 동일성 그 자체로는 친밀감이 자라지 않으며, 오히려 유능성을 나눌 때 가능하다.

몸과 마음으로
사랑을 표현하라

부부는 특별한 배려를 통해 서로에게 두 가지 선물을 줄 수 있다. 하나는 육체의 선물이고, 다른 하나는 영혼의 선물이다.

몸의 선물은 배우자와 가정을 위해 기꺼이 제공하는 육체적 노고를 말한다. 육체의 선물이라고 하면 성(性)을 암시한다고 생각할 수도 있는데 이는 어느 나라를 막론하고 보편적인 반응이기는 하다. 성적인 육체의 선물(동시에 영적인 선물이기도 한)에 대해서는 11장에서 자세히 다루겠지만, 가사노동을 통한 배려의 맥락에서도 성적인 암류가 어느 정도는 언급되는 것이 당연하다. 왜 그럴까? 평소에 배우자와 가정의 행복을 위해 육체적으로 얼마나 성실하게 배려하는가가 부부의 성생활에 나타나기 때문이다. 행복한 성생활은 주방에서 시작된다는 상투적인 문구도 있는데 실제로 배려는 매우 중요하다. 특별한 결혼생활에서 성적인 열정은 부부가 결혼생활의 모든 영역에서 서로에게 제공하는 특별한 배려에서 비롯된다. 어떤 철학자가 가사노동을 '사회적 성생활', 즉 일상의 배려와 소통을 통해 만들어지는 친밀감이라고 표현한 것도 이러한 맥락에서다. 특별한 부부들에게 있어 섹스란 침실 안팎에서 서로가 상대의 요구에 훌륭히 부응한 것에 대해 축배를 드는 것이다.

영혼의 선물은 배우자의 정신적, 정서적, 영적 안녕을 위해 배려하는 행위를 말한다. 예를 들어 부부 사이에 언쟁이 벌어질 경우, 당신의 최우선 목표는 상호이해를 끌어내는 것인가, 아니면 당신이 옳다는 사실을 입증하는 것인가? 당신은 배우자의 말을 잘 들어주는가? 배우자와 한 약속을 지키는가? 배우자가 특별한 존재임을 잘 표현하는 편인가? 지속적으로 배우자를 칭찬하는가? 배우자의 존재에 감사하는가? 그것을 배우자에게 말하는가? 이 모든 것이 영적 선물의 예이다. 한마디로 영적 선물이란 하나의 영혼이 다른 영혼에게 사랑을 소통하는 방식이다.

당신과 배우자가 특별한 배려의 여덟 가지 원칙을 실천한다면 결혼생활에서 누릴 수 있는 모든 행복과 즐거움을, 아무리 사소하고 하찮은 것이라도 놓치지 않고 누릴 수 있다. 사람들은 사랑을 일상생활

과 떼어서 생각하는 경우가 많다. 낭만은 저녁에 만나서 데이트할 때
나 찾는 것이고, 애정표현은 카드나 꽃을 통해서만 하는 것이라고 말
이다. 물론 나도 그런 특별 이벤트나 행위들이 중요하다고 생각하는
사람이지만, 일상적으로 행하는 작지만 소중한 사랑의 표현들을 대신
할 수는 없다. 당신이 하지 않아도 되는 집안일을 한다든지, '빨래 당
번'이 아닌데도 빨래를 갠다든지, 설거지를 재빨리 선점한다든지, 배
우자가 조용히 쉴 수 있도록 저녁에 아이들을 데리고 나간다든지, 당
신이 '특별히 좋아하지 않는 일'이지만 배우자가 취미로 하는 일에 동
참하기 등을 비롯해 간단한 많은 행위들이 자기를 바쳐서 사랑을 표
현하는 방법들인데, 배우자에게 줄 수 있는 많은 선물 중에서 이보다
더 소중한 선물은 없다.

특별한 배려를 실천하며 사는
세 쌍의 부부 이야기

여기에서 소개할 부부들의 사례는 특별한 배려가 각기 다른 형태로
결혼생활에 적용되는 모습을 잘 보여준다. 독자 여러분은 3장 말미에
서 남편 또는 아내가 온전한 인격체로서 만족스럽고 충만한 삶을 살
수 있도록 도와주기로 약속했다. 그렇게 하는 것이 본인의 한계에 도
전하는 일이라 해도 말이다. 그동안 살아오면서 그 약속을 실천할 수
있는 기회를 놓치고 있었다면, 이 부부들의 이야기를 읽으면서 소소

한 일상에서나마 그 기회를 찾아내려는 마음이 동하기를 바란다.

클라리사와 조

"저는 원래 프로스포츠를 싫어했어요." 클라리사가 말했다. 클라리사와 조는 결혼 15주년을 맞는 부부다.

"그냥 좋아하지 않는 정도가 아니라 진짜 싫어했어요. 세상 곳곳에서 일어나는 많은 문제들이 프로스포츠 때문이라고 생각했거든요. 제 눈에는 프로스포츠라는 것이 높은 연봉을 받는 건달들과 탐욕스러운 기업이 손을 잡고 팬들의 열정을 이용하는 것으로 보였으니까요.

그런데 하필이면 내가 결혼한 남자가 스포츠 방송 프로라면 환장하는 사람인 거예요. 당연히 우린 그 문제로 몇 번이나 싸웠죠. 그래도 조는 언제나 합리적인 선에서 저와 공평하게 타협을 하려고 노력하는 편이에요. 자기가 보고 싶은 프로그램의 반 정도밖에 보지 않았으니까요. 하지만 저는 남편이 스포츠 방송을 아예 보지 않았으면 하는 바람을 버릴 수 없었어요. 남편이 스포츠 경기를 보러 가거나 텔레비전 앞에서 보내는 시간들이 너무 아깝고, 저와 함께 제가 좋아하는 일들을 하면서 좀 더 많은 시간을 보냈으면 좋겠더라고요.

아주 가깝게 지내는 친구가 있는데 그 친구에게 이 문제에 대해 늘 불만을 털어놓곤 했어요. 제 하소연이 너무 심했는지 친구도 지겨워하는 기색이었죠. 그러더니 어느 날 제 불만을 듣다 말고 이렇게 말하더군요. '클라리사, 너에게 뭐라고 말해줘야 할지 모르겠어. 어쨌든

조에게 스포츠 경기를 아예 보지 말라고 하는 건 공평하지 않은 것 같아. 그런데 너도 지금 힘들어하고 있잖아. 그러니 너 자신을 위해 선택을 해. 조와 헤어지든지, 아니면 함께 스포츠 경기를 보든지, 아니면 지금 이 상태에 만족을 하든지.'

당연히 저는 조와 헤어질 수 없었어요. 그 한 가지 문제만 빼고는 괜찮았거든요. 그렇지만 그대로 살 수는 없었어요. 제가 전혀 행복하지 않았으니까요. 남편과 더 많은 시간을 함께 있고 싶었어요. 그렇다고 스포츠 경기가 끝날 때까지 한숨을 내쉬며 시계만 들여다보고 있었던 건 아니에요. 저도 할 수 있는 일들이 많았고, 함께할 친구도 많았어요. 그리고 실제로 친구들과 좋아하는 일들을 하면서 시간을 보내기도 했지만, 그래도 남편과 함께하는 시간이 아쉬웠어요. 결국 한 가지 방법밖에 없었죠. 남편이 좋아하는 스포츠 경기를 함께 즐기는 거요.

처음에는 '말도 안 돼' 하는 생각이 들었지만, 그 순간 스스로를 돌아보게 되었죠. '내가 도대체 뭐길래?' 내가 대체 남편에게 무슨 짓을 하고 있었던 건가 하는 생각을 하게 된 거죠. 남편에게 너무나 중요한 것을 비하했을 뿐 아니라 그에게 지나치게 불공평한 요구를 하고 있었더라고요. 내가 남을 통제하는 사람이라고 생각해본 적이 없는데 사실은 딱 그런 사람이었던 거죠. 스포츠는 여전히 내가 넘어 설 수 없는 벽이기는 하지만, 그렇다고 피하는 건 아무런 득이 되지 않는다는 사실을 깨달았어요. 어쨌든 스포츠 경기는 계속될 테니까요. 제 일방적인 요구는 우리 사이를 멀어지게 할 뿐이었죠. 그래서 남편과 함께 즐기기로 했어요. 다른 건 몰라도 최소한 내가 좀 더 원만한 사람이 되는 데는 도움이 될 거라 생각했죠. 그렇다고 이런 심정 변화를 남편에게 대놓고 드러내고 싶진 않았어요. 조용히 행동으로 옮겨서 깜짝 놀라게 해주고 싶었거든요. 이후로 전 도서관에 가서 남편이 가장 좋아하는 풋볼과 야구의 기본 규칙에 관한 책을 몇 권 빌려오고, 저녁 뉴스를 볼 때도 스포츠 소식에 귀를 기울였죠.

어느 날 저녁 남편이 꼭 보고 싶어했던 풋볼 경기를 중계한다는 사실을 알게 되었어요. 남편이 얘기를 꺼내기 전에 먼저 물었죠. '우리 오늘 풋볼 경기 볼 거야?' 처음에는 제가 비아냥거리는 줄 알고 약간 방어적인 반응을 보이더라고요. 그래서 이렇게 계속 스포츠 과부로 살아가느니 왜들 그렇게 열광하는지 직접 체험해보기로 했다고 말했죠. 남편은 제 말을 계속 미심쩍어하는 듯했지만 어쨌든 그날 밤 함께 경기를 봤어요. 솔직히 엄청 지루하더라고요. 그래도 최선을 다해서 경기에 집중했어요. 그랬더니 남편이 좀 놀란 것 같았어요. 제가 스포츠에 대해서는 전혀 아는 게 없으리라 생각했던 거죠. 아무튼 경기가 끝나고 남편이 함께 경기를 봐줘서 정말 고맙다고 하더라고요. 나의 특기인 베일리스 아이리시 치즈케이크를 만들어준 것보다 더 행복했다면서. 그건 남편이 해줄 수 있는 극찬이거든요.

내가 좋아하는 열 가지를 꼽으라면 여전히 그중에 스포츠는 없겠지만, 그렇다고 아주 싫지만은 않아요. 팝콘을 만들어 먹으면서 보다가 경기내용이 형편없을 땐 화면을 향해 던지기도 하고요. 장난 삼아 서로에게 던지기도 하죠. 한번은 경기를 보다가 서로 장난치는 데 빠져서 나머지 경기를 보지 못했던 적도 있었다니까요! 그런 일이 자주 있는 편은 아니지만, 경기를 함께 보겠다는 마음을 먹지 않았다면 아예 그런 기회를 갖지 못했을 거예요. 남편이 그렇게 좋아하는 일에 동참하게 돼서 기뻐요. 이제는 남편이 온갖 통계숫자들을 읊어낼 때 그게 무슨 의미인지 알아듣게 된 것도 기분 좋고요. 남편도 저와 그런 얘기들을 하는 게 즐거운 것 같아요. 제가 물어보는 아주 기본적인 질문들에 답을 해주는 것도 재미있어 하는 것 같고요. 스포츠를 통해 우리가 한층 가까워진 셈이죠. 남편은 이제 스포츠에 관한 얘기를 하거나 경기 중계를 보겠다고 말할 때 더는 제 반응을 두려워하지 않아요. 그리고 제가 좋아하는 일들을 더 열심히 함께해주려고 하죠. 어느 주말엔가는 남편이 경기 중계를 보지 않고 동네에서 열리는 미술공예 축제에 가자고 해서 깜짝 놀랐던 적도 있어요. 농담조로 '당신이 풋볼 경기를 가까이 하기로 마음먹었다면 나도 드라이어에서 나온 먼지들을 이용해서 미술작품을 만드는 법의 기초 정도는 배워볼 용의가 있다'면서 말이죠. 그렇게 우리는 점점 더 서로에게 잘하려고 노력하고 있어요. 그게 너무 흐뭇하고 우리 둘 모두가 자랑스러워요."

독자 여러분 중에는 '왜 클라리사가 변해야 해? 조가 행복한 결혼생활을 위해 풋볼을 포기했어야 하는 거 아냐?'라고 생각하는 사람이 있을지 모르겠다. 그런데 현실은 그렇지 않다. 만일 그럴 수만 있다면 완벽한 해결책이 되겠지만 말이다. 이들의 경우 중요한 사실은 불만을 가지고 있는 사람이 조가 아니라는 점이다. 조는 클라리사와 함께 시간을 보내는 것을 좋아하지만, 클라리사가 좋아하는 일을 하면서 시간을 보내도록 배려해주려는 마음이었다. 두 사람이 함께 시간을 보내기를 원한 사람은 클라리사였기 때문에 그런 바람을 이루려고 노력해야 하는 것도 클라리사의 몫이었던 것이다.

내 말의 요점을 조금 다른 각도에서 설명해볼 수도 있다. 누군가와 함께 있는데 배가 고파졌다고 가정하자. 그럼 나는 두 가지 방법 중에 선택을 할 수 있다. 옆 사람도 배가 고파져 우리 두 사람을 위해 뭔가 먹을 것을 마련할 때까지 가만히 앉아서 기다리는 방법이 있고, 내가 직접 먹을 것을 구하는 방법이 있다. 이 두 가지 중에서 건강한 선택은 나의 욕구를 충족시킬 책임은 나에게 있다는 사실을 인정하는 것이다. 내가 정말로 원하는 것은 옆 사람이 나서주는 것이라 할지라도 말이다. 가만히 앉아서 "당신이 나를 사랑한다면 지금 당장 나를 위해 요리를 해주어야 해"라고 엄살을 부릴 수도 있다. 하지만 그런 상황은 정말 한심하지 않은가? 배가 고픈 것은 상대가 아니라 나니까. 마찬가지로 조와 더 많은 시간을 함께 보내고 싶다는 것은 클라리사의 욕구였으므로 그것을 충족시킬 책임도 클라리사에게 있다. 특별한 배려를 실천함으로써(이 경우에는 스포츠에 관한 지식을 습득함으로써) 클라리사는 자신의 욕구를 충족시킬 수 있게 되었고, 유능성을 향상시켰으며, 덕분에 배우자와의 친밀감도 한층 깊어졌다.

엘리와 마크

엘리와 마크는 결혼한 지 23년 되었다. 마크는 감정표현을 잘 못한다. 엘리의 '곁에 있어주는 것'과 열심이 일하는 것이 그녀에 대한 사랑표현의 전부다. 엘리는 그런 마크에 대해 늘 깊이 감사하지만, 때로는 '혼자인 것 같은' 느낌이 든다. 마크가 너무 과묵하기 때문이다. 더구나 남들 앞에서는 아주 기본적인 애정표현조차 하지 않으려고 하고, '사랑한다'는 말도 엘리가 원하는 만큼 자주 해주지 않는다.

"엘리가 이해해주리라 생각했어요. 내가 사랑하고 있다는 것을 잘 아니까요. 그런데 하루는 퇴근해서 집에 왔는데 아내가 울고 있더라고요. 처음에는 이유를 말하지 않더니 결국 말을 꺼냈는데, 그날 재혼해서 신혼여행을 다녀온 친구를 만났다는 거예요. 그런데 그 친구가 낭만적인 남편 자랑을 어찌나 하던지 차마 내 앞에서 인정하기는 부끄럽지만 질투심을 느꼈다고 하더라고요. 그동안 살아오면서 내가 안아주기를 바라던 순간들이 많았는데도 내가 다른 일로 신경을 쓰고 있는 것 같아서 내색하지 못했다고 하면서요.

나는 감정표현이 많지 않은 가정에서 자랐어요. 아버지는 늘 일에 열중하셨고 어머니는 전형적인 청교도 집안의 여인이었죠. 부모님이 나를 사랑하신다는 건 알았지만, 별로 표현을 하시지는 않았어요. 그러다 보니 사랑을 표현하는 것이 중요하다는 사실을 몰랐고 그래서 아내에게도 애정표현을 별로 하지 않으며 살았던 것 같아요. 그런데 그날 집에 와서 아내가 울고 있는 걸 보고는 뭔가 해야겠다고 생각했죠. 이 세상을 떠난 뒤에 '목석같은 사람'으로 기억되고 싶지는 않았거든요. 십대였던 딸아이가 나에게 그렇게 말한 적이 있어요. 아내에게 내가 얼마나 그녀를 사랑하는지 보여주고 싶어졌어요.

그리고 얼마 지나지 않아 아내와 쇼핑몰에 가게 됐어요. 할인상품 진열대를 기웃거리는 아내를 바라보는데 문득 '지금 손을 잡아줘야 해' 하는 생각이 들었어요. 그런데 선뜻 움직여지지 않는 거예요. 철없는 십대 아이들처럼 보일 것 같기도 하고 아무튼 부끄러웠어요. 하지만 아내가 정말 원한다면 해주고 싶었어요. 손 좀 잡는다고 내가 죽는 건 아니니까요. 물론 부끄러워서 죽을 것 같을 수는 있겠지만요. 그래서 나지막이 속삭였어요. '내가 당신 손을 잡아도 될까?'

그런데 어찌된 일인지 아내는 계속 진열대만 뚫어져라 쳐다보고 있더군요. 내 말을 못 들은 거죠. 순간 더 이상 시도하지 말라는 신의 계시 아닐까 생각했지만, 이왕 시작을 한 바에 그대로 물러설 수는 없었죠. 그래서 다시 물었어요.

그러자 아내가 기절할 듯 놀라더군요. 그러곤 아무 말 없이 미소를 지으며 내 손을 잡았어요. 그날 거의 하루 종일 손을 잡고 다녔던 것 같아요. 레스토랑에서 점심을 먹을 때는 식탁 한쪽에 나란히 앉기까지 했답니다. 뭐라 말할 수 없이 신기한 기분이 들었어요. 아내를 위해 뭔가 하고 있다는 생각에 뿌듯했고 사랑하는 사람과 애정표현을 주고받는 것이 즐거웠어요. 그러면서도 한편으로는 나이에 맞지 않는 행동을 하는 것 같아 쑥스러웠죠. 아직도 발전의 여지가 많이 남아 있기는 하지만 그래도 매일 조금씩 노력하고 있어요. 내가 노력해서 되는 일이라면 다시는 나 때문에 아내가 우는 일은 없게 하려고요."

앞에서 소개한 두 부부의 이야기는 특별한 배려란 배우자를 위해 정서적인 면에서, 부부관계에서, 그리고 시간적으로 나의 한계를 벗어나고자 노력하는 것이라는 사실을 말해준다. 특별한 배려를 실천한다는 것은 배우자의 요구가 본인의 여건에 부합하는가를 따지지 말고 그것을 존중하고 충족시켜주고자 노력하는 것을 의미한다. 그렇게 하려는 의지를 통해 본인의 유능성도 향상되고, 유능성이 향상 될수록 배우자와 나눌 수 있는 것이 더욱 많아지며, 따라서 결혼생활의 친밀감도 그만큼 깊어지는 것이다. 지금까지 예로 들었던 이야기들은 정신적인 배려에(말하자면 배우자의 감성적, 정신적 안녕을 위해 뭔가를 하는 것에) 초점이 맞춰져 있지만 눈으로 확실하게 볼 수 있는 형태의 배려, 즉 육체적인 배려(말하자면 편안한 가정을 유지하기 위해 육체적인 봉사를 하는 것) 도 부부의 유능성과 친밀감에 마찬가지로 긍정적인 영향을 미친다.

아리아나와 피터

아리아나와 피터는 결혼한 지 12년이 되었다. 가정에서 서로 점수 매기기를 그만두고 특별한 봉사를 실천한 후로 부부 사이가 얼마나 가까워졌는지 들어보자.

피터 아리아나와 나는 둘 다 직장에 다니고 있어서 집안일을 할 시간이 늘 모자라요. 거기에 두 아이를 돌보는 일까지 합하면 그야 말로 눈코 뜰 새 없이 바쁜 나날을 보내야 하죠.

아리아나 우리 둘 다 모든 일을 일사불란하게 해야 하는 성격이지 만, 언제 누가 할지에 대해서는 의견의 일치를 보기가 힘들었어요. 목록을 만들어서 내가 할 일과 남편이 할 일, 아이들이 할 일을 나 누어보기도 했지만 결국은 모두 미뤄두기만 하고 제가 주말 내내 혼자 다 해야 했어요.

피터 내가 도와주려고 했지만, 그게 오히려 문제의 원인인 듯했어 요. 그때만 해도 저는 집안일을 '아내를 돕는 일'이라고 생각했거든 요. 가사 책임이 우리 둘 다에게 있다는 생각을 미처 못했죠.

아리아나 맞아요. 제가 해달라고 하기 전에 남편이 스스로 찾아서 집안일을 한 적이 없었죠. 집 밖에서 하는 일, 예를 들어 잔디를 깎는다든지 배수관을 청소한다든지, 그러니까 일반적으로 '남자들이 하는 일'이라고 간주되는 일들은 잘 하는데, 집 안에서 하는 일들은 제 영역이라고 생각하는 것 같았어요. 재미있는 사실은, 우리가 그렇게 전통적인 스타일의 부부가 아니라는 거예요. 남편과 나는 다른 영역에서는 그렇게 역할을 나누지 않거든요. 그런데 어쩌다 보니 집안일에서는 구분을 하게 되었고, 그게 무척 후회가 되더라고요.

그래서 남편과 마주 앉아 결혼의 지상목표를 세웠는데, 그후로 변화가 시작되었어요. 우리에게 반드시 필요한 자질이라고 판단된 것 중 하나가 '협동'이었거든요. 어떻게 하면 좀 더 협조적인 결혼 생활을 할 수 있을까에 대해 얘기하던 중에 우리가 가사노동을 해나가는 방식에 대해서 돌아보자고 제안했죠. 가정을 유지하기 위해서 집 안팎에서 정규적으로 해야 하는 일들의 목록을 만들었어요. 예전에도 수없이 만들었던 목록이지만, 이번에는 책임을 나누지 않고 '누구든 먼저 보는 사람이 하기'로 했어요. 목표는 상대방이 해달라고 부탁할 때까지 기다리지 않는 거였죠. 두 사람 모두가 할 일을 찾아내고 시간이 허락할 때 무조건 하기로 했죠.

피터 아이들도 참여시켰어요. 아이들도 좀 게으른 편이었거든요. 바닥에 뭔가 떨어져 있으면 집어서 제자리에 갖다 놓기보다는 무심히 넘어가는 편이었으니까요. 그래서 가족 전체가 협동하는 모습을 좀 더 보여주기로 했어요. 처음에는 힘들었죠. 제 경우에는 해야 할 일들을 기억하는 게 힘들더라고요. 피곤해서 그냥 잊어버리는 날도 있었고요. 그런데 어느 날 퇴근해서 집에 와보니 아내가 지붕에 사다리를 대놓고 올라가 배수관을 청소하고 있더라고요. 전에는 항상 내 몫으로 미뤄두었는데 말이죠. 그걸 보니 '미안한 생각'이 들었어요. 그래서 내려오라고 했더니 아내가 이렇게 말하더군요. "괜찮아요. 시간이 좀 나길래, 굳이 당신한테 미뤄둘 필요가 있을까 싶어서요." 그 말을 들으니 제가 좀 더 노력해야겠다는 생각이 들었어요.

그런 식으로 노력을 하다 보니 두 사람 모두 집안일에 대해 훤히 알게 되었고, 유능하게 처리할 수 있게 되었죠. 앞서 말했듯이 처음에는 힘들었는데, 그럴 때면 '혼자 살았더라면 어차피 모두 내가 했어야 하는 일인데 결혼을 했다고 해서 못할 이유가 없지'라고 생각을 고쳐먹었죠.

아리아나 그렇게 하다 보니 결혼생활에 아주 긍정적인 변화가 나타났어요. 우선 '이 일을 누가 할 차례지?'를 놓고 다툴 일이 없어졌을 뿐 아니라, 함께 일을 하는 것도 즐거웠어요.

피터 예전에 집을 지으면서 함께 작업하던 기억이 떠올랐어요. 집 짓는 일의 일부는 우리가 직접 했거든요. 둘이 나란히 서서 페인트칠을 하고 가장자리를 다듬었죠. 그때는 정말 일심동체로 움직였던 것 같아요. 이번에도 다시 한 번 그런 경험을 해볼 기회를 맞은 것 같아요.

피터와 아리아나는 성실한 노력을 통해 서로가 조화롭게 유능성을 발휘하는 방법을 터득했다. 특별한 부부들은 이렇게 일상의 책무와 사랑을 성공적으로 성취한다. 하지만 이러한 경지에 이르기 위해서는 부단한 노력을 해야 한다. 다만 모든 경지에 이른 사람들이 그렇듯이 힘들이지 않고 자연스럽게 흐르듯이 기량을 발휘하는 것뿐이다. 특별한 부부들의 가정이 순조롭게 돌아가는 것처럼 보이는 비결은 피터와 아리아나의 이야기 속에 들어 있다. '상대방이 부탁할 때까지 기다리지 않고, 누가 할지 따지지 않는 것'. 남편과 아내가 모두 해야 할 일들을 잘 파악하고 있으며, 솔선해서 하려는 마음을 가지고 있기 때문에 굳이 상대에게 부탁할 필요가 없다. 물론 때때로 놓칠 수도 있다. 항상 '보초를 서듯이' 살 수는 없으니 말이다. 그러나 그런 경우는 어쩌다 예외적으로 발생하는 것이지 일상적인 습관은 아니기 때문에 무난히 넘어갈 수 있으며, 필요에 따라 다시 조정할 수 있다.

결혼생활을 정원에 비유해보자. 잡초를 제거해주면 다른 식물들이 잘 자라듯이, 특별한 배려를 실천하면 부부관계를 잠식할 수 있는 잡초들이 제거되어 친밀감이 보다 왕성하게 자랄 수 있다. 다음의 문제를 통해 당신의 정원을 보다 잘 가꿀 수 있게 되길 바란다.

당신의 배려 점수는?

이 장에서는 관습적인 기준과는 상충되는 개념인 특별한 배려의 장점에 대해 이야기하고 있다. 배려를 통해 친밀감을 향상시킬 수 있는 기회를 엿보기 위해 당신의 부부관계를 점검해보고자 한다면, 다음의 연습문제를 풀어보자. 정신적인 선물이란 부부간의 소통과 감사, 유희, 유머감각을 아우르는 광범위한 개념이기 때문에 다음 몇 장에 걸쳐 세부적으로 살펴볼 것이다. 여기서는 우선 부부가 각자의 역량을 조화롭게 발휘해서 친밀감을 키우는 일에 집중하기로 하자. 특히 부부관계와 가정생활에서 당신과 배우자의 강점이 상이한 영역을 떠올려보고, 그 거리를 좁혀본다는 관점에서 생각하라고 권하고 싶다. 그렇게 함으로써 각자의 유능성을 향상시키고, 고립되어 멀어질 위험을 줄이며, 진정한 의미의 친밀감을 높일 수 있다.

1부:
당신이 영향력을 발휘하는 영역 살펴보기

당신과 배우자 둘 중 한 사람이 좀 더 유능한 영역이 있을 것이다. 그 영역에서는 좀 더 유능한 사람이 더 많은 통제권을 쥐게 되기 때문에 그의 영역이라고 할 수 있다. 이러한 영역이 바로 특별한 배려를 통해 좀 더 가까워지는 기회가 될 수 있다.

다음의 영역에서 당신과 배우자의 유능성을 1-10 사이의 숫자로 표현해보자(1은 완전히 무능한 경우고, 10은 매우 유능한 경우다).

영역 1: 재무

포함되는 항목: 수입, 지출, 계획, 저축

남편 _____ 아내 _____

영역 2: 가사노동의 책임

포함되는 항목: 집 청소, 식사 준비, 쇼핑 등

남편 .... 아내 ....

영역 3: 주택

포함되는 항목: 집 수리, 정원 꾸미기, 또는 보수유지 공사

남편 .... 아내 ....

영역 4: 친교 계획

포함되는 항목: 가족과 함께하는 시간과 부부만의 시간 계획하기, 친구들과의 모임, 지역공동체 활동, 친정 및 시댁 식구들과의 모임 계획하기

남편 .... 아내 ....

영역 5: 기타

기타 영역에는 다음과 같은 항목들을 모두 포함시킬 수 있다. 자녀 양육, 성생활, 영적/종교적 활동 참여, 또는 그 밖에 세부적으로 성찰해보고 싶은 항목

선택한 항목을 여기에 적는다: ....

남편 .... 아내 ....

앞에서 얻은 점수를 확인하고 다음의 질문들에 대해 논의를 한다.

a. 앞에 언급된 영역에서 좀 더 긴밀하게 협조한다면 부부관계에

어떤 도움이 되겠는가?

b. 해당 영역에 덜 유능한 사람은 좀 더 유능해지기 위해 어떤 노력을 할 수 있는가?

c. 위에 언급된 영역들에서 좀 더 적극적으로 서로를 배려하기 위해 두 사람은 각기 어떠한 노력을 할 수 있는가?

d. 위 영역들에서 좀 더 좋은 배우자가 되기 위해 노력하는 과정에 부딪힐 수 있는 장애물에는 어떤 것들이 있을까?

e. 그 장애물들은 어떻게 극복할 수 있을까?

2부:
인지하고 깨어 있기

집안일과 관련해 유능성을 조화롭게 발휘하는 데 가장 큰 장애물은 모든 소소한 과정을 기억하는 일이다(즉, 해야 할 일들은 무엇이고, 얼마나 자주 해야 하는지를 기억하는 일). 다음 페이지에 소개된 도표는 당신과 배우자가(가능하다면 자녀들도) '눈에 보이면 한다'는 조화로운 유능성 발휘의 모범이 되는 마음가짐을 훈련하는 데 도움이 될 수 있는 가사 계획표의 예이다. 당신 부부를 위한 도표를 만드는 것도 좋을 것이다. 그런 다음 눈에 잘 띄는 곳마다 붙여둔다(배우자의 이마에 붙여놓고 싶은 생각이 들더라도 그것만은 참자).

모든 부부가 해야 할 일들을 완수하기 위해 이런 도표를 필요로 하는 건 아니다. 하지만 도움이 될 것이라 생각한다면 위의 도표를 사용해도 좋고, 개인적으로 만든 것을 사용해도 좋다.

이제 내가 앞 장에서 얘기한 내용을 좀 더 잘 이해하게 되었을 것이다. 특별한 부부는 사랑에 의해 결혼생활이 유지된다고 생각하기보다, 결혼생활의 결과로 사랑이 성숙되어간다고 생각한다. 특별한 배려 덕분이다. 나는 아내를 깊이 사랑하고, 대부분의 경우 적절한 언어표현에 능한 편이다. 그럼에도 때때로 아내가 나에게 얼마나 중요한 존재인가를 설명하려고 해도 적절한 말이 떠오르지 않을 때가 있다. 어떤 말을 생각해도 부족한 듯 느껴지기 때문이다. 그럴 때면 나는 특별한 배려로 말을 대신한다. 그것이 늘 효과가 있는 것은 아니지만, 나의 배려를 통해 말로 표현할 수 없는 아내에 대한 사랑을 전한다. 독자 여러분도 최선을 다해 나와 같은 노력을 해보기 바란다.

사랑의 완성, 결혼을 다시 생각하다

7
특별한 일치감:
서로를 부드럽게 넘나드는
사랑의 언어

나는 삶의 대부분을 여성에 대한
연구를 하면서 보냈지만, 여전히 그들이
무엇을 원하는지 잘 알지 못한다.

지그문트 프로이드

많은 사람들이 남성과 여성의 차이가 크다고 알고 있기 때문에 한 공간에서 살 수 있다는 사실 자체가 기적이라고 생각한다. 이런 사람들은 남녀관계를 얘기할 때 여성은 따뜻하고, 모성적이고, 사랑이 풍부하며, 세심하고, 낭만적이며, 남의 말을 잘 들어주고, 사려 깊으며, 협동적일 것이라고 가정한다. 반면에 남성은 풋볼과 같다고 생각한다.

이러한 대중적 가설을 뒷받침하는 유력한 연구 결과도 있다. 남성과 여성의 의사소통 양식의 차이에 대한 데보라 태넌의 연구는 많은 생각할 거리를 제공한다(그녀의 저서 《그래도 당신을 이해하고 싶다》 참조). 유명 작가인 존 그레이도 '화성-금성' 시리즈를 통해 남녀의 기본적인 차이를 관찰하고 분석해 큰 인기를 모았다.

하지만 남성과 여성의 전형적인 차이로 흔히 알고 있는 것들이 사실은 편견일 수도 있음을 지적해야겠다. 예를 들면 남성의 애정표현은 성적인 반면 여성의 애정표현은 좀 더 감성적이고 낭만적이라는 속설이나 남녀 간에 갈등이 생기면 남성은 동굴로 들어가고 여성은 말로 풀어내려고 한다는 것 등이 그렇다. 몇몇 연구에 의하면 최소한

20퍼센트의 남성과 여성은 이러한 특성이 반대로 나타난다. 이러한 통계는 두 가지 이유에서 매우 중요하다. 첫째, 남편과 아내의 소통에서 빚어지는 갈등의 상당 부분은 성차(性差)가 아닌 다른 데에 연유하고 있다는 것을 입증해준다. 둘째, 남녀관계에 관한 베스트셀러 중 하나를 읽고 나면 우리 대부분은 남녀관계에 통달했다고 생각한다. 아내는 남편을 위해 여성 고유의 역할을 이행하고, 남편들은 아내를 위해 남성 고유의 역할을 이행할 것이며, 그러면 모두가 영원히 행복하게 살 수 있다고. 하지만 세상에는 도저히 이러한 틀에 맞춰지지 않는 수많은 남편과 아내들이 있다. 그뿐 아니라 남성과 여성은 감성적, 언어적 표현 능력에 있어 확연한 차이를 보이는 것으로 흔히 알려져 있지만, 특별한 결혼생활을 하는 남성과 여성은 그런 차이를 보이지 않는다는 것도 이견의 여지가 없는 사실이다. 가트맨 박사가 널리 인정받는 그의 저서 《왜 결혼은 성공하기도 하고 실패하기도 하는가》에서 말했듯이, "행복한 결혼생활을 하는 대다수의 부부들은 감성표현에 있어 남녀의 차이를 보이지 않는다. 그런데 결혼생활이 불행해지면 남녀의 모든 차이들이 드러나기 시작한다."

이러한 견해는 2장에서 언급한 구조선 유형의 부부가 남녀 차이로 인한 간극이 가장 크고, 평범한 단계의 부부는 그보다 간극이 작으며, 특별한 부부는 그런 문제가 드러나지 않는다는 관찰 결과와도 일치한다. 이러한 사실을 총체적으로 정리해보면 이렇다. 특별한 단계에 이르지 못한 남편과 아내는 화성과 금성에서 왔지만, 특별한 남편과 아내들은 모두 지구 원주민이다.

그들은 어떻게 그럴 수 있을까?

특별한 일치감은 특별한 남편과 아내가 정서적으로도 통하고 서로 소통할 수 있는 동료가 되게끔 하는 비결이다. 또한 앞 장에서 언급한 정신적 배려의 일면이기도 하다. 특별한 일치감의 핵심은 소통과 감정표현 면에서 특별한 배려를 실천하는 것이다. 특별한 일치감은 다음의 두 단계를 통해 성취할 수 있다.

1. 여성과 남성을 화합시키는 인간의 보편성에 대한 이해.
2. 사랑을 주고받는 개인의 고유한 방식, 즉 '사랑의 언어'를 이해하고 습득하기.

다음 몇 페이지에서 각각에 대해 좀 더 자세히 살펴보자.

인간의 보편성을 이해하라

남성과 여성은 성장 과정부터 다르다. 경험하는 것도 다르고 생리학적으로도 다르다. 그러나 사회학적인 측면에서 보면 남성이든 여성이든 성숙해가면서 두 그룹 중 하나에 속하게 된다. 첫 번째 그룹을 '동성친구 그룹'이라고 하자. 이 그룹에 속하는 젊은 남성들은 대부분 남성 친구들과 어울리고, 여성은 여성 친구들과 어울린다. 이성 그룹에 대해서는 잠재적인 연애/섹스 상대라는 의미 외에는 별다른 의미를 부여하려 들지 않는다. 이런 그룹에 속하는 사람들은 영화 〈해리가 샐리를 만났을 때When Harry Met Sally〉에서 빌리 크리스탈Billy Crystal이 한 말에 동의할 것이다. "남자와 여자 사이에는 성적 긴장감이 작용하기 때문에 친구가 될 수 없어." 이런 부류의 사람들은 서로 연애하는 데 필요한 규칙은 습득하지만, 서로에게 친구가 되어주는 데 필요한 규칙은 익히지 않는다.

두 번째 그룹은 '혼성친구 그룹'이라고 하자. 이 그룹에 속하는 젊은이들은 이성 사이에도 플라토닉한 우정을 쌓아가며 서로 자유롭게 친구가 된다. 물론 어느 정도의 성적 긴장감이 작용할 수도 있지만, 대부분의 경우 이들 사이에 생겨나는 다방면의 건강한 우정에 따르는 부차적인 감정일 뿐이다.

동성친구 그룹에 속한 남성과 여성이 결혼을 하게 되면 불리한 상황을 맞이할 수 있다. 이들은 동성친구들과 많은 시간을 보냈기 때문에 사회화가 완성되었다고 볼 수 없으며, 따라서 이성의 관점에서 보는 많은 것들을 이해하지 못한다. 그러다 보니 제한된 경험을 통해 얻은 편견에 집착하게 되는데, 이런 좁은 견해는 좀 더 원만한 사회화 과정을 거쳤더라면 자연스럽게 털어버릴 수 있었던 것들이다. 동성친구 그룹과 어울리면서 얻는 기본적인 깨달음은 이렇다. '남자는 A의 방식으로 행동하고 B의 방식으로 자기표현을 하기 때문에 남자다. 여자는 X의 방식으로 행동하고 Y의 방식으로 자기표현을 하기 때문에 여자다. 따라서 이 둘은 서로 조화를 이룰 수 없다.' 이 그룹에 속하는 부부들에게는 결혼상담을 해줄 때도, 남편과 아내가 사회적 경험이 부족한 탓에 이성간의 소통방법을 터득하지 못한 상태이므로 결혼생활의 문제 자체를 들여다보기보다는 치유적인 사회적 기술을 가르치는 방법을 택할 수밖에 없다.

이와는 반대로 혼성친구 그룹과 어울리면서 자란 남성과 여성은 사회성과 감성표현 능력, 소통의 기술이 훨씬 잘 발달되어 있다. 일상적으로 경험하는 다양한 상호작용을 통해 상대방이 문제에 대처하거나 감정을 나누고 우정을 쌓아가는 방식과 규칙들을 터득했기 때문이다. 결과적으로 이 그룹에 속하는 남성과 여성은 실생활에서 시행착오를 겪으면서 성공적인 소통방식은 통합하고 그렇지 못한 것은 버리는 과정을 통해 남녀 사이의 일치감을 함양시킬 수 있는 규칙과 소통의 법칙을 찾아낸다.

또한 혼성친구 그룹 안에서 자라난 남성과 여성은 특별한 배려를 훨씬 더 잘할 수 있다. 앞 장에서 언급했듯이 특별한 배려란 배우자가 원하는 것을 충족시켜주기 위해 자기가 기존에 가지고 있는 기술과 안락함의 한계에 도전하려는 의지다. 그런데 혼성친구 그룹에 속해 있는 젊은 남녀는 아주 어릴 때부터 이런 도전을 하게 된다. 그룹 내에서 서로를 이해하려면 남자들은 기본적인 '남성적' 방식을 초월해야 하며, 여성도 기본적인 '여성적' 방식 너머로 나아가야 하기 때문이다. 그러는 과정에서 남녀 모두 진정한 우정을 쌓으려면 편안한 한계 너머로 손을 내밀어야 한다는 사실을 깨닫게 된다. 물론 그에 대한 보상은 남성과 여성의 한계를 초월하여 완전히 통합적인 사람이 되는 것이다. 혼성친구 그룹에서 자란 남녀는 '남자는 A의 방식으로 행동하고 B의 방식으로 자기표현을 하기 때문에 남자다. 여자는 X의

방식으로 행동하고 Y의 방식으로 자기표현을 하기 때문에 여자다'라
는 주장이 간과하는 훨씬 더 위대한 진실을 알고 있다. 그중에도 특
히 중요한 것은 사랑과 온정, 이해, 연민, 소통, 합리성, 애정 등 행복
한 결혼생활에 필수적인 자질을 남녀가 똑같이 타고났다는 사실이다.
남녀가 모두 이런 역량을 타고났으므로 자신에게 충실하기 위해서는
이런 자질을 최대한 발휘해야 한다. 그렇게 할 때 남성성과 여성성은
화성과 금성의 연합 댄스파티에서 탐색전을 위해 어설프게 구사하는
각기 다른 언어가 아니라, 인간의 보편성을 표현하는 프리즘의 역할
을 할 수 있을 것이다.

특별한 일치감을 이루기 위한 첫 번째 단계는 남성과 여성의 기본
적인 차이를 조율하는 일이지만, 차이점을 조율하는 문제는 이 책에
서 다루고자 하는 범주에서 한참 벗어나 있다. 그런 주제는 특히 게리
스몰리 Gary Smalley 의 《평생 사랑받는 결혼생활을 위한 비밀 열쇠 Hidden
Keys to a Loving Lasting Marriage》, 존 그레이의 '화성 – 금성' 시리즈, 데보라 태
넌의 《그래도 당신을 이해하고 싶다》 등의 저서들에서 심도 있게 다
루고 있다.

독자 여러분 중에 남성과 여성의 기본적인 거리감을 극복하기 위
해 도움이 필요하다면 이런 책들을 추천한다. 하지만 화성과 금성의
단계를 넘어서 '이젠 어떻게 하지?'를 고민하는 부부들은 이 장의 나
머지 부분에서 특별한 일치감을 얻기 위한 두 번째 단계를 살펴보면
'사랑의 언어'를 유창하게 구사하게 될 것이다.

사랑의 언어

이 책에서 '사랑의 언어'라고 지칭하는 것은 원래 언어학자인 존 그라인더^{John Grinder}와 수학자인 리처드 벤들러^{Richard Bandler*}가 착안해낸 말이다.

　사랑의 언어는 크게 세 가지로 나눌 수 있는데, 이는 사람들이 저마다 사랑을 주고받는 기본적인 세 가지 방식이다. 개개인이 가장 우선적으로 사용하는 사랑의 언어는 그 사람에게서 가장 발달한 감각(시각, 청각, 촉각)에 의해 결정된다. 예를 들어 시각이 가장 발달되어 있는 사람이라면 시각적인 사랑의 언어를 선호할 것이다. 따라서 배우자에게도 카드나 꽃, 작은 선물, 사랑의 편지, 촛불장식과 함께 잘 차려진 식사 등을 통해 사랑을 표현한다. 이런 사람은 누군가와 가까워지려면 그 사람의 마음을 볼 수 있어야 한다("사랑한다고 말만 하지 말고, 입증해 보여줘!"라는 식이다). 배우자가 사랑을 표현하는 방법 중에서도 눈으로 볼 수 있는 것을 선호한다. 그러므로 '분위기'를 잡으려고 할 때에도 낭만적인 조명, 레이스로 된 속옷, 실내 분위기가 섹스 그 자체만큼 중요하다.

---

* 벤들러와 그라인더가 처음부터 연인관계에 관심을 가졌던 것은 아니다. 이들의 애초의 관심사는 효과적인 의사소통 양식과 일치감을 구축하는 일반적인 전략을 연구해서 문서로 남기는 것이었다. 그러나 훗날 이들의 연구는 인간관계를 설명하는 데 많이 응용되었으며, 특히 결혼상담치료사였던 레슬리 카메론-벤들러(Leslie Cameron-Bandler)는 자신의 저서 《솔루션스(Solutions)》에 벤들러와 그라인더의 연구를 비중 있게 인용했다.

당신이 만약 청각이 가장 발달된 사람이라면, 청각적인 사랑의 언어를 선호할 것이다. 매일 50만 번씩 '사랑해'라고 말해주기를 바라고, 모든 것에 대해서 긴 대화를 해야 하며, 장난기 가득한 목소리로 배우자의 애칭을 부르는 등 당신에게 배우자가 얼마나 특별한 존재인가를 표현할 수 있는 모든 가능한 방법을 동원할 것이다. 청각적인 사랑의 언어를 선호하는 당신이 누군가와 친밀감을 느끼려면 대화를 해야 한다. 그러므로 당신은 '대화하지 않으면 사랑하지 않는 것이다'를 암묵적인 진리로 받아들인다. 섹스를 할 때에도 배우자가 당신을 얼마나 즐겁게 해주는지 말로 표현하려 하고, 배우자에게 당신이 상대방을 즐겁게 해주고 있다는 말을 듣고 싶어한다. 격정의 순간에도 상대가 언어적으로 더 많이 표현하고, 더 크게(동시에 더 흥분된 어조로) 표현할수록 더 좋다는 뜻으로 받아들인다. 그리고 당신도 똑같은 방식으로 사랑받고 싶어한다.

마지막으로 촉각이 가장 발달된 사람이라면 운동감각과 관련된 사랑의 언어를 선호한다. 이 사람이 가장 좋아하는 것은 '그저 함께 있는 것'이다. 말 없이 나란히 앉아 오후 시간을 보내거나, 소파에서 뒹굴 거리기 등 '서로 닿아 있다는 느낌'을 주는 모든 행위가 즐거움의 원천이 된다. 섹스를 할 때는 시각적인 사람들이 좋아할 이런저런 '소품'(레이스로 된 속옷이나 촛불 등)이나 청각적인 사람들이 좋아하는 언어적 표현들은 정신을 산만하게 하기 때문에 좋아하지 않는다. 그보다는 자연적인 감정의 흐름을 따라 배우자와 호흡하기를 더 좋아하며 가능한 한 빨리 '절정'에 다다르고 싶어한다. 그리고 배우자도 같은 방식으로 자신을 사랑해주기를 바란다.

이처럼 감각에 근거한 언어를 관계에 적용하는 것은 새로운 개념이지만, 교육심리 분야에서는 감각에 근거한 의사소통의 개념이 이미 여러모로 광범위하게 검증되었다. 좀 더 정확하게 설명하기 위해 잠시 대학원 시절에 배웠던 내용을 간단히 정리해보겠다. 학생들마다 각기 다른 학습유형을 통해 배우기 때문에 교사들은 학생의 학습유형을 파악하기 위해 많은 시간을 들인다. 예를 들어 읽고 쓰면서 공부할 때 효과가 좋은 학생은 시각적 학습유형으로 분류한다. 강의나 노래, 또는 '설명을 해줄 때' 학습효과가 좋은 학생은 청각적 학습유형으로 분류하며, 마지막으로 실습 프로젝트나 활동을 하면서 학습할 때 효과가 좋은 학생은 운동감각적 학습유형으로 분류한다. 학습유형들은 시간이 지남에 따라 바뀔 수도 있지만, 신경학적 기초에 근거한 것이기 때문에 완전히 달라지거나 와해되는 일은 없다. 이렇게 학습유형은 가장 잘 발달된 감각에 따라 정해진다. 그리고 성인이 되면 그 사람의 학습유형이 곧 소통의 유형으로 나타나며, 필요에 따라 가장 능숙한 사랑의 언어가 되는 것이다.

여기서 독자들 중에는 '잠깐, 인간에게는 다섯 가지 감각이 있어. 그러니 사랑의 언어가 정말 감각에 근거한 거라면, 그것 역시 다섯 유형이어야 하지 않아?'라고 생각하는 사람이 있을 것이다. 간단히 답을 하자면 배우자를 얼마나 사랑하는지 냄새를 맡아볼 방법은 없기 때문이라고 말할 수 있다. 솔직히 말하자면, 그런 방법이 있다고 해도 별로 알고 싶지는 않다.

좀 더 진지하게 답을 하자면, 그렇다, 감각 언어에는 다섯 가지가 있다(벤들러와 그라인더는 이를 '인체의 감각적 양상'이라고 한다). 하지만 대부분의 경우 미각과 후각보다는 시각, 청각, 촉각이 잘 발달되어 있기 때문에(좀 더 실질적이기도 하고), 이 세 가지를 주된 사랑의 언어로 보는 것이다. 우리 대부분에게 후각적/미각적 사랑의 언어는 매우 낯선 언어일 것이다. 이 언어들은 아주 희귀한 '방언'과 같기 때문에 여기서 다루기에는 적합하지 않다. 그래도 후각적/미각적 사랑의 언어에 대한 제대로 된 설명을 읽고 싶다면, 이사벨 아옌데Isabel Allende가 펴낸 요리책인 동시에 인간관계에 관한 책인《아프로디테: 감각을 위한 회고록Aphrodite: A Memoir of the senses》을 참고하기 바란다. 한 가지 예로서 아옌데가 라디오 방송 〈프레시 에어Fresh Air〉라는 프로에 나와서 한 이야기를 소개하겠다. 아옌데는 남편과 싸우고 나면 냄새가 강렬한 버섯 스프를 끓인다고 한다. 이 스프가 끓는 냄새는 곧 아옌데가 화해할 준비가 되어 있다는 신호이고, 그것을 알아차린 남편은 어디서든 곧바로 아옌데 곁으로 간다고 한다.

다음의 연습문제를 풀어보면 당신과 배우자가 세 가지 사랑의 언어 중에서 어느 유형의 언어를 가장 능숙하게 사용하는지 알 수 있을 것이다.

사랑의 언어에 관한
연습문제

우리가 사랑을 주고받을 때는 하나 또는 두 개의 감각을 주로 사용한다. 다음에 열거된 항목들은 사랑의 언어유형과 관련하여 가장 두

드러진 특징, 말하는 양식, 취향들이다. 본인에게 해당되는 항목에는 'M'(나), 배우자에 해당되는 항목에는 'P'(파트너)를 적어보자. 각각의 유형마다 몇 개씩은 본인에게 해당되는 항목이 있을 것이다. 해당하는 항목이 가장 많은 유형이 당신이 주로 사용하는 사랑의 언어다.

시각적인(보는) 사랑의 언어

_____ 사랑을 드러내 보여주기를 바란다.

_____ 꽃, 사랑편지, 카드 등이 (좋아하는 정도를 넘어서) 무엇보다 중요하다.

_____ '어떻게 보여주는가'도 매우 중요하다(멋지게 포장된 선물, 훌륭한 장식을 곁들인 잘 차려진 식사 등).

_____ 조명은 분위기를 잡는 데 반드시 필요하다.

_____ 나는 시각적 자극에 민감하다(가령 못 견디게 불편하더라도 섹시해 보이는 레이스로 된 속옷).

_____ 옷차림은 중요하다. 멋있어 보이는 것이 편안함과 실용성보다 중요하다.

_____ 책상을 포함해서 눈에 보이는 곳은 말끔하게 정리한다. 하지만 책상서랍과 벽장은 엉망이다. 눈에서 멀어지면, 마음에서도 멀어지니까.

_____ 나는 항상 계획을 짜고 효율적으로 일을 진행하기 때문에 한 번에 100가지 프로젝트도 진행할 수 있다.

_____ 나는 장식이나 시각예술(사진, 미술)에 소질이 있다.

_____ 내 앞에 어떤 종류의 무더기를 가져다놓아도 질서정연하게

정리할 수 있다.

_____ 스트레스를 받으면 청소하고 정리하는 습관이 있다.

_____ 종종 공상에 잠기곤 한다.

_____ 나는 말이 빠르고 많은 단어를 사용한다.

_____ 나는 소심한/합리적인/섬세한 편이다.

_____ 나는 생생한 묘사가 되어 있는/그림이 있는 책을 좋아한다.

_____ 일기 쓰기, 계획 세우기, 목록 작성하기를 좋아한다.

_____ 도표나 그래프, 그 밖의 시각적 자료들에 많이 의존한다. 뭔
가를 보면서 배우는 것이 효과적이다.

_____ 말을 할 때 시각과 관련된 표현을 많이 사용한다. 예를 들면,
"내가 말하는 핵심을 봐" "초점을 맞춰야겠어" "상상해봐" "모
호해 보여" "명확하게 보여" "너를 보면 알 수 있어" "새로운
관점에서 모든 걸 보게 되었어" "아무런 반응도 보이지 않아"
라는 표현을 습관적으로 사용한다.

해당하는 개수: 나 _____   파트너 _____

청각적인(듣는) 사랑의 언어

_____ 나는 '사랑해'라는 말을 들어야 사랑받고 있다는 느낌이 든
다.

_____ 나는 모든 것에 대해 끊임없이 말을 하고, 모든 주제에 대해
나의 의견이 있다.

_____ 하루에도 몇 번씩 '사랑해'라는 말을 듣고 하기를 좋아한다.

_____ 모든 생각과 감정을 '말로 풀어내는 것'이 매우 중요하다고
느낀다.

_____ 나는 상대가 나에게 말을 걸어올 때 나를 사랑한다고 느낀다.

_____ 나에게 '그냥 하는 질문'이란 없다. 나는 모든 질문에 답을 한
다.

_____ 나는 음악과 시를 좋아한다.

_____ 말을 할 때 특정한 리듬이나 다양한 어조를 사용한다.

_____ 다른 사람의 어조에 상당히 민감한 편이다.

_____ 혼자서 흥얼거리거나, 휘파람을 불거나, 중얼거리는 편이다.

_____ 뭔가 소리가 나는 게 좋아서 항상 라디오나 TV를 틀어놓는
편이다.

_____ 소리(음악, 어조)에 의해서 기분이 좌우된다.

_____ 낭만적인/감성적인 대화, 그리고/또는 성적인 대화를 하면
흥분된다.

_____ 싸움을 하다 보면 그만둘 타이밍을 놓칠 때가 많다. 그럴 때
면 상대가 듣든 말든 이 방에서 저 방으로 상대방을 따라다
니며 말을 한다.

_____ 스트레스를 받으면 말로 풀려고 한다. 하지만 스트레스가 극
심할 때는 아무 말 하지 않고 조용히 있어야 마음이 가라앉
는다.

_____ 나는 전화 통화를 자주 하는 편이다. 거의 끊임없이.

_____ 마지막 말은 항상 내가 하려는 편이다.

_____ 나는 말을 할 때, "내 말 좀 들어봐""네 어조를 들으니 알겠

어" "네 생각을 듣고 싶어" "우리 대화하자" "그냥 내 말을 듣기만 해" "소리를 지르고 싶었어"와 같은 청각적 비유를 자주 사용한다.

해당하는 개수: 나 _____ 파트너 _____

운동감각적인(신체접촉) 사랑의 언어

_____ 나는 배우자가 나를 만질 때 사랑받는다고 느낀다.

_____ 조용히 배우자와 함께 있는 시간이 참 좋다.

_____ 우리가 항상 대화를 하거나 관계를 위해 노력을 해야 하는 것은 아니라고 생각한다.

_____ 나는 다른 어떤 애정표현보다도 서로 만지고 포옹하는 것을 좋아한다.

_____ 옷은 편한 것이 좋다. 보기 좋은 것은 그 다음이다.

_____ 나는 말싸움을 하다 보면 쉽게 지치고 비난받는다는 생각이 든다. 그리고 적절한 말이 떠오르지 않는다.

_____ 결정을 잘하지 못한다. 매사에 합리적인 이유를 말하기보다는 행동으로 대응한다.

_____ 나는 정리를 잘하지 못한다.

_____ 나는 늘 최소한의 반응을 보이는데, 말보다는 몸짓, 푸념소리, 또는 어깨를 들썩이는 것으로 대신하는 편이다.

_____ 스트레스를 받으면 운동을 하거나 스파에서 온수목욕이나 마사지, 낮잠을 즐기는 등의 신체활동을 통해 푼다.

.... 나는 애무나 포옹, 키스, 마사지 등의 신체 접촉을 하면 흥분된다. 육체적인 애정표현을 시작하면 섹스까지 가지 않고 중간에 그만두기가 힘들다.

.... 언쟁을 하고 나면 신체접촉(포옹이나 섹스)을 통해 '우리 사이가 아직 괜찮다'는 것을 확인해야 한다.

.... 나는 스포츠와 여타의 신체활동을 좋아한다.

.... 나는 계획 세우는 것을 좋아하지 않는다. 왜냐하면 당일에 내가 무엇을 하고 싶을지 알 수 없으니까.

.... 가끔 어떤 기분이나 감정에 빠져 헤어나오기 힘들 때가 있다. 그럴 때는 어떤 일을 하도록 스스로 동기를 부여하기 힘들다.

.... 나는 직접 해보면서 배운다.

.... 나는 읽기를 싫어한다. 독서보다는 '액션' 영화 보는 것이 더 좋다.

.... 나는 말을 할 때, "감을 잡았어" "내가 처리할게" "쉽게 생각해" "우리 정말 통하네" "그런 느낌이 들어"와 같은 물리적 비유를 많이 사용한다.

해당하는 개수: 나 .... 파트너 ....

사랑의 언어로 인한 오해들

앞에서 볼 수 있듯이 사랑의 언어들 사이에도 이렇게 큰 차이가 있다. 따라서 부부가 각기 다른 언어를 사용하는 경우 의사소통에 심각한 오해가 발생할 수 있다. 하나의 언어에 통달하고 나면 다른 언어는 무시하거나 가볍게 여기게 되고, 그 언어로 표현되는 상대의 메시지를 '이해하고 공감하기가 어려워'지기 때문이다. 예를 들어 당신이 주로 청각적 사랑의 언어를 구사한다면, 당신은 하루에도 몇 번씩 시각적 언어를 사용하는 배우자에게 "사랑해"라고 말할 것이다. 그런데 당신에게는 그런 행위가 매우 의미 있는 일이겠지만, 배우자의 입장에서는 '사랑한다고 '말하기'는 쉽지. 하지만 왜 한 번도 뭔가를 '보여주지'는 않는 거야?'라고 생각할지도 모른다. 반대로 시각적인 배우자는 당신에게 사랑의 편지를 쓰고, 카드를 보내고, 낭만적인 분위기를 조성하기 위해 세심한 배려를 할 것이다. 당신은 그런 모든 노력을 감사하게 생각하기는 하지만, 한편으로는 '왜 한 번도 나에게 자기 감정을 얘기하지 않는 거지?'라고 의아해할 수 있다(시각적인 사람들은 생각을 머릿속에 담아두는 경향이 있다).

이번에는 당신이 가장 이해하기 어려운 운동감각적 사랑의 언어를 사용하는 사람과 결혼했다고 가정해보자(운동감각적 사랑의 언어는 '전형적인 남자들의 언어' 유형으로 간주되어왔지만, 최소한 20퍼센트의 여성도 이러한 성향을 지닌다는 점을 기억하라). 운동감각적인 언어를 쓰는 배우자에게는 물리적인 요소가 매우 중요하다. 배우자와 '교감을 한다'고 느끼기 위해서는 말 그대로 '만질 수 있어야' 한다. 아무리 많이 만지고, 잡고, 포옹하고, 키스하고, 함께 뒹굴고, 섹스를 해도 충분하다고 생각하지 않는다. 그러나 대화를 할 때에는 아주 짧은 시간에 참을성의 한계를 드러낸다(말이 많은 사람과 함께 있을 때 분노로 이글거리는 눈빛을 보면 알 수 있다). 시각적으로 낭만적인 요소들(카드, 꽃, 예쁜 포장지)은 자신에게 별로 감흥을 일으키지 않기 때문에 별로 의미를 두지 않는다. 운동감각적인 사랑의 언어를 주로 사용하는 사람은 그저 조용히 나란히 앉아 있거나, 곁에 있어주는 것, 손을 잡고 함께 있는 시간을 좋아한다. 그렇다고 운동감각적인 사람들이 게으르다는 뜻은 아니다(오히려 이들은 굉장히 열심히 일을 하는 편이다). 다만 사랑을 표현하기 위해 애쓰지 않는다는 뜻이다.

이들은 말이 많지 않으며 대부분의 사람들이 낭만적이라고 생각하는 행위들에 별로 소질이 없다. 운동감각적인 사람들이 낭만을 표현하는 최고의 방식은 배우자로서 일상적인 책무를 성실히 수행하는 것이다. 운동감각적인 배우자는 대부분 소소한 배려를 말없이 베푼다(자기가 한 모든 행동에 대해 피드백을 듣고 싶어하는 청각적인 배우자나 자기의 행동을 당신이 보았는지 확인하고 싶어하는 시각적 배우자와는 이 점에 있어서 매우 대조적이다). 운동감각적인 배우자는 당신의 삶을 좀 더 편안하게 만들어주는 것으로 자신의 사랑을 표현한다. 커피를 타준다든지, 세차를 해준다든지, 집 청소나 청구서 지불 등을 대신 해준다. 시각적인 유형과 청각적인 유형의 사람은 이런 점을 못마땅해하는 경우가 많다. 운동감각적인 배우자의 이런 행동을 '어차피 해야 하는 일을 하면서 점수를 따려는 것'으로 간주하고 비난하기 일쑤다. 시각적인 유형과 청각적인 유형은 사랑이란 뭔가 수선을 떨면서 표현해야 하는 것이라고 생각한다. 반면에 운동감각적인 유형은 사랑을 삶으로, 느낌으로, 그리고 존재 자체로 본다. "왜 항상 애를 쓰면서 모든 것을 분석해야 하지? 그냥 함께 있으면 되는 거 아닌가?"

운동감각적인 성향이 강한 사람은 스트레스를 받으면 혼자 일을 하거나 운동을 한다. 그래서 친해지기 전에는 금욕주의자나 냉정한 사람처럼 보일 수도 있다. 이들은 실제로 주위 환경에 익숙해지기 전에는 사람들의 무리에서 벗어나 조용히 언저리에 머무는 편이다. 종종 감정이 무딘 사람으로 오해를 받기도 하지만, 절대 그렇지 않다. 운동감각적인 유형은 촉각이 매우 예민하기 때문에 (머릿속에 떠도는 생각에 잠겨서 사는) 시각적인 유형이나 (대화의 주제에 따라 감정이 변하는) 청각적인 사람보다 신체적으로 경험하는 감정의 폭이 훨씬 깊고 강렬하다. 다만 운동감각적 성향이 강한 사람들의 문제는 자신의 감정을 드러내거나 그것에 대해 말하지 않고 느끼기만 한다는 사실이다. 언쟁을 할 때에도 이들은 쉽게 지치기 때문에 상대방의 말을 멈추기 위해 동의를 해준다거나, 더 이상 참을 수 없게 되어 폭발적인 반응을 보인다. 결정을 할 때도 그 순간의 기분에 따라 충동적으로 판단을 한다. 또한 함께 어떤 계획을 세우려고 해도 나중에 실행을 해야 할 시점이 왔을 때 자기가 어떤 마음일지 모르기 때문에 미리 약속을 하고 그것에 매이는 것을 몹시 싫어한다. 이러한 특징 역시 모든 주제에 대해 논쟁하기를 좋아하는 청각적 유형이나 모든 일정표를 (눈에 보이면 제대로 실천할 테니까) 세 부씩 복사해서 욕실에도 붙여놓는 시각적 유형과 크게 다른 부분이다.

두 가지 다른 사랑의 언어가 충돌할 때 어떤 상황이 벌어지는지 좀 더 구체적으로 설명하기 위해 내 이야기를 예로 들어보겠다. 나는 주로 시각적 사랑의 언어를 사용하고 청각적 언어를 부차 언어로 함께 사용한다. 반면에 아내는 운동감각적 언어 성향이 가장 강하고 청각적 언어 성향이 그 다음이다. 긴 사랑의 대화를 할 때면 우리는 아무 문제없이 서로의 마음을 전한다. '사랑해'라는 말을 하루에도 백 번쯤 하고, 청각적 유형이 흔히 하는 모든 사랑의 표현들을 하면서. 그러나 그 외의 영역에 있어서는 합일점을 찾지 못하는 경우가 많다. 나는 집에 올 때 카드와 꽃을 사오고, 그러면 아내는 "고마워요, 여보"라고 말한 다음 꽃을 식탁에 올려놓은 채 일주일씩 방치해둔다. 그 모습을 보면 '어떻게 저렇게 무심할 수 있을까?'라는 생각이 절로 든다. 유리 상자에 넣어서 온 천하에 자랑을 하지는 못할망정, 어떻게 저렇게 방치해둔단 말인가!

내가 그런 생각을 하는 동안 아내는 소파에 앉아서 내게 말한다. "이리 와서 안아줘요. 왜 우리는 늘 이렇게 분주하죠? 그냥 같이 앉아 있고 싶어요."

이 시점에서 나를 좀 이해해주기 바란다. 지금은 많이 달라졌지만, 예전의 나에게 가장 견디기 힘든 일을 들라면 바로 '가만히 앉아 있는 것'이었다. 아내와 함께 앉아 있기가 싫은 것이 아니다. 가만히 앉아 있다 보면 눈길 닿는 곳마다 해야 할 일들이 눈에 보인다. 테이블 위에 쌓여 있는 먼지가 눈에 들어오거나 비뚤어진 사진액자가 보이면 즉시 손대지 않고는 못 견디는 성격이었다. 아내와 내가 사랑의 언어에 대해 배우기 전까지 우리는 서로를 도저히 같이 살기 힘든 사람이라고 생각했다.

나 가끔은 당신이 카드나 꽃을 선물해주었으면 좋겠어(내가 당신에게 하듯이 말이야).

아내 그건 누구라도 할 수 있는 일이에요. 이리 와요, 내가 안아줄게요.

나 나를 안아준다고? 맙소사, 당신은 너무 그런 쪽으로만 생각하는 것 같아!

· · ·

나 토요일에 뭘 할지 계획을 세워야겠어(시각적인 사람은 앞으로 다가올 시간을 떠올릴 때, 머릿속에 그려진 달력이 비어 있는 걸 견디지 못한다).

아내 토요일 아침에 일어나서 하고 싶은 걸 하면 되잖아요(운동감각적인 유형은 뭔가에 매여 있다가 나중에 하기 싫어지는 상황을 아주 싫어한다).

나 이해를 못하겠군. 기분 전환할 계획을 세우자는데 왜 싫은 거지?

아내 왜 그렇게 신경을 곤두세우는 거죠?

아무리 자기의 생각을 상대방에게 이해시키려고 애를 써도 소용이 없었다. 상대방의 말을 이해할 수 있는 사고 구조를 가지고 있지 않았기 때문이다. 결국에는 각자 상대방이 무심하고, 배려심도 없으며, '내게 무엇이 중요한지를 기억할 만큼 나를 사랑하지 않아'라고 생각하게 되었고, 때로는 더 부정적인 생각까지도 했다. 하지만 우리 부부가 각자 어떤 사랑의 언어를 사용하는지 알고 나자 우리가 원하는 만큼 사랑을 표현하고 느끼지 못하는 이유가 서로 사랑하지 않아서가 아니라는 사실을 깨달을 수 있었다(말하자면 노력을 열심히는 했는데, 지혜롭게 하지는 못했던 것이다). 우리는 단지 서로 다른 사고와 감성의 구조를 가지고 있었을 뿐이다. 하지만 방법을 알고 나니, 우리 사이에 이미 흐르고 있던 사랑의 진정한 깊이를 이해하기 위해 스스로를 '재구성'할 수 있었다.

또 다른 사랑의 언어를 구사하고, 이를 즐길 수 있도록 스스로를 재구성할 수 있다고 하면 사람들은 종종 놀라움을 표시한다. 사랑의 언어가 신경학적인 연결구조에 근거한 것이라는 생각 때문에 사람들은 물리적으로 신경회로를 꺼내 뇌의 다른 부위에 연결하지 못하는 한 사랑의 언어도 바꿀 수 없다고 생각하기 때문이다. 그런데 사실은 신경회로의 연결구조도 바꿀 수 있다. 왜냐하면 신경회로의 연결구조는 경험에 의해 만들어지는데 그 의존도는 우리가 생각하는 것 이상이기 때문이다. 말하고 생각하는 아주 단순한 경험도 신경회로의 구조와 화학작용에 지대한 영향을 미친다. 제프리 슈워츠Jeffry Schwartz 박사가 그의 저서《사로잡힌 뇌, 강박에 빠진 사람들Brain Lock》에서 소개한 연구를 예로 들어보면, 강박 신경증(강박적으로 손을 씻거나 머리카락을 잡아당기거나 전등 스위치를 확인하는 증상들)을 앓고 있는 사람들에게 12주 동안 인지행동치료(기본적으로 '행하게 될 때까지 그런 척하기' 훈련을 반복하는 치료)를 받게 했더니 행동 면에서 증세가 호전되었을 뿐 아니라 양전자 방출 단층촬영PET을 통해 관찰한 두뇌활동에도 눈에 띄는 변화가 감지되었다고 한다. 피실험자들은 단지 12주 동안 행동을 달리함으로써 뇌 미상핵의 연결회로를 재구성할 수 있었던 것이다. 정신건강을 향상시키기 위해서든, 사랑의 언어에 능통하기 위해서든 신경회로의 재구성은 충분히 가능한 일이다. 새로운 경험을 향해 마음을 여는 순간 이미 우리의 뇌에서는 그러한 일이 일어나기 시작한다.

　거의 모든 사람들이 오감을 가지고 있기 때문에 거의 모든 사람들이 신경회로를 재구성하기만 하면 모든 사랑의 언어에 능통해질 수 있다. 거의 대부분의 사람들이 한두 가지 사랑의 언어를 주로 사용하지만, 그 외의 언어도 아주 조금씩이나마 사용하는 경우가 많다. 그런데 그 언어들까지 완전히 능통하게 될 수 있는가는(그렇게 됨으로써 특별한 일치감을 온전하게 맛볼 것인가는) 결혼생활에서 특별한 배려를 실천하려는 의지가 얼마나 확고한가에 달려 있다. 이 장의 첫머리에서 특별한 일치감이란 정신적인 배려가 그 결과를 드러내는 것이라고 했던 것을 기억할 것이다(말하자면 배우자의 정신적인 안녕을 위해 현재의 편안함과 능력 수준을 넘어 도전하고 노력하려는 의지의 결실이라는 뜻이다). 앞으로 몇 페이지에 걸쳐 결혼생활에서 특별한 일치감을 성취하는 단계들을 살펴보면서 이러한 개념을 좀 더 명확하게 이해할 수 있을 것이다.

'당신이 어떤 사람인가'와 '당신이 좋아하는 것'

특별한 단계에 못 미치는 결혼생활을 하고 있는 부부들은 자기가 어떤 사람인가와 자기가 좋아하는 것을 혼동하는 경향이 있다. 평범한 단계와 구조선 유형의 부부들의 경우 배우자가 특정 관심사를 함께 나누자고 하거나, 특정 방식으로 애정표현을 해주길 원하면, 정도의 차이가 있긴 하지만 흔히 다음과 같은 말로 회피한다. "나는 그런 사람이 아니야." "그건 내가 아니야."

그러나 스포츠를 싫어하는지 좋아하는지, 아니면 쇼핑이나 레이스로 된 속옷, 클래식 음악, 몬스터 트럭 경주, 감성적인 대화, 꽃 전시회, 발레, 패스트푸드, 공공장소에서 애정표현하기, 또는 오렌지색 등을 싫어하는지 좋아하는지는 '당신이 누구인가?' 하는 질문과는 전혀 상관이 없다. 이것들은 단지 당신이 좋아하는지, 싫어하는지의 문제다. 그리고 결혼의 지상목표를 중심으로 결혼생활을 이루어가고자 한다면, 당신은 마땅히 사랑이 충만하고, 너그럽고, 현명하고, 배우자의 심신을 행복하게 해주는 사람일 것이며, 단지 스포츠와 쇼핑, 레이스가 달린 속옷, 클래식 음악, 몬스터 트럭 경주, 감성적 대화, 꽃 전시회, 발레, 패스트푸드, 공공장소에서 애정표현하기, 오렌지색 등을 좋아하지 않을 뿐이다. 그럼에도 당신은 배우자를 위해 그러한 것들을 수용할 의지가 있다. 왜냐하면 그렇게 함으로써 당신은 보다 더 사랑이 충만하고 너그럽고 현명하고, 배우자의 심신을 행복하게 해주는 사람이 될 것이기 때문이다.

평범한 단계나 구조선 유형의 부부는 여기서 난관에 부딪히게 되는데, 이들은 자주 본인이 어떤 사람인가와 무엇을 좋아하고 행하는지를 혼동하기 때문이다. 그래서 당장 내키지 않는 일을 하다가 '자기의 참모습을 잃어버리지 않을까' 두려워한다. 어떻게 보면 이런 사람들은 두 살짜리 어린아이와 같다. 빵 한쪽에 땅콩버터를 발라 가장자리를 잘라서 먹고 싶은데 빵 두 쪽을 붙여서 가장자리를 자르지 말고 먹으라고 하면 떼를 쓸 수 있는 어린아이라고 스스로 착각하는 것이다. 하지만 특별한 결혼생활을 영위하려면 우리 모두 이런 단계는 넘어서야 한다.

이러한 개념이 사랑의 언어에 적용되는 원리는 간단하다. 한 가지 사랑의 언어로 사랑을 주고받는 것을 선호하다 보면, 다른 언어로 애정표현을 하는 것이 시시하거나 마음에 들지 않거나, 때로는 역겹게 느껴질 수도 있다. 당신이 시각적 성향이 강한 사람이라면 누군가를 사랑할 때 당연히 편지를 쓰거나 예쁜 포장지로 싼 선물을 주거나 귀여운 카드를 보낼 것이다. 다른 방법은 떠오르지도 않을 것이다. 왜냐하면 당신의 신경회로는 다른 어떤 방식보다 시각적인 사랑표현에 의미를 두도록 구성되어 있으니까. 하지만 당신이 청각적인 성향이 강한 사람과 결혼했다면, 그 사람은 당신의 모든 시각적 애정표현도 감사하게 받아들이지만, 그래도 당신이 진정으로 자기를 사랑한다면 밤새 마주앉아 소소한 대화를 하고, 돌아설 때마다 '사랑해'라고 말해주며, 서툰 솜씨로나마 직접 사랑노래를 불러주어야 한다고 생각할 것이다. 그 사람은 신경학적으로 청각적인 표현에 의미를 두도록 구성되어 있기 때문이다. 결국 두 사람 모두 열심히 상대방을 향한 사랑을 보여주고자 애를 쓰지만, 그 노력의 대부분은 상대방이 알아차리지 못하거나 상대의 감사를 받지 못하고 버려진다. 이런 상황을 인지했다면 당신은 두 가지 대처방법 중 하나를 선택해야 한다.

첫 번째 선택은(당신이 만일 자신의 참모습과 자기가 좋아하는 것을 혼동하는 사람이라면 더욱 첫 번째를 선택할 것 같은데) 부부가 서로 '다른 사람'임을 인정하고, 부부관계를 비롯해 세상에 '완벽한 것'은 없으니 배우자가 가장 중요하게 생각하는 사랑표현이 어떤 것인지 수천만 번 들어서 잘 알고 있다고 해도, 결국 '당신은 그런 행동을 할 사람이 아니므로' 절대로 들어주지 않는다. 이때부터 부부관계는 갈 데까지 가서 더 이상 좋아질 가능성이 없으니 참고 살든가, 아니면 더 이상 참을 수 없다고 선언하고 이혼을 할 수밖에 없다.

두 번째 선택은(특별한 배우자의 선택이기도 한데) 본인이 납득할 수 있는 일만 하면서 스스로 배우자를 사랑한다고 다짐하기보다는 자기의 사랑을 배우자가 느낄 수 있게 해주어야 한다고 판단하는 것이다. 그러므로 그동안 배우자에게 사랑을 행하거나, 말하거나, 보여주기 위해 했던 일들을 계속하면서 동시에 배우자가 중요하게 생각하는 방식으로 표현하는 기술도 배운다. 설사 그것이 자기에게는 의미가 없다 하더라도. 이러한 시도를 한다고 해도 절대 '자기를 잃어버리는' 사건은 일어나지 않으며, 영국 남자가 프랑스 애인에게 '아이 러브 유' 대신에 '쥬뗌므'라고 말하는 정도의 사건이 발생할 뿐이다. 하지만 결과적으로는 같은 내용을 다른 언어로 말하는 것이다. 배우자가 의미 있게 생각하는 방식으로 사랑을 표현하면 그 방식에 얽매여 제한적인 삶을 살게 되는 것이 아니라, 배우자에게 커다란 감동을 주게 된다. 당신이 배우자의 언어를 구사하는 것이기 때문이다. 그리고 당신 자신도 시야에 보이는 것들을 비롯해서 소리, 촉감, 맛, 향내에 눈을 뜨게 되어 감각적으로 훨씬 더 풍요로운 사람이 된다. 이는 자기가 선호하는 언어에만 제한되어 있을 때는 절대로 경험할 수 없는 세계다.

다중 언어 사용하기

아래에 시각적, 청각적, 운동감각적 방법으로 사랑을 표현할 수 있는 행위들이 소개되어 있다. 배우자와 함께 살펴보고 이에 대해 대화를 나눠보자. 다음 중에 배우자가 당신에게 받고 싶은 사랑표현은 어떤 것일까? 당신이 배우자에게 좀 더 자주 받고 싶은 사랑표현은 어떤 것일까? 시각적, 청각적, 운동감각적 사랑표현 중에 당신이 생각하는 가장 숭고한 행위들로는 어떤 것들이 있는가?

시각적 사랑의 언어를
향상시키려면

시각적 사랑의 언어를 주로 사용하는 배우자에게 당신의 사랑을 표현하려면 다음과 같이 해보자.

- 사랑의 편지를 쓴다.
- 특별한 이유가 없어도 카드를 사거나 만들어서 '사랑해'라는 메시지를 전한다.
- 멋진 사진을 찍어서 배우자에게 선물한다.
- 리본 묶는 법을 배워서 선물을 예쁘게 포장한다.
- 눈에 보이는 잡동사니들을 깨끗이 정리한다. 완벽하게 깨끗하지

는 않더라도 되도록 '정리된 듯 보이게' 하는 데 중점을 둔다.

- 포스트잇에 사랑의 메시지를 적어서 집 안 곳곳에, 그리고 배우자의 차에 붙여둔다.
- 함께 책을 읽는다.
- 촛불을 켜고 식사를 한다. 간단한 음식이라도 좋은 식기류로 식탁을 차려서 먹는다.
- 담요를 펴고 별이 가득한 하늘을 보며 누워서 별자리를 찾아보거나 자기만의 별자리를 만들어본다.
- 레이스가 달린 잠옷이나 매력적인 파자마를 입고 잠자리에 든다.
- 조명을 켜둔 채 섹스를 한다.
- 섹스를 할 때 전희에 많은 시간을 할애한다.
- 침실에 빨랫감이나 잡동사니를 늘어놓지 않는다.
- 서로의 눈을 들여다보면서 1분 동안 아무 말도 하지 않는다.
- 침실, 욕실, 벽난로 선반에 초를 여러 개 놓아둔다.
- 함께 영화를 보러 간다.
- 흰 눈이 쌓였을 때 배우자와 누워서 천사를 만드는 모습, 또는 해변에서 모래성을 쌓거나 케이크 만드는 모습 등을 비디오로 찍어두었다가, 나중에 팝콘을 먹으면서 함께 본다.
- '사랑해!'라고 적힌 포스터를 만들어서 문에 걸어둔다.
- 제일 좋은 옷으로 차려 입고 배우자와 데이트를 한다.
- 가까운 쇼핑몰에 가더라도 너무 과하게 차려입는 게 아닌가 하는 걱정은 내려놓고 배우자를 위해 최대한 멋있게 꾸미고 나간다.

- 자주 꽃을 산다. 비싼 꽃이 아니라도 예쁘고 정성이 담긴 꽃이면 된다.
- '맞춤형 카드 만들기'를 할 수 있는 곳에서 배우자만을 위한 카드를 만든다.
- 배우자를 바라볼 때마다 늘 웃어 보인다.

청각적 사랑의 언어를 향상시키려면

청각적 사랑의 언어를 주로 사용하는 배우자에게 당신의 사랑을 효과적으로 표현하고 싶다면 아래의 방법을 시도해보라.

- 하루에도 여러 번 '사랑해'라고 말한다. 되도록이면 진심을 듬뿍 담아 말한다.
- 직장에서도 가능한 한 자주 전화해서 '안녕'이라는 안부라도 전한다.
- 배우자의 행동이나 외모에 대해서 자주 칭찬한다.
- 서로에게 소리 내서 책을 읽어준다.
- 섹스를 할 때 배우자의 행위가 당신에게 어떤 느낌을 주는지 말한다. 어떨 때 좋은지 알려주고, 소리를 내서 표현한다.
- '사랑의 편지'를 녹음해서 배우자의 자동차 오디오장치에 넣어둔다. 배우자가 출근길에 운전을 하는 동안 자동으로 메시지가

재생되도록 해놓는다.

- 자동응답기에 귀여운 사랑의 메시지를 녹음해둔다.
- 배우자가 좋아할 듯한 음악 CD를 선물한다.
- 다른 사람이 있는 곳에서 배우자를 칭찬한다. 절대로 다른 사람 앞에서 배우자를 비하하는 발언을 하지 않는다.
- 배우자에게 '결혼하길 잘했다'는 말을 한다. 그리고 왜 그렇게 생각하느냐는 질문에 대한 답도 준비해둘 것.
- 배우자의 의견을 묻고, 경청한다. 그리고 배우자의 말에 당신의 의견을 제시한다.
- 하루 중에 들은 농담이나 화젯거리를 기억해두었다가 저녁에 배우자에게 얘기해준다.
- 시사문제에 대해 이야기를 나눈다.
- 배우자의 귀에 '달콤한 말'을 속삭여준다.
- 배우자에게 '애칭'을 지어준다. 그리고 장난기 어린 음성으로 그 애칭을 부른다.
- 배우자에게 말을 할 때는 어조에 신경을 쓴다.
- 스트레스를 받은 날은 대화에 응할 준비를 하되 소음을 최대한 낮춘다.
- 배우자가 목욕하면서 들을 수 있도록 '파도 소리'가 담긴 음원을 구매해준다.
- 노래를 만들어서 배우자에게 들려준다. 사랑편지나 시를 써서 소리 내 읽어준다.
- 배우자가 좋아하는 사랑노래를 흥얼거린다.

- 청각적인 사람은 당신이 하는 한 마디 한 마디를 모두 기억하기 때문에, 단어를 신중하게 선택해야 한다.

운동감각적인 사랑의 언어를 향상시키려면

운동감각적인 사랑의 언어를 주로 사용하는 배우자에게 효과적으로 사랑을 표현하고 싶다면 아래의 방법을 시도해보라.

- 배우자의 손을 자주 잡아준다.
- 배우자와 (마주 앉기보다는) 나란히 가깝게 앉는다.
- 하루에도 여러 번 배우자와 키스하고 포옹한다.
- 배우자와 함께 조용히 앉아서 유튜브를 시청한다. 말은 하지 않는다. 선택권은 배우자에게 넘기고 그 사람의 선택에 불평을 하지 않는다.
- 서로 안아주고, 만져주면서 친밀한 시간을 보낸다.
- 배우자에게 메시지를 보낸다.
- 배우자의 등을 긁어주고, 목을 마사지해준다.
- 집에 있을 때나, 아무도 보는 사람이 없을 때 배우자의 엉덩이를 꼬집어준다.
- 배우자의 귓불을 살짝 깨물어준다.
- 집안일이나 장난을 칠 때 배우자와 나란히 앉거나 서서 한다.

- 섹스를 하는 동안 말을 하지 않는다. 당신이 원하는 바를 말하기 보다, 배우자의 손을 잡고 열정적으로 당신이 원하는 것을 보여준다.
- 배우자와의 성생활에 적극성을 보인다.
- 때로는 전희를 생략하고 '곧바로 본 게임으로 넘어간다.'
- 아무것도 입지 않고 침대에 든다. 불을 끈 상태에서 배우자가 당신의 몸을 마음대로 애무할 수 있게 한다.
- 둘이 함께 담요를 덮고 누워서 뒹군다.
- 배우자가 혼자 '스파의 날'을 즐길 수 있게 한다. 욕조에서 목욕도 하고, 얼굴에 마스크팩도 하고, 기타 심신을 재충전할 수 있는 일들을 즐길 수 있도록 한다.
- 운동을 하거나 운동경기 보는 것을 좋아하는 배우자라면, 함께 보거나 할 수 있도록 배운다.
- 목욕용품이나 비누용품 파는 상점에 가서 마사지 로션, 거품목욕제 등을 사서 선물한다.
- 배우자가 추레하고 낡은, 그러나 무척 편한 옷을 입더라도 놀리지 않는다.

보편적으로 해당되는
몇 가지 조언

1. 배우자가 위의 목록 중 몇 개 항목에 표시를 했다면, 그것을 반

드시 실천한다. 표시한 항목들은 '매일 사랑을 실천하는 스물다섯 가지 방법'(177페이지)에 적는다. 그 특정한 애정표현들을 당신이 납득할 수 있는지 없는지는 중요하지 않으며, 당신이 좋아하는지 그렇지 않은지도 중요하지 않다. 그리고 배우자가 그걸 받을 만한 자격이 있는지 없는지도 중요하지 않다. 당신이 그 사람을 사랑한다면, 그의 안녕과 행복을 위해 노력하는 것이 당연하기 때문이다. 이제 그 사람이 무엇을 좋아하는지 알았으니 그것들을 해주고자 노력해야 한다.

2. 사랑의 언어와 관련된 배우자의 행위나 기호를 비난하지 말자. 그런 비난은 나무판자로 배우자의 머리를 세게 내려치는 것과 같다. 사랑의 언어는 그만큼 개인의 내면세계에 깊이 닿아 있기 때문에 그것을 비난하는 경우 상처가 깊을 수 있다. 절대로 비난하지 말자.

3. 당신이 편안한 정도에 안주하지 말고 좀 더 노력하자. 배우자의 특정 요구가 당신의 정체성과 가치체계에 어긋나지만 않는다면 기꺼이 들어주자. 다소 불편이 느껴진다고 해서 사랑하는 일을 멈춰선 안 된다. "그건 내 스타일이 아니야"라든가 "그건 내키지가 않아"라는 변명은 합당하지 않다. 투정부리기를 멈추자. 수영장 가장자리에 앉아 있는 것만으로는 충분치 않다. 최소한 발가락은 물에 담가야 한다.

4. 결혼생활을 하다 보면 어느 부부나 일상에 뭔가 근본적인 변화를 시도하지 않고는 더 이상의 친밀감을 유지하기 힘든 때가 온다. 이럴 때 두 번째, 세 번째 사랑의 언어를 능숙하게 구사할 수

있다면 상황을 호전시키는 데 큰 도움이 된다. 단지 '편안한 정도의 친밀감'의 단계를 벗어나서 실질적인 행위에 근거한 보다 깊고 확실한 친밀감을 키울 수 있기 때문이다.

새로운 신경회로 연결하기

상담실에서 의뢰인들을 만나다 보면 자주 난감해질 때가 있는데 "뭔가 결혼생활에 문제가 있는 것 같기는 한데 그게 뭔지 모르겠어요. 나를 사랑하는 건 알겠는데, 그래도 뭔가 부족한 것 같아요"라고 말하는 남편이나 아내를 마주할 때다. 만약 이들이 신경회로를 재구성할 수 있다면 이런 상황을 미연에 방지하거나, 혹은 그런 상황에 부딪혔다 해도 극복할 수 있을 것이다.

많은 경우 이들은 배우자가 주로 사용하는 사랑의 언어를 이해하지 못하며, 그로 인해 부부생활에서 감각적인 결핍감을 느껴 힘들어한다. 예를 들어 당신이 주로 운동감각적인 사랑의 언어를 사용하는 사람이라면 당신의 신경체계는 신체접촉을 원할 것이다. 가장 예민한 감각을 통해 충분한 사랑의 메시지가 전달되지 않으면 육체적으로 메마르고 무감각해진 것처럼 느껴질 것이다. 사랑의 메시지를 실어 나르는 뇌신경회로가 메마르고 둔해졌는데 왜 그렇지 않겠는가? 실제로도 뇌신경이 자극 부족으로 위축된 모습을 확인할 수 있다. 이런 상태가 장기간 계속되면 우울감을 느끼게 된다. 우리 대부분에게 사랑의 언어는 책에서 읽은 사랑스러운 몸짓이나 말이 아니다. 사랑의 언어는 정신을 건강하게 유지해줄 수도 있고 고통 속에 빠뜨릴 수도 있는 실질적인 힘을 가지고 있다. 남편이나 아내는 배우자의 육체, 정신, 영혼의 건강에 영향을 미칠 수 있는 막대한 힘을 지닌 셈이다. 배우자가 원하는 방식의 사랑을 주고자 하는가? 당신의 정체성과 결혼의 지상목표가 지향하는 방식의 사랑으로? 당신의 결혼생활이니 선택은 당신 몫이다.

당신의 신경회로는 경험에 의해 '구성'되어 있다. 따라서 지금까지 '이건 내 스타일이 아니야'라고 거부했던 행동들을 체험함으로써 '재구성'할 수 있다. 재구성의 원리는 간단하다. 하지만 지속적인 사고와 노력이 필요하다. 배우자가 주로 사용하는 사랑의 언어를 수용하기 시작하는 순간부터 당신의 뇌에는 새로운 신경회로가 형성되기 시작하고, 당신의 모든 감각들이(다시 말해서 각기 다른 사랑의 언어들이) 보다 효과적으로 교감되기 시작한다. 새로운 신경회로를 구성하기 시작하는 처음 단계에서는 자기 통제력을 십분 발휘해야 할 것이다. 앞에서 언급했듯이 나는 시각적이며, 동시에 청각적인 사람이기 때문에 늘 바삐 움직여야 하고, 무슨 일이든 끊임없이 해야 하며, 말도 많고 활동적이어서 아내의 손을 잡고 가만히 앉아 있는 시간이 최대 2.5초 이상을 넘기지 못한다. 하지만 아내에게는 그렇게 함께 앉아 있는 것이 내가 매일 사랑의 편지를 써주는 것보다도, 매일 꽃을 사주는 것보다도 훨씬 더 의미 있는 사랑의 표현이라는 것을 알기에 '최대한의 의지력을 발휘해서' 아내의 요구를 충족시키고자 노력한다.

독자들 중에는 사랑이란 '자연스럽게 생겨나는 것'이라고 생각하는 사람도 있을 것이다. 어느 정도는 그 말도 사실이지만, 때로는 그렇게 자연스러운 사랑도 유지되기 위해서는 약간의 용기 있는 노력이 필요하다. 나는 아내가 내 사랑을 알아주는 것이 중요했기 때문에 소파에서 일어나고 싶은 충동과 비뚤어진 액자를 바로잡고 싶은 욕구를 자제하며 아내 곁에 앉아 있었다. 소소한 잡담을 하고 싶었고, 다음에 무얼 할지 계획을 세우고 싶었지만 참았다. 다만 앉아서 그녀의 손을 잡고 있었다. 그런데 시간이 지나면서 어떤 일이 일어났을까? 나도 그런 시간을 좋아한다는 사실을 깨달았다! 곧 나도 그렇게 '가만히 앉아서 조용히 있는' 시간을 좀 더 즐기고 싶어졌다. 그러고 나자 삶의 다른 영역에서도 운동감각적 성향이 조금씩 자리 잡기 시작하는 것이 느껴졌다. 좀 덜 충동적인 사람으로 변해갔고, 소소한 일에 신경을 쓰거나 불쾌감을 느끼는 일도 줄어들었다. 그리고 평상심을 유지하기가 수월해졌다. 원래 나는 정장에 넥타이까지 매고 침대에 누울 정도로 늘 긴장하고 있는 편이었는데, 이제는(이게 웬일이란 말인가!) 스웨터나 셔츠 단추를 두세 개 풀고 출근을 하기도 한다!

별것 아니라고 생각할지 모르지만 내 말의 요점은 이렇다. 하나의 인격체로서 성숙되고, 동시에 아내와의 친밀감을 향상시키기 위해서 "나는 그런 사람이 아니야"라는 말을 멈추고 스스로를 낮추고 마음속으로 이렇게 되뇌었다. 내가 이해하지 못하는 뭔가를 아내가 나에게 주려고 하는지도 몰라. 그러니 노력해보자. 한 번이 아니라 반복해서, 결국은 나 자신도 그 일을 좋아하게 될 때까지 계속했다. 아내가 좋아하는 만큼은 아니었지만, 그럼에도 뇌에 새로운 신경회로가 구축될 때까지 노력했다. 그리하여 나의 운동감각이 그 회로를 통해 수년 전부터 내 안에 구축되어 있었던 청각적 신경회로와 교감을 하기 시작할 때까지 새로운 경험 속에 나를 밀어넣었다.

나는 원래 '불편하거나 하기 싫은 일은 하지 말자'는 주의였지만 이제 새로운 원칙이 생겼다. '내가 지향하는 인성이나 도덕적 원칙에 위배되지 않는 일이면 시도한다.' 그리고 보니 이 새로운 원칙은 나를 좀 더 원만한 사람, 좀 더 신나고 활기차게 사는 사람, 그리고 아내의 연인으로서 좀 더 멋있는 사람으로 살게 하는 것 같다(침실 안에서도 밖에서도).

이쯤에서 당신은 논리적으로 상당히 합당한 의문에 부딪힐 것이다. "특별한 부부들은 어떻게 이런 것들을 다 알게 되었을까?" 내가 잘 알고 있는 특별한 부부들의 경우를 생각해보면 대개 두 부류로 나뉜다. 부부 사이에 최소한 주요 언어나 부차 언어가 이미 신기할 정도로 잘 통하는 경우다. 그리고 더 많은 부부들의 경우에는 특별한 배려심이 투철하기 때문에 또 다른 사랑의 언어를 배워야 하는 이유를 이론적으로 이해하는 과정을 거치지 않고도 자발적으로 상대의 언어를 배우려 노력한다. 이 장에서 계속 언급하듯이 특별한 일치감은 특별한 배려가 또 다른 형태로 나타난 것뿐이다. 그러므로 결혼생활에서 진심으로 특별한 배려를 실천하다 보면 배우자를 특별한 단계까지 깊게 이해하게 된다. 그러나 안타깝게도 우리 대부분은 그렇게 하지 못한다. 그렇기 때문에 나를 비롯해 특별한 배려의 실천에 어려움을 겪는 우리 대부분에게는 길잡이가 필요하다. 우리의 현재 위치는 어디이며, 가고자 하는 곳은 어디인지, 그리고 그곳에 도달하려면 무엇을 해야 하는지를 보여주는 특별한 안내서가 필요하다.

이 장에서는 특별한 부부들에게 '지극히 자연스러운' 일련의 행동을 확인해보았다. 결혼생활의 특별한 경지에 이른 사람들을 표본으로 삼아 '그렇게 될 때까지 따라 해보는' 훈련을 하다 보면, 당신과 배우자가 마주서서 서로의 영혼을 들여다보며 마음을 있는 그대로 이해할 수 있는 날이 올 것이다.

8
특별한 타협:
지혜로운 부부싸움의 기술

좋은 대화란 말이 아니라
서로의 마음에 담긴 의미를 주고받는 것이다.

랄프 왈도 에머슨

미라와 샘은 언쟁을 하고 나면 서로에게 너무 화가 나서 며칠씩 말을 하지 않을 때도 있다. 특히 첨예한 갈등이 빚어지는 순간은 매달 청구서를 처리할 때다. 그러던 두 사람이 내 사무실에 찾아와 아주 긍정적인 변화에 관한 소식을 전해주었다.

미라 이번 달에는 싸우지 않고 지냈어요. 청구서를 전액 지불하는 동안 큰 소리 한 번 내지 않았다니까요.

샘 한두 번 정도 아슬아슬한 순간이 있긴 했어요. 그런데 아내를 비난하고 싶은 마음이 생길 때마다 선생님이 제안한 대로 했어요. 심호흡을 하고 아내를 바라봤죠. 그리고 커피 같은 걸 마시겠느냐고 물었어요. 그런 모습이 평소의 제 모습과 너무 다르니까 미라가 웃음을 터트리더라고요. 그러면서 제가 그렇게 노력하는 것에 대해 고마워했어요. 그러고는 저녁 내내 아주 좋았습니다.

미라 우리가 같은 편이 돼서 뭔가를 하는 새로운 느낌이 좋았어요. 매달 이럴 수만 있다면 남편과 함께 청구서 처리를 하는 일이 싫지 않을 것 같아요.

특별한 타협을 할 수만 있다면 부부싸움이 근육마사지를 좀 세게 받는 정도의 건강한 효과를 가져올 수도 있다. 특별한 결혼생활을 하는 한 남편이 말했듯이 "싸우는 동안은 물론 좀 고통스럽기도 하지만, 마무리 단계에서는 뭔가 더 나아진 느낌이 들어요. 그리고 부부관계도 싸움을 시작할 때보다 훨씬 더 느긋하고 편안해지고요." 이러한 언쟁은 마치 권투시합을 하는 것 같은 부부싸움이나 '절충'하기 위해 누가 져줄 차례인지를 따져야 하는 언쟁과는 다르다. 특별한 타협은 '다툼에도 불구하고'가 아니라 '다툼을 통해서' 친밀감이 깊어지게 한다.

부부싸움의 규칙

특별한 타협에 대해 이야기를 하다 보면 사람들은 특별한 부부들의 싸움이 마치 '부탁합니다'와 '고맙습니다'가 끊임없이 오고가는 격식 있는 티파티 같을 거라고 생각한다. 그러나 그건 오산이다. 이들이 매사에 열정적인 사람들임을 기억하자. 그렇다면 싸울 때라고 해서 다른 때보다 덜 열정적일 이유가 있겠는가? 하지만 아무리 격렬한 싸움도 세 가지 기본 규칙만 지키면 특별한 경지를 벗어나지 않을 수 있다.

규칙 1. 싸움은 반드시 상호 만족스러운 결말을 향해 전개되어야 한다. 이 규칙은 따로 설명할 필요도 없이 자명하다. 싸움을 통해 아무것도 해결할 수 없다면 싸움 그 자체가 건강하지 못한 것이다. 그렇다면 부부 중 어느 한쪽 또는 쌍방이 문제해결능력이 부족하거나 아니면 서로에게 상처 주기를 즐기는 것이다.

규칙 2. 부부싸움이 아무리 달아올라도 절대로 넘어서는 안 될 선이 있다. 부부들마다 자기들만의 '교전 규칙'을 만들어야 한다. 다시 말해서 싸울 때 절대로 용납할 수 없는 행동, 어조, 단어, 주제를 정하는 것이다. 예를 들어 어떤 부부는 큰 소리 내는 것을 절대로 금하지만, 또 어떤 부부들은 큰 소리 내는 것 정도는 얼마든지 허용한다. 그리고 어떤 부부는 욕하는 것을 허용하지 않는 데 비해 어떤 부부는 욕하는 것은 허용하되 특정 욕들은 절대로 해선 안 된다고 한다. 따라서 자기들의 기준에 맞추어 허용하는 것과 허용하지 않는 것을 정하는 것이 좋다.

그 규칙들은 당연히 부부마다 다를 수밖에 없지만, 한 가지 기본적인 기준을 제시하자면 배우자의 경계심을 자극하거나 순간적으로 흥분시키는 언행을 삼가야 한다는 것이다. 자제할 수 없다면 최소화라도 해야 한다. 의뢰인 중에 이런 설명을 듣다가 반문을 제기해온 사람이 있었다. "글쎄, 나는 (이렇고 저런) 행동들이 괜찮다고 생각하는데 아내는 그렇지 않아요!" 이건 전혀 이치에 맞지 않는다. 효과적이고 건강한 언쟁을 하려면 부부가 모두 '교전 규칙'에 동의하고 수용할 수 있어야 한다. 그렇지 않으면 어느 한쪽은 불리하다고 느낄 것이고,

그 사람은 결국 힘의 불균형을 보상받기 위해 '반칙'을 하게 될 것이기 때문이다. 이 장의 끝 부분에서 부부만의 교전규칙을 만들어볼 기회를 가져볼 것이다.

규칙 3. 부부관계에서 긍정적 요소와 부정적 요소의 비율이 5대 1 이상으로 기울지 않아야 한다. 즉, 언쟁을 하거나 비난, 불만을 토로한 시간이 있었다면, 그에 다섯 배 정도에 해당하는 시간만큼은 서로 사랑을 표현하고 애정을 나누어야 한다는 뜻이다. 이는 전반적인 결혼생활 전체에 해당되는 규칙이지만, 특히 건강한 싸움을 하는 데 중요한 요소다. 부부간의 교감을 놓고 볼 때 부정적인 교감의 다섯 배에 해당하는 긍정적인 교감을 해야 한다는 것은 숫자 그대로 이해하면 된다. 언쟁을 할 때 내 말이 호소력을 갖기 위해서는 배우자에게 한 번 비난을 할 때마다 다섯 번 칭찬을 해주어야 한다는 뜻이다. 또한 부부간의 일치감이 유지되려면 한 번 싸울 때마다 다섯 번 이상 함께 즐거운 시간을 보내야 한다.

존 가트맨은 소위 마법의 숫자라고 불리는 이 5대 1 법칙이 부부가 향후 5년 이내에 헤어질지 아닌지를 95퍼센트의 정확도로 예측할 수 있는 요소라고 보았다. (언쟁을 할 때뿐 아니라) 부부관계의 모든 영역에 5대 1 법칙을 따르는 것이 건강한 문제해결의 핵심인데, 그 이유는 의견 대립이 사랑이라는 맥락 안에서 전개되리라는 믿음을 심어주기 때문이다. 다시 말해서 긍정성과 부정성의 비율이 5대 1을 유지하는 한 당신과 배우자의 신뢰도 지속된다. 배우자가 느닷없이 당신을 향해 큰 소리로 "당신이 도대체 뭔데?" 하는 식의 공격적인 질문을 해올 때가 있다. 하지만 배우자가 열에 여덟 번은 당신을 배려해서 양보해 주려는 사람이라면, 당신도 경계태세를 취하기보다는 배우자의 말을 들으려고 할 것이다. 배우자가 당신에게 화를 내는 빈도는 열 번 중 두 번에 불과하니까.

일단 긍정성과 부정성의 비율이 2대 3, 또는 더 악화되어 1대 5 정도가 되면 경계심과 오해, 원망이 기하급수적으로 커진다. 건강한 싸움의 가장 중요한 요소, 즉 싸움을 수용할 수 있는 사랑의 맥락을 구축하는 일은 실제 싸움이 일어나기 오래 전부터 시작되어야 한다. 신뢰성이란 당신의 의견이 존중받을 것인지, 아니면 쇠귀에 경 읽기 식으로 무시될 것인지를 결정하는 중요한 요소다. 결혼생활에 5대 1 비율을 지킬 때 배우자도 당신에게 귀를 기울여 들어줄 만하다고 여기고 당신에 대한 신뢰도를 더욱 높인다.

이러한 기본 규칙 외에도 특별한 부부는 모든 상황, 특히 의견을 조율해야 하는 상황에서 서로를 존중하는 마음으로 대한다. 이 장의 나머지 부분에서는 이렇게 존중하는 마음을 주고받음으로써 특별한 타협을 할 수 있는 부부의 역량을 극대화시키는 태도와 행동들에 대해서 살펴보고자 한다.

품위 지키기

특별한 타협을 위해서는 논쟁을 하는 동안 평정심을 잃지 않아야 한다. 쉽게 말해서 배우자가 아무리 이성을 잃은 행동을 하더라도, 당신은 하루를 마감하며 돌이켜볼 때 자신의 행동에 한 점 부끄럼이 없어야 한다. 자존감을 잃지 않으려면 스트레스를 받는 상황에서도 당신이 중요하게 생각하는 가치와 이상, 목표에 따라 행동할 수 있어야 한다.

배우자와 갈등을 해결해나가는 과정에서 평정심을 유지하는 데 도움이 되는 보편적인 방법들로는 다음의 네 가지를 들 수 있다.

버틸 때와
숙일 때를 알자

언쟁을 시작하기 전에 먼저 그 일이 정말 언쟁을 할 만한 가치가 있는 일인가 따져보자. 언쟁을 할 것인지, 아니면 시작되기 전에 수습할 것인지를 판단하기 위해 다음 질문을 스스로에게 던져보자.

a. 지금 화가 난 원인이 당신의 가치와 이상, 목표를 성취하는 일에 방해가 되기 때문인가? 아니면 사소한 불편 때문인가? 만일 당신의 가치와 이상, 목표에 대한 도전이라면 c 항목으로 가고, '사소한 불편' 때문이라면 b 항목으로 간다.

b. 비록 사소한 불편 때문인 듯 보이더라도 혹시 다른 중요한 일에 대한 분노를 이렇게 드러내는 건 아닌지 자문해보라. 그렇다면 다른 어떤 일인가? 당신이 정말로 화가 난 이유를 찾아낼 수 있다면 c 항목으로 간다. 그렇지 않고 정말 사소한 불편 때문이라면 심호흡을 한 뒤 자존심을 한 번 접고, 당신과 배우자에게 불필요한 스트레스를 안겨줄 수 있는 상황을 피하는 게 좋다. 이번 일을 인내심 훈련과 더불어 배우자에게 신뢰를 얻는 기회로 삼자.

c. 문제해결이 필요한 시점인 듯하다. 이 장을 끝까지 읽고 배우자와 시간을 내서 마주 앉으면(배우자를 공격할 기회를 엿보는 자리로 만들지 말 것), 당신이 원하는 바를 얻어낼 수 있을 것이다. 그것도 아주 우아한 방법으로.

결말을 생각하고
시작하자

일정이나 결론을 염두에 두지 않고 업무회의를 시작하겠는가? 물론 그러지 않을 것이다. 부부간의 논쟁도 아무런 계획 없이 시작할 수는 없다. 많은 남편과 아내가 결혼생활의 문제해결이라는 것을 두서없이 아무렇게나 고충을 털어놓으면 되는 것으로 생각한다. 문제해결 목록에 '내 고통을 털어놓고 배우자가 얼마나 무례한 욕심쟁이인지 증명하기' 따위의 항목을 올려놓지 마라. 이는 재앙을 초래할 수밖에 없는 상황이다. 만약 '성공적'으로 당신의 고충과 배우자의 무례함을 증명했다고 치자. 그런 다음에 무엇이 남을까? 그런 언쟁을 통해 얻을 수 있는 것이 스트레스 발산 이외에 다른 무엇이 있겠는가? 그렇게 끝난 언쟁이 향후에 다시 일어날 수 있는 또 다른 언쟁을 예방하는 데 조금이라도 효과가 있을까? 물론 그렇지 않다. 당신은 단지 감정적인 되새김질을 한 것뿐이다.

효과적인 언쟁을 하려면 시작하는 목적을 정확히 알아야 한다. 하지 말아야 하는 말이 입 밖으로 나오기 전에, 마음을 진정시키고 다음의 질문에 대한 답을 생각해보자.

1. 현재의 불쾌한 마음이 누그러지려면 배우자에게 어떤 말을 들어야 할까?
2. 앞으로 다시 이런 문제가 생기지 않게 하려면 어떻게 해야 할까?
3. 이 문제를 해결하려면 내가 어떤 변화를 시도해야 할까?(즉 배우자에게 무엇을 해달라고 하기보다는 당신이 무엇을 할 것인지 자문해보라는 의미다.)

위의 질문에 대한 답을 생각해보았다면 효과적인 문제해결의 시간을 마주할 준비가 된 셈이다. 이렇게까지 준비하려면 대부분의 남편과 아내가 논쟁을 시작하기 위해 준비하는 것 이상의 시간과 노력을 들여야겠지만, 그 결과의 차이는 확연하다. 이런 준비를 함으로써 당신은 자존감을 지킬 수 있고 배우자의 신뢰도 얻을 수 있다. 또한 당신이 바라는 결론에 도달할 확률도 높아진다. 전형적인 부부싸움의 양상인 (a) 바보처럼 소리 지르기, (b) 원하는 건 하나도 얻지 못하고 서로 나쁜 감정만 쌓기, (c) 훗날 같은 논쟁 반복하기를 생각해보라. 이러한 접근방식이 얼마나 지혜로운지 알 수 있을 것이다.

감정의 온도를 유지하라

문제해결을 위해 논쟁을 할 때는 감정의 온도를 주의 깊게 살펴야 한다. 1부터 10까지의 눈금자가 있다고 할 때 1은 매우 평온한 상태, 4는 이 책을 읽는 정도의 긴장감, 그리고 10은 AK-47 소총을 들고 시계탑 위에 올라간 상태라고 할 때, 6.5 이상 넘어간 상태에서는 바람직한 논쟁이 이루어질 수 없다고 봐야 한다.

그 이상으로 가면 일단은 배우자가 바보 천치로 보이고, 그 다음에는 적으로 보인다. 또한 당신의 심장박동수도 분당 100-125 정도로 빨라지고 '싸우거나 도망치기' 기재가 작동하기 시작한다. 이렇게 되면 논쟁은 점점 비논리적으로 가속화되다가 한쪽이 사악해지기 시작하거나 고집불통이 된다(눈이 이글거리기 시작하고 상대가 하는 말이 한쪽 귀로 들어와서 곧장 다른쪽 귀로 나가버리는 상태). 어떤 상황이든 이런 논쟁에서는 둘 중 한 사람이라도 다시 감정을 가라앉히지 않는 한 건설적인 결론이 얻어지지 않는다. 하지만 불행하게도 일단 6.5의 문턱을 넘어서고 나면 쉽게 감정을 가라앉힐 수 없다. 둘 중 하나가 뛰어내리거나, 한쪽이 다른 한쪽을 밀어낼 때까지 롤러코스터를 타고 달릴 수밖에 없다. 이것이 바로 특별한 타협을 실천하는 부부들이 감정적인 논쟁을 한 다음 뒷수습을 하기보다는 '감정적 흥분'을 '미연에 예방하는' 방법을 택하는 이유다.

감정의 온도를 유지하는 데 도움이 되는 두 가지 기본 원칙이 있다. 바로 '타임아웃'과 '격렬한 사랑표현'이다.

타임아웃

감정적 흥분을 예방하는 첫 번째 기술은 '타임아웃' 시간을 갖는 것이다. 이는 더 이상 스트레스를 견딜 수 없어서 문을 박차고 뛰쳐나가는 것과는 다르다. 바람직한 타임아웃은 논쟁이 미궁에 빠졌다거나 방어기제가 작동하려고 하지만 아직은 스스로를 통제할 수 있을 때 하는 것이 좋다(감정적 흥분 정도가 6을 조금 넘어가려고 할 때). 이 시간이 길 필요는 없으며, 심호흡을 하거나 물을 마시거나 기도를 하거나 화장실에 다녀오거나, 아니면 이것들을 다 할 만큼의 시간이면 족하다. 타임아웃 시간은 이성을 되찾고 다음에 어떻게 할 것인지를 생각할 수 있는 정도면 된다.

몇 분 이상의 시간이 필요하다고 생각되면 다음과 같이 해본다. "여보, 당신을 사랑해. 그리고 이 논쟁이 나에게도 중요하지만, 생각을 정리할 시간/내 감정을 좀 가라앉힐 시간이 필요해"라고 말한 다음 언제 다시 시작하면 좋겠는지 구체적인 시간을 말한다(한두 시간이 적절하지만, 두 사람이 합의 하에 구체적인 시간을 정할 수 있다면 하루나 이틀 정도까지 논쟁을 미룰 수도 있다). 그리고 무슨 일이 있어도 그 시간을 지켜야 한다. 이렇게 구체적인 시간을 정하면, 배우자도 당신이 단순히 자기를 밀어내려는 것이 아님을 알 수 있기 때문에 이 방 저 방 따라다니며 어떤 반응이든 끌어내려고 안달하지 않고 당신의 청을 들어줄 가능성이 크다. 다시 한 번 말하지만, 성공적으로 타임아웃을 시도할 수 있는 시점은 당신도 배우자도 감정의 흥분 정도가 6.5를 넘기 전이어야 한다.

격렬한 사랑표현

격렬한 사랑표현은 갈등이 고조되어 감정적으로 흥분해 있음에도 사랑의 행위를 하는 것을 말한다. 싸우는 중에 배우자에게 사랑의 행위를 하라고 말하면 사람들은 깜짝 놀란다. 원초적인 본능에 반하는 일이기 때문이다. 특히 사랑의 본질이 배우자의 안녕을 위해 노력하는 일이 아니라 자연스럽게 생겨나는 느낌이라고 생각하는 사람들이 듣기에는 더욱 그럴 것이다. 그러나 특별한 타협의 기본 원칙은 '문제는 배우자가 아니다'라는 것이다. 당신과 배우자는 다만 문제를 해결하기 위해 '노력할' 뿐이다(사실 감정의 흥분 상태가 6을 넘어가는지 알 수 있는 가장 효과적인 방법은 배우자가 문제라는 생각이 들기 시작하는 시점을 알아채는 것이다). 배우자가 문제의 원천이 아니라 함께 문제를 해결해가는 동지라고 여긴다면, 서로를 응원하고 사랑표현으로 감사의 마음을 전하고 이 갈등을 잘 풀어내 좋은 결말에 이르자며 서로 격려하지 못할 이유가 없지 않은가.

비유를 들어보면 이해하는 데 도움이 될 것이다. 당신이 동료와 함께 회의에 참석했다고 가정해보자. 회의실에 긴장감이 감돌기 시작했다. 과연 밉상인 상사에게 시원하게 욕을 한마디 날려주기에 적절한 시점은 언제일까? 언제쯤 상사의 문제점을 신랄하게 비난하고 화를 내거나 울음을 터뜨리면서, 혹은 상사를 협박하면서 문을 박차고 뛰쳐나오는 게 좋을까? 그러기에 좋은 시점은 없다. 그런 행동을 해서

득을 볼 사람은 아무도 없을 테니까. 그러니 그런 실수는 하지 말자(만일 그렇게 한다면, 당신은 이 책에서 얘기할 수 있는 범주를 훨씬 벗어난 것이다). 그 대신 문제에 초점을 맞추고 결론을 내기 위해 동료와 힘을 모으는 것이 바람직하다. 그러다가 긴장이 고조되면 잠시 회의를 멈추고 '나중에 다시 논의하기'로 약속하면 된다. 동료에게 커피를 마시겠냐고 물어보는 것도 좋다. 아니면 모두 함께 나가 술을 한 잔씩 할 수도 있다. 어떻게 하든 최소한 함께 회의를 끝내고 결론에 도달해야 하는 상황인 만큼, 그것을 위해 노력하겠다는 의지를 서로 확인해야 한다. 어쨌든 당신은 옆에 앉은 사람을 주먹으로 한 대 치고 싶은 충동을 억누르고 조직 전체의 의지를 확인하는 쪽을 택할 것이다. 더 위대한 자본주의의 영광을 위해서.

그렇다면 자본주의보다 위대한 결혼생활의 영광을 위해서는 어떻게 하겠는가? 배우자에게 커피나 케이크 한 조각을 권한다든가, 등을 쓰다듬어준다든가, 나가서 함께 걸으며 문제를 의논하는 일 등이 모두 문제해결에 집중하면서 감정적 안정을 유지하는 방법들이다. 더 간단하게는 배우자에게 논쟁에 임해주어서 고맙다는 말을 할 수도 있고, 힘들지만 둘이 함께 문제해결을 도모할 수 있어서 좋다는 말을 할 수도 있다. 또는 당신에게 있어 배우자가 얼마나 특별한 존재인지 말로써 알려주고, 안아주거나 손을 잡아도 되겠는지 물을 수도 있다. 대부분의 경우 언쟁을 하던 중에 당장 이렇게까지 하기는 힘들겠지만, 스스로 사랑을 실천하는 사람이라고 자부하려면 이렇게 할 수 있도록 노력해야 한다. 기분이 좋을 때만 사랑을 실천하고 싶은 생각이 들겠지만, 정작 사랑이 필요한 순간은 갈등을 겪고 있을 때다. 사랑을 주면 신뢰가 쌓이고 친밀감이 깊어진다. 그리고 배우자는 당신처럼 성숙하고 자상한 사람과 결혼했다는 사실에 진심으로 감사해할 것이다.

싸우는 동안에는 배우자에게 절대 사랑표현이 불가능하다는 사람들은 대부분 이렇게 말한다. "나는 성격이 급해서 순식간에 0에서 10으로 감정이 치솟아요." "나는 언쟁이 시작될 때 이미 10만큼 흥분해 있어요. 그러니 어쩌겠어요?" 만일 이런 생각에 동의하는 사람이 있다면 자신의 인격적 문제에 대해 전문가의 도움을 받을 필요가 있다. 아마도 자기통제능력이 부족하고, 완벽주의적인 성향이 몹시 강하며, 스스로를 피해자라고 생각해서 다른 사람들이 공격을 해오기 전에 먼저 상대에게 달려들거나, '자신이 무조건 옳다'는 생각 때문에 다른 사람의 감정을 무시하는 경향이 강할 가능성이 높다. 이는 심각한 문제다. 당신의 자존감을 위해서도, 결혼생활의 앞날을 위해서도, 그리고 당신 곁에 있는 사람의 정서적 안전을 위해서도 분노조절 장애를 전문으로 다루는 좋은 치료사를 만나보라고 권하고 싶다.

두 사람이 동시에 이성을 잃지 말자

내가 결혼하기 전에, 나이 지긋한 어떤 분께서 행복한 결혼생활의 비결에 대해 조언을 해준 적이 있는데, 나는 그 조언이 지금껏 받은 조언들 중 최고라고 생각한다. "당신과 아내가 절대로 동시에 이성을 잃어서는 안 된다."

만약 당신이 하루 종일 비누거품을 내면서 청소를 열심히 하고 있는데, (역시 하루 종일 물청소를 하고 있던) 배우자가 갑자기 미친 듯이 짜증을 내면서 성질을 부린다면, 하고 싶은 만큼 할 때까지 무슨 일이 있어도 입을 꼭 다물고 기다려라. 그러는 동안 이 장에서 배운 모든 기술을 동원해서 차분하고 애정 어린 마음으로 배우자의 짜증을 참아낸다.

언뜻 보면 참으로 불공평해 보이겠지만, 그 안을 들여다보면 좋은 점이 훨씬 더 많다. 배우자가 비폭력적으로 짜증을 분출할 수 있도록 도와줌으로써 당신에 대한 배우자의 신뢰가 커지는 것은 물론, 당신이 말을 하기 시작했을 때 훨씬 더 잘 들어줄 것이다. 배우자가 흥분해 있는 동안 당신이 평정심을 유지하는 것을 본 배우자는 당신을 존경하게 될 것이다(이럴 때 배우자는 약간 미안한 생각마저 들어 더욱 당신에 대한 존경심이 커진다). 그리고 이 모든 결과에 당신은 스스로 뿌듯할 것이고, 배우자는 당신의 말을 진심으로 들어주게 될 것이다.

냉철한 사고가 언제나 승리한다. 그러니 이성을 잃을 때도 한 번에 한 사람씩 차례를 지키자.

배우자를 존중하는 마음

지금까지 특별한 부부들이 갈등 상황에서 본인의 품위를 지키는 방법을 살펴보았으니 이제 배우자의 품위를 지켜주는 방법에 대해 알아보자.

상대가 긍정적인 의도를 가졌다고 가정하자

어느 날 헬렌이 말했다. "나는 성격이 아주 급한 편이에요. 뒤끝이 없어서 빨리 털어버리기는 하는데, 가끔 하지 말았어야 하는 말들을 할 때가 있어요. 그래도 남편 채드는 참 괜찮은 사람이에요. 내가 이성을 잃고 흥분하면 나를 가만히 쳐다보면서 사랑한다고 말하죠. 그러고는 자기에 대해서 인내심을 가져달라고 해요."

"헬렌은 매우 다정한 사람이에요." 채드가 말했다. "헬렌이 나에게 그렇게 말을 할 때는 너무 화가 난 나머지 자기 진심을 어떻게 말로 풀어내야 할지 몰라서 그러는 거라는 걸 알아요. 그런데 그걸 가지고 내가 또 화를 낼 필요는 없잖아요."

부부가 갈등을 겪다 보면 배우자가 나를 공격할 목적으로 화를 내는 거라는 생각을 떨쳐버리기 힘들 때가 있다. 때로는 마치 배우자가 아침에 잠이 깨자마자 '나를 살아있는 지옥으로 초대하는 25가지 방법' 목록을 집어든 것 같은 생각이 들기도 한다. 하지만 그런 배우자는 없다. 그리고 거의 대부분의 경우 의도적으로 당신을 힘들게 하지는 않는다.

아주 가끔 한쪽이 '의도적으로' 상대를 불쾌하게 할 수도 있지만, 대부분 이럴 때는 좀 더 사려 깊고 조심스럽게 소통을 시도했다가 실패했기 때문인 경우가 많다. 생각해보자. 당신이 누군가를 힘들게 하는 이유도 바로 이런 경우밖에 없지 않은가? 당신의 배우자라고 왜 다르겠는가?

우리는 배우자가 우리를 골탕 먹이기 위해 그러는 것처럼 생각하고 반응하는 버릇을 고쳐야 한다. "정말 못돼먹은 여자야"라든가 "나쁜 인간. 나에게 이렇게 하다니" 또는 "나를 사랑하지 않는 게 분명해"와 같은, 심지어는 더 엉뚱한 생각이 머릿속에 떠오를 때마다 스스로를 돌아봐야 한다. 왜냐하면 그럴 때는 우리의 사고가 논리적이지 못한 경우가 많기 때문이다.

배우자의 말이나 행동이 불쾌하게 느껴질 때는 첫째도 확인, 둘째도 확인, 셋째도 확인하자. 항상 확인을 하자. 의심이 들 때는 좋은 쪽으로 생각하자(아니, 당신의 배우자는 그럴 만한 가치가 없는 사람일지도 모른다. 그래도 그렇게 하자). 당신이 무슨 연유에서든 잘못 이해한 거라고 짐작하자. "미안해. 당신이 무슨 뜻으로 말한 건지 잘 모르겠어"라든가 "당신이 좋은 의도로 한 말/행동이라고 생각하고 싶어. 왜 그랬는지 설명해줄 수 있을까?"

예를 들어보자.

배우자 가끔 보면 당신 참 바보 같아요. 정말 분통 터진다니까요.
당신 (심호흡을 하고) 나의 어떤 행동이 당신을 그렇게 화나게 하는지 모르겠는데, 설명을 해줄 수 있을까?

여기서 당신은 배우자의 말을 수긍하지도, 그렇다고 사과를 하지도 않았다. 어떻게 그럴 수 있겠는가? 당신은 아직 배우자가 무엇 때문에 화가 났는지조차 모르고 있다. 여기서 당신은 대응을 하는 대신, 평소 다정한 배우자가 그런 비난조의 말을 할 때는 그만한 이유가 있을 거라고 가정하고 있을 뿐이다. 당신은 배우자를 사랑하고 그의 의견을 존중하기 때문에 성급히 배우자를 공격하기보다는 왜 그런 말을 했는지 알아보고자 한다. 배우자가 당신을 공격하기 위해 그런 말을 한 게 아니라 합당한 이유가 있을 거라고 애써 가정하는 것이다. 다만 배우자가 그것을 직접 말하지 않고 간접적으로 운을 떼는 것이라고 말이다. 가벼운 비난이나 공격에는 이런 방법으로 대응하는 것이 합리적이고, 안정적이며, 다정하면서 효율적이다. 만일 배우자가 한 말들이 모두 진심이라고 해도, 당신이 심적인 불편함을 감수하면서 자기 의도를 긍정적인 방향으로 이해하려 했다는 것을 깨달을 것이기 때문이다. 상대방을 불쾌하게 하는 행동도 마찬가지다.

중요한 것은, 아무리 한심하고 자기파괴적인 행동도 그 저변을 살펴보면 긍정적인 의도나 욕구가 깔려 있다는 사실이다. 자살 시도를 한 사람도 자기파괴적인 행동을 하기 위해 그런 시도를 하기보다는 스트레스를 해소하기 위해서인 경우가 많다. 배우자가 불쾌감을 주거나, 무심하거나, 무례한 행동을 한다고 생각될 때는, 그가 의도적으로 그러는 것이 아닐 거라고 가정해보자(당신도 절대로 의도적으로 남을 불쾌하게 하거나, 무심하거나, 무례한 행동을 하지는 않을 것이다. 자신과 남을 평가하는 데 이중 잣대를 쓴다면 불공평하지 않겠는가?). 이 부분에서 내가 남을 불쾌하게 하는 행동에 대해 변명을 해준다고 생각지는 말기 바란다. 불쾌한 행동 뒤에 숨겨진 긍정적인 의도를 찾아낸다고 해서 불쾌한 행동 자체가 합리화되는 것은 아니다. 불쾌한 행동은 당연히 수정하는 것이 상대를 존중하는 태도일 것이다.

예를 들어 배우자가 짜증을 내는 이유가 당신의 주의를 끌기 위해서라는 사실을 알았다면, 당신과 배우자는 머리를 맞대고 좀 더 서로를 존중하면서도 효과적으로 당신의 주의를 끌 수 있는 다른 방법을 찾을 것이다("내가 좀 더 효과적으로 당신에게 주의를 집중하게 하려면…"). 배우자가 자기 몫의 집안일을 하지 않는 이유가 밤새 다른 걱정을 하느라 잠을 제대로 못 자기 때문이라는 사실을 알았다면, 당신과 배우자는 함께 해결 방법을 찾을 것이다. 문제 행동 뒤에 숨겨진 의도를 찾아내는 것이 변화를 위한 첫걸음이다.

배우자가 당신의 불쾌감을 유발하는 습관을 버리고 좀 더 서로를 존중할 수 있는 방법을 찾도록 도와보자. 지금까지 당신은 배우자가 불쾌감을 주거나 신중하지 못하거나 무성의한 행동을 할 때 이렇게 반응했을 수 있다. "당신 정말 형편없는 인간이군요!" 앞으로는 다음과 같이 반응하도록 하자.

1. 긍정적인 의도를 파악하자. 배우자에게 이렇게 물어보자. "당신이 (이러이러한) 행동/말을 할 때는 내가 어떻게 했으면 좋겠어요?"
2. 배우자의 반응을 귀 기울여 듣는다. (이런 질문을 예상하지 못했던) 배우자가 처음에는 좀 당황하겠지만, 곧 자기 행동 뒤에 숨겨진 의도를 얘기할 것이다.
3. 배우자의 의도를 충족시킬 수 있는 다른 방법을 제시한다. 배우자에게 이렇게 말한다. "이제 당신이 왜 그랬는지 알겠어. 그런데 만약 당신이 원하는 게 그것이라면, 지금처럼 하지 말고 a나 b, 또는 c를 해줄 수는 없을까? 그렇게 해준다면 당신이 원하는 걸 내가 들어줄 수 있지만, 지금 같은 일이 계속되면 나는 당신이 원

하는 걸 들어줄 마음이 생기지 않을 것 같아."

예를 들어보자.

당신 싸우고 난 다음에 당신이 나와 말을 하지 않으려고 할 때는 내가 어떻게 하면 좋을까?

배우자 당신은 내가 하는 말을 진지하게 생각하지 않는 것 같아요. 그런데 당신과 말을 하는 게 무슨 소용이 있죠?

당신 (심호흡을 하고 배우자를 이해하려고 노력한다.) 여전히 당신의 의중을 이해하지 못하겠어. 내가 어떻게 하길 바라지?

배우자 당신의 생각을 내 속에 집어넣으려고만 하지 말고 내 말을 들어달라고요.

당신 나는 그러려고 한 적이 없는데. (아하! 이제 알겠는가? 배우자가 당신의 의도를 오해하고 있었던 거다.) 당신이 하는 말을 내가 중요하게 생각한다는 것을 알아줬으면 좋겠어. 내 부탁 하나만 들어줄래?

배우자 뭔데요?

당신 다음에 또 내가 그런다고 생각되면, 나는 내가 언제 그러는지 정확히 모르니까, 당신이 나에게 말해줘. "당신 또 내 말 안 듣고 있어요!" 이렇게 말이야. 당신이 싸우고 나서 말을 안 하는 것보다 그렇게 해주면 훨씬 더 빨리 내가 고칠 수 있을 것 같아.

배우자 (아직은 당신의 말을 반신반의하지만, 당신이 꽤 괜찮은 대응을 보였으므로 당신에게 기회를 주기로 한다.) 당신 생각이 그렇다면, 나도 협조할게요.

당신　좋아. 약속할게. 사랑해.

배우자　나도 사랑해요.

이런 정도로 성숙한 문제해결의 경지에 이르기는 어렵지만, 그래도 그러려고 노력해야 한다. 이런 식의 소통이 몸에 배려면 열두 번 정도 연습을 해야 할지도 모른다. 그러니 서로를 존중하고 인내심을 갖자. 배우자의 공격적인 말과 행동 뒤에 숨겨진 긍정적인 의도를 살펴서 배우자와 함께 그의 욕구를 충족시켜줄 수 있는 다른 방법을 찾아보자. 그러고 나면 사람을 변화시키는 사랑의 힘을 경험할 수 있을 것이다.

경멸하는 듯한 태도를 보이지 말라

경멸 섞인 몸짓이나 말보다 더 순식간에 싸움을 악화시키는 요인은 없다. 그런 행동들에는 배우자를 위아래로 훑어보기, 믿을 수 없다는 듯 좌우로 고개 젓기, 배우자의 말을 막기 위해 동의하는 척하기, 화내면서 뛰쳐나가기, 언쟁을 벌이다 약간의 몸싸움까지 동반하기, 배우자의 말이 안 들리는 척하기, 욕하기 등이 있다. 그중에도 가장 나쁜 것은 이혼을 빙자해서 협박하는 것이다.

싸우다가 흥분했다고 이혼하자는 협박을 하면 당신이 유치하고, 심술 맞으며, 버릇없고, 한심한 투정쟁이, 그야말로 경멸받아 마땅한 사람으로 보인다. 만일 그 말이 입 밖으로 나올 것 같다면, 얼굴이 파랗게 질릴 때까지 입을 틀어막고 숨도 참아라. 이혼하자는 협박은 당신에 대한 배우자의 신뢰를 무너뜨릴 뿐 아니라 앞으로도 당신을 믿을 수 없게 만들기 때문에 부부관계의 안정성을 훼손하고 결혼의 존엄성을 깨뜨린다(이 정도로 얘기하면 내가 가장 싫어하는 말이라는 걸 눈치채지 않았는지?).

언제든 위에 열거한 경멸적 행동이 튀어나오려 하면, 특히 이혼협박의 충동이 느껴진다면, 다음의 약자를 기억하자! DUMM Don't Undermind My Marriage! 결혼생활을 위태롭게 하지 말자는 의미-옮긴이.

잔소리를 할 게 아니라 문제를 해결하자

배우자는 좋은 의도로 당신을 실망시키고 싶지 않아서 실제 자기가 할 수 있는 것보다 더 많은 것을 약속할 수도 있다. 그러다 보면 결국 당신이 실망하고 화날 일이 생긴다. 이런 문제는 어떻게 해결해야 할까? 이럴 때 우리는 우선 약속을 지키라며 배우자를 몰아세운다. 이런 식으로 잔소리를 하고, 채근하고, 회유하고, 비난하면 배우자와 당신의 품위가 손상될 뿐 아니라 결혼생활의 평화가 깨질 수밖에 없다. 앞으로는 배우자에게 뭔가를 해달라고 부탁했다가 배우자가 당신의 요청을 잊어버리거나 무시해서 화가 난다면 배우자가 그러는 데는 긍정적인 이유가 있을 것이라 가정하고 다른 방법을 생각하자. 지금까지 당신이 택한 방법이 다음과 같다고 하자.

당신 여보, … 좀 해줄래요?

배우자 그러지.

3주 뒤 배우자가 그 요청을 아직 실행하지 않은 모습을 보고 당신은 잔소리를 시작하거나 그가 끝까지 당신의 요청을 들어주지 않을 거라 짐작하고 포기해버린다.

앞으로는 다음처럼 해보자.

1. 분명한 기한을 정한다.

당신 여보, 당신이 … 좀 해주면 좋겠어요. 화요일까지 끝내줘야 해요. 해줄 수 있어요? 아니면 친구나 전문가를 불러서 도와달라고 할까요?

배우자 응? 아, 그거. 내가 해줄게.

화요일이 되었는데 배우자는 그 일을 잊고 있다. 그래도 아무 말 하지 마라.

2. 전문가의 도움을 청한다. 수요일 아침 일찍, 배관공/가사도우미/자동차 정비소/정원관리업체/친구 등 도움을 줄 수 있는 사람에게 전화해서 도움을 청한다. 저녁에 퇴근해서 집에 온 배우자는 일이 처리된 것을 보고 안심하거나 기분 나빠할 것이다. 둘 중 어느 쪽으로 반응해도 괜찮다. 배우자가 기분 나빠한다면, 아주 진지하고 부드러운 음성으로 말하라. "미안해요, 여보. 당신이 처리해줄 수 있다고 한 날까지 일이 되어 있지 않길래 나는 당신이

시간이 없나 보다 생각했어요. 그런 당신을 귀찮게 하는 것보다는 그냥 내가 해결하는 게 낫겠다고 생각했어요."

이런 방법은 잠깐 긴장감을 조성할 수는 있지만 문제를 간단히 해결할 수 있는 접근법이다. 또한 배우자에게 다음과 같은 메시지를 전달할 수 있다. (a) 당신이 괜한 말을 한 것이 아니라는 것. (b) 당신이 배우자가 도와줄 때까지 기다리지 않는다는 것. (c) 배우자가 반드시 도움을 주어야 하는 것은 아니라는 것. 당신은 상대방이 솔직하게 대답해주기를 바라고, 그래야 당신도 다른 방법을 강구할 수 있다는 사실을 배우자가 깨닫게 될 것이다.

장기간 긴장된 분위기를 끌어가며 원망하고, 잔소리/투정/채근을 계속하는 방식은 문제도 해결하지 못할 뿐 아니라 결혼생활의 뿌리를 서서히 상하게 할 수 있다. 배우자의 도움이 필요한 일이 있다면 도움을 청하되, 그가 하지 않거나 하지 못하면 바로 다른 방법을 찾는 게 좋다. 이런 식의 사고방식은 결혼생활에서 점수매기기에 집착하는 부부들(또는 기 싸움이 습관화된 부부들)에게는 실천하기 어려운 과제다. 하지만 동반자 결혼이나 그보다 상위 단계의 결혼생활을 영위하려면 무작정 도움을 받겠다는 생각을 버리고 자기가 필요한 일은 스스로 계획을 세워 완수할 수 있는 능력을 키워야 한다. 사사로운 일들로 배우자의 헌신도를 시험하려는 생각을 버리자. 배우자의 도움은 무상으로 너그럽게 제공되는 선물과도 같다. 그런 성격의 모든 선물이 그렇듯, 당신은 그걸 받고 싶을 수도 있고 받았을 때 고마워할 수는 있지만, 아쉽게도 달라고 요구할 권리는 없다.

'무엇'에 대해 논하지 말고, '어떻게'와 '언제'에 대해 논하라

당신은 부모가 아니라 배우자다. 배우자가 무엇을 하고, 무엇을 가질지 결정하는 건 당신 몫이 아니다. 당신의 역할은 배우자의 계획에 대해 당신의 의견을 얘기하거나 마음 써주고, 배우자가 계획을 실현할 수 있도록 지지해주는 것이다. 다음의 규칙을 적용해보자. '무엇'에 대해 묻지 말고 '어떻게'와 '언제'에 대해서만 의문을 제기한다. 그러면 이미 성인인 배우자가 원하거나 필요로 하는 것을 판단하는 일에 주제넘게 나서게 되는 우를 피할 수 있다. 그 대신 당신이 도와줄 수 있는 조건('어떻게'와 '언제')을 제시한다. 예를 들면 다음과 같다.

배우자 여보, 타조 농장을 시작할까 하는데요.
과거의 반응 정신 나갔어요? 왜 그런 일을 벌여요?
바람직한 반응 우리가 잘 운영해갈 수만 있다면 괜찮을 것 같아요. (여기에 걱정되는 사항들을 열거한다.) 이런 걱정에 대해 당신은 어떻게 생각해요?

이런 식으로 당신의 우려와 의견을 전달하면 배우자는 당신의 진심을 느낄 수 있으며 자기의 원대한 계획을 당신이 진지하게 받아들이고 있다고 여기게 된다. 배우자가 목표를 추구하고 있다는 점에 대해서는 적극 지지를 보내되 당신이 우려하는 바에 대해서도 진지하게 고민해볼 것을 확실히 전달하는 게 좋다. 어떤 상황에서든 부부가 친밀감을 갖고 결혼생활을 유지하기 위해서는 자신의 꿈과 목표, 가치를 추구하는 동안에도 서로의 필요를 존중하는 태도를 익혀야 하기 때문이다. 이는 동반자관계를 구축하기 위해 매우 중요한 기술이다. 사실 이 기술을 숙달했는가에 따라 평범한 부부와 동반자 및 반려자 부부가 구분된다. 배우자가 무엇을 갖거나 할 수 있는지 없는지를 판단하지 마라. 당신이 우려하는 점을 전달하되, 원하는 바를 달성하기 위해 필요한 노력을 들일 가치가 있는지는 배우자 본인이 판단하도록 해야 한다. 추구할 가치가 없다고 판단된다면 배우자가 자유의사에 의해 자기 목표를 포기할 것이다. 이런 결론이 나왔다 해도 배우자는 당신이 우려하는 부분을 신중하게 살피고 확인해볼 필요를 느꼈다면 자기를 존중하면서도 꿈이나 목표, 가치를 추구하도록 지지해준 당신에게 감사의 마음을 갖게 될 것이다.

명심하자. 절대로 '무엇'을 가지고 의견을 제시하지 마라. 항상 '어떻게'와 '언제'를 놓고 협상하라.

우리에게 필요한 건 오직 사랑뿐

이쯤에서 당신은 고개를 저으며 믿을 수 없다는 듯 말할 것이다. "미안하지만, 대부분의 사람들은 그렇게 하지 않아요." 당신 말이 맞다. 행복한 결혼을 영위하는 상위 7퍼센트는 대부분의 일반적인 사람들이 아니고, 특별한 사람들이다. 하지만 예측컨대 당신이 이 책을 읽고 있다면, 그 특별한 사람들처럼 일반적인 범주를 벗어나고 싶은 욕망이 당신 내면에 아주 조금이라도 있는 셈이다. 당신은 동반자이자 친구, 열정적인 애인, 그리고 동지를 원한다. 다른 사람들이 샘을 낼 정도로 배우자를 사랑하고 싶어한다(이제 그만 인정하자). 당신은 서로를 지극히 사랑하는 부부로 살고 싶다. 그래서 다른 부부들 사이에 "왜 당신은 저렇게 해주지 않아요?" 하는 식의 작은 다툼을 유발하는 그런 부부가 되고 싶다.

그런 당신에게 전해줄 희소식이 있다. 당신은 그 모두를, 그리고 그 이상도 이룰 수 있다. 이를 위해 당신이 버려야 할 것은 항상 옳아야 한다는 집착과 옹졸함, 자기중심적인 사고, 그리고 악의적으로 배우자를 무시하는 언행들이다. 이러한 노력에 대한 선물은 '더 나아진 새로운 당신'이다. 이 새로운 당신은 앞에 열거한 예전의 모습들을 버리는 노력을 한 결과로 얻은 선물이다. 더 반가운 소식은 이러한 변화를 한꺼번에 이뤄야 할 필요가 없다는 것이다. 쉬운 방법이 있다. 앞에서 읽은 내용 중 하나를 택해서 지금 바로 실행해보자. 그렇게 한두 달 정도 지나면 또 다시 새로운 기술을 하나 택해 일상에 적용해보자. 그러다 보면 마침내 당신과 배우자는 갈등 상황을 겪을 때 결혼의 지상 목표를 길잡이로 삼아 바람직한 해결책을 찾게 될 것이다. 부부로서 마주치는 문제들이 좋은 마사지의 기회가 되어 결혼생활을 더욱 유연하게, 더욱 편안하게, 그리고 궁극적으로는 더욱 친밀하게 만들어줄 것이다.

효과적인 문제해결에 관해서는 알아야 할 것들이 더 많지만, 여기서는 굵직한 내용만 다뤘다. 그래도 대부분의 부부들은 언쟁을 하는 중에 이 장에서 제시한 조언들만 기억하는 것도 쉽지 않을 것이다. 하지만 힘을 내자. 특별한 타협을 훈련하기 위해 오늘 당장은 단어 하나만 기억하자. 그 단어는 바로 LOVE, 사랑이다.

L   Look for the positive intention
      긍정적인 의도를 찾아라.

O   Omit contemptuous phrases and actions
      경멸조의 말이나 행동을 삼가라.

V   Verify that what you think was said is what was meant to be said
      당신이 들었다고 생각하는 말이 원래 배우자가 의도했던 말인지 확인하라.

E   Encourage each other through the conflict and toward a solution
      갈등 상황을 겪으며 해결점을 향해 가는 동안 서로를 격려하라.

당신과 배우자가 감정적으로 격앙된 언쟁, 즉 문제해결 과정을 거치게 된다면 LOVE라는 단어를 주문처럼 외우자. 싸움에 이기고 사랑을 잃는다면 무슨 소용이 있겠는가? 특별한 타협을 하는 모든 부부들에게 가장 중요한 것은 LOVE, 즉 사랑이라는 규칙이다. 아래의 연습문제는 특별한 타협의 비결을 요약해 정리한 것이다. LOVE라는 네 글자를 따라가면서 내용을 숙고해보면 당신과 배우자가 좀 더 나은 협상가, 더 나아가 좀 더 나은 사람으로 변해가는 데 도움이 될 것이다.

긍정적인 의도를 찾아라

배우자가 당신에게 불쾌감을 주는 경우를 두 가지 적는다. 그것에 대해 배우자와 얘기한다. 배우자와 함께 그 말이나 행동에 담긴 긍정적인 의도를 찾고, 그것들 대신 할 수 있는 말이나 행동을 찾아본다. 다음의 형식을 따라보자.

  a. 당신: 당신이 (이러저러한 행동)을 할 때 나는 (이러저러한) 느낌이 들어요. 하지만 당신이 나를 (기분 나쁘게, 실망하게, 화나게) 할 의도는 아니었다고 생각해요. 당신은 어떤 의도로 그랬던 거죠?
  b. 이때 배우자는 자신의 의도를 말해야 한다. 간결하고도 긍정적인 어조로 설명하는 것이 좋다. 예를 들면, "당신의 관심을 받고 싶어서 그랬어." "내가 좀 부담스러워한다는 걸 당신이 알아주었으면 했어."
  참고: "모르겠어"는 답으로 적절하지 않다. 이 말은 대개 "너무 민망해서 말할 수가 없어"라는 뜻이다. 당신이 배우자의 마음을 진심으로 이해하고 다시 한 번 기회를 갖고 싶어한다는 것을 확인시켜주어야 한다.
  c. 이제 배우자와 함께 그 의도를 충족시킬 수 있는 좀 더 효과적이고 바람직한 방법을 찾아본다. 예를 들면, 당신의 관심을 받기 위

한 더 좋은 방법은 무엇일까? 직접 표현하는 걸까, 아니면 당신이 내 기분을 상하게 한다는 것을 알려주는 게 좋을까?

d. 차선으로 찾은 방법에 대해 당신이 현실적으로 우려되는 점이 있다면 함께 의논한다. 다시 말해서 그 방법이 효과적으로 받아들여지려면 어떻게 해야 할까?

e. 새로운 방법에 적응하기 위해 노력하기로 약속한다. 그리고 당신의 약속에 책임을 진다.

경멸조의 말이나 행동을 삼가라

다음 표의 항목은 배우자에게 경멸적인 메시지를 전달할 수 있는 행동들이다. 배우자가 당신에게 보이는 행동에 동그라미를 쳐보자. 그 항목의 오른쪽에는 특별한 타협을 위한 바람직한 대체 행동이 제시되어 있다.

경멸적인 행동	사랑이 느껴지는 행동
① 배우자를 위아래로 훑어본다.	① 시선을 맞춰 바라본다.
② 욕을 한다.	② "이렇게 나와 논쟁을 해주어서 고마워"라고 말한다.
③ 화를 내며 뛰쳐나간다.	③ 배우자를 존중하는 말투로 시간을 정해놓고 휴식 시간을 갖자고 제의한다.
④ 이혼을 하자고 협박한다.	④ 문제점을 개선할 때까지 노력하겠다고 약속한다. "우리는 끝까지 한 팀이야."
⑤ 누가 상대를 더 아프게 하는지 경쟁하듯 쏘아댄다.	⑤ 배우자에게 상처를 준 데 대해 "미안해"라고 말한다.
⑥ 배우자의 생각과 감정을 폄하한다.	⑥ "미안하지만 잘 이해를 못하겠어. 그래도 노력해볼게. 다시 한 번 말해줄래?"라고 말한다.
⑦ 배우자의 말을 막기 위해 동의하는 척한다.	⑦ 위의 6번을 참조하든가, 감정이 가라앉아 상대의 말을 들을 수 있을 때까지 서로의 동의하에 휴식 시간을 갖는다.
⑧ 배우자가 답을 할 준비가 되지 않았는데 대답하라고 다그친다.	⑧ 배우자가 생각을 정리할 시간을 준다.
⑨ 언쟁을 하다가 몸싸움으로 번진다.	⑨ 휴식 시간을 갖거나, 격렬한 사랑표현을 한다.
⑩ 배우자가 중요하게 생각하는 것을 가질 수 없거나, 할 수 없다고 말한다.	⑩ 당신이 우려하는 점에 대해 함께 살펴보자고 제의한 다음, 그가 원하는 것을 할 수 있도록 도와준다.

당신의 '잘못된 행동'들을(각각에 대한 바람직한 대체 행동들도) 적어보자. 배우자에게 경멸적인 행동을 하려는 충동이 느껴질 때는 DUMM(결혼생활을 위태롭게 하지 말자)이라는 단어를 떠올리자.

당신이 들었다고 생각하는 말이
원래 배우자가 의도했던 말인지 확인하라

이는 배우자의 좋은 의도를 찾고자 하는 것과 같은 이치다. 당신을 아프게 함으로써 배우자가 얻는 것은 아무것도 없다는 점을 기억하자. 배우자가 결백하다고 가정하는 습관을 들이는 것이 중요하다.

비난받았다고 느껴지거나 방어기제가 작동하려는 순간, 즉시 스스로에게 '그만둬!'라고 말한 다음 심호흡을 한다. 그리고 배우자를 최대한 존중하는 어조로 묻는다. "방금 그 말은 무슨 뜻이지?"

연습하기: 최근에 배우자가 한 말 중에서 당신을 불쾌하게 했던 말을 떠올려보자. 그때 배우자가 실제 하고 싶었던 말은 무엇이었는가? 짐작하지 말고 물어보자. 그런 다음 '긍정적인 의도 찾기'로 돌아와서 바람직한 대응법을 생각해보자.

갈등 상황을 겪으며 해결점을 향해 가는 동안
서로를 격려하라

좋은 의도를 가지고 문제를 해결하고자 대화를 시작했다가 사소한 일로 감정이 격앙되어 언쟁으로 번지는 경우가 종종 있다. 대화가 원래의 의도를 벗어나지 않도록 하기 위해 서로에게 할 수 있는 말을 소개한다. 문제는 배우자에게 있는 게 아니라는 점을 기억하자. 문제는 '문제' 그 자체에 있다. 그러니 배우자와 힘을 합쳐 그 문제를 해결하면 된다.

다음은 결혼생활의 문제들을 함께 해결하고자 할 때 활용하면 좋은 말들이다. 당신도 적당한 표현들을 떠올려보라.

- 사랑해.
- 우린 이 문제를 해결할 수 있어.
- 함께 노력합시다.
- 잠깐 쉬었다가 합시다.
- 잠시 당신을 안아도 될까?
- 우리 서로를 공격하기 시작하는 것 같아. 문제를 해결하는 데 집중하기로 합시다.
- 그것에 대해 이야기하는 것도 중요하지만, 한 번에 한 가지씩 얘기하기로 합시다.
- 잠시 시간을 줘. 당신의 논리를 따라가기가 버거워지는 것 같아.
- 미안해, 내가 하고 싶었던 말은…
- 이건 정말 힘든 일이야. 하지만 당신을 위해서라면 노력해야지.
- 나를 위해 좀 참아줘.
- 당신이 원하는 게 뭔지 아는 것이 나에게도 중요해.
- 우리 이 논쟁이 끝나면 함께 저녁 먹으러/게임하러/산책하러 갑시다.
- 결혼생활이 가끔 힘들 때도 있지만, 다른 누구보다 당신과 함께 사는 게 좋아.
- 당신은 나에게 정말 중요한 사람이야.
- 내가 당신을 사랑한다고 말했던가?

- 그 말을 들으니 재미있는 얘기가 생각나네.
- 우리는 정말 훌륭한 한 쌍이야.

배우자와 다음의 주제를 놓고 대화해보자.

- 결혼생활을 하면서 긍정성과 부정성의 5대 1 비율을 유지하는가? 비율을 바람직한 수준으로 호전시키기 위해 어떠한 단계를 밟아야 하는가?
- 현재 당신은 배우자와 언쟁을 할 때 어떤 규칙을 따르는가?
- 새로 만들고 싶은 규칙이 있다면 어떤 것인가?
- 갈등 상황에서 감정이 격해지는 것을 막고 협동심을 고무하기 위해 타임아웃과 격렬한 사랑표현을 시도할 때 구체적으로 어떻게 하는 것이 좋겠는가?

서로를 향해 다음과 같이 선서한다.

우리가 의견 차이를 보일 때 당신에게 다정하게 대하지 못해서, 그리고 나를 존중하고자 하는 당신의 마음과 우리 결혼의 굳건함을 흔들리게 한 시간들에 대해 미안하게 생각합니다. 오늘 이후로 나는 당신이 나를 이해해주기를 바라기 전에 당신을 이해하기로 약속합니다. 갈등 상황 속에서도 나는 당신의 평안을 위해 노력하겠습니다. 당신을 적이 아닌 나의 동반자로 대하겠습니다. 이 약속을 지키기 위해 노력하는 동안 당신이 인내와 사랑으로 나를 대해줄 것을 부탁합니다.

당신을 사랑하며, 당신이 원하는 동반자가 되고 싶은 나의 마음을 전합니다.

싸움의 기술을 완벽하게 숙지하면, 싸웠음에도 '불구하고'가 아니라 '싸웠기 때문에' 더 깊은 친밀감을 쌓아갈 수 있게 된다. 결혼생활에 문제가 생긴다면 특별한 부부들이 하는 대로 따라 해보자. 장갑을 벗고, 서로 손을 내미는 것이다.

9
특별한 감사:
행복과 자유, 새로운 시각을
선사하는 시간

감사하는 마음보다 더 고귀한 것은 없다.

세네카

옛날 어느 산자락에 마을이 하나 있었다. 마을 사람들은 늘 산의 품에 안겨 있는 것을 당연하게 생각하며 살았다. 산은 늘 그곳에 있었고, 앞으로도 그곳에 있을 것이기 때문이었다.

어느 날, 젊은 신혼부부가 마을 밖으로 소풍을 갔다. 그런데 젊은 아내가 산을 바라보다가 혼잣말처럼 정상에 오르면 어떤 기분일지 물었다. 남편은 처음에는 아내가 무슨 말을 하는지 의아해했지만, 아내가 계속 오르고 싶어했으므로 결국 그 말에 따르기로 했다.

산에 오르다 보니 힘든 순간들이 많았다. 산이 매우 험하고 가팔랐기 때문에 경사면을 타고 미끄러지지 않기 위해 최대한 주의를 기울여야 했다. 결국 부부는 정상에 올랐다.

정상에 오른 부부는 우선 달콤한 산 공기를 들이마셨다. 마을에서 숨 쉬던 공기가 아니었다. 마을의 공기는 굴뚝에서 뿜어 나온 연기와 땀 냄새, 마을사람들의 바쁜 생활을 대변하는 다양한 냄새들이 뒤섞여 매캐했다면, 산 정상에서 들이마신 공기에는 야생화의 향기가 배어 있었으며 맑은 샘물 같았다. 한 번 들이쉴 때마다 메마른 허파가

적셔지는 것 같았다.

주변을 둘러보니 그때까지 한 번도 본 적 없는 세상이 펼쳐져 있었다. 그동안은 자기들이 살던 마을이 더 없이 즐겁고 좋은 곳이라 생각했는데, 이제 보니 낡고 평범하기 그지없었다. 그래도 산 위에서 내려다본 마을의 지붕들은 헝겊을 이어 만든 귀여운 퀼트 이불 같았으며, 굴뚝에서 나는 연기는 노파가 작은 헝겊조각을 기울 때 사용하는 긴 실타래를 연상시켰다.

"마을이 이렇게 아름다운 줄 미처 몰랐어요." 젊은 아내가 말했다. 남편의 생각도 같았다.

그날 저녁 산을 내려온 부부는 친구들과 이웃에게 자기들의 멋진 경험을 들려주고 싶어했다. 하지만 대부분 인상을 쓰면서 뜬구름 잡는 얘기를 듣기에는 너무 바쁘다고 했다. 몇몇은 얘기를 들어주기는 했지만 다음에 함께 올라가보자는 제안은 거절했다.

"또 올라가려고?" 사람들의 반응은 이랬다. "좋을 것 같기는 하지만, 나는 그렇게 힘든 등산을 하고 싶지는 않아." 마을 사람들은 곧 다시 일을 하러 가거나 집으로 돌아갔다.

그날 밤 젊은 부부는 그들의 일생을 영원히 바꿔놓을 작업에 착수하기로 마음먹었다. 그리고 다음 몇 개월에 걸쳐 계속 산에 올랐다. 부부는 한 번 오를 때마다 자기들이 살 오두막을 조금씩 짓기 시작했다. 어느 날 마침내 오두막이 완성되었다. 다음 날 젊은 부부는 짐을 싸서 오두막으로 이사를 했다.

젊은 부부는 지금도 가끔 장을 보러 마을로 내려온다. 그때마다 친구들에게 산 위의 달콤한 공기와 멋진 절경, 세상이 얼마나 다르게 보이는가에 대해 얘기한다. 하지만 돌아갈 때는 언제나 단둘뿐이다. 젊은 부부는 그래도 상관없다. 아침저녁으로 천국과 지상에서 그들만을 위한 멋진 쇼가 펼쳐지고 하루 종일 달콤한 공기를 마음껏 마실 수 있으니까.

감사의 산

결혼생활을 하면서 특별한 감사를 실천하는 일은 위의 이야기에 나오는 산 오르기와 같다. 우리 모두 그렇게 해야 한다는 것을 알고 때때로 시도해보기도 하지만, 막상 실천하려니 쑥스럽거나 안 해도 될 것 같은 생각에 그냥 포기한다. 안 해도 될 일까지 하나 더 하기에는 삶 자체가 이미 힘겹지 않은가. "이렇게 바쁘고 할 일도 많은데 어떻게 산까지 오르느라 시간을 낼 수 있겠어. 여기도 공기는 있어. 꽃도 보이고. 산에 오르는 게 뭐 그리 대수겠어?"

일리가 있는 말이기는 하지만, 아주 중요한 사실을 놓치고 있다. 그렇다, 특별한 감사를 실천하려면 일정 정도의 노력이 필요하다. 하지만 그러한 노력만 들인다면, 결혼생활이 훨씬 더 행복해질 뿐만 아니라 각자 배우자 곁에서 좀 더 자유로워질 수 있으며 일상의 지루함이 해소되고 자기가 살고 있는 세계에 대한 새로운 시각이 열린다.

영혼을 위한 배려의 다른 표현이기도 한 특별한 감사는 부부들로 하여금 배우자에게 행할 수 있는 간단하고 일반적인 배려를 일상화하도록 해준다. 이를 통해 특별한 부부는 다음과 같은 중요한 진리를 깨닫게 된다.

1. 당신의 배우자는 이기적인 필요나 이득을 위해 결혼생활을 유지하는 것이 아니라, 매일 사랑하고 배려하겠다는 의지적 선택에 의해 결혼생활을 지속하는 것이다. 그러므로 배우자의 존재 자체가 선물이며 서로 이에 대해 감사하는 것이 마땅하다.

2. 부부는 매일 서로가 지향하는 성품을 가꾸며 성숙해가도록 돕기 위해 함께 노력한다. 그러므로 즐거울 때나 힘들 때나 감사하는 마음으로 살아야 한다. 그런 시간들이 모두 본인들이 소중하게 생각하는 가치와 이상, 목표 안에서 성장할 수 있는 기회이기 때문이다.

3. 특별한 결혼생활에서는 부부가 조화롭게 유능성을 발휘하며 서로의 역할을 대체할 수 있기 때문에 누구도 상대방을 위해 뭔가를 해야 할 필요가 없다. 따라서 배우자에 대한 작은 배려 하나도 자유의지에 의한 선물이다. 그러므로 마땅히 감사를 표해야 한다.

"우리 부부의 특징을 하나만 말하라면, 서로에게 진심으로 감사하며 살고 있다는 거예요." 도미니크가 웃으며 말했다. "전 매일 웬디에게 직장과 가정에서 열심히 임해주는 모습에 얼마나 감사하게 생각하는지 분명하게 표현하고, 웬디도 저에게 똑같이 해요. 다른 사람들은 우리가 식사 준비를 하거나 어질러놓은 것을 치워줄 때마다 '고마워'라고 말하는 것이 이상하다고 생각할지도 모르지만, 우리는 그게 좋아요. 서로를 기쁘게 해주려고 더 열심히 노력하게 되거든요. 마음만 먹으면 할 수 있다는 걸 아니까요."

다른 특별한 자질과 마찬가지로 특별한 감사도 부부가 결혼생활의 모든 면에서 좀 더 유능해지기 위해 노력하고 지상목표를 성취하고자 노력하는 과정에서 생겨난다. 따라서 특별한 부부는 배우자의 존재나 사랑이 깃든 배려를 당연시할 수가 없다. 관계의 발전 경로에 있는 다른 부부 유형과 비교하면 이해가 더 쉬울 것이다.

구조선 결혼 유형에서는 배우자의 역할이 매우 엄격히 구분된다. 부부 각자에게 구체적으로 배정된 임무가 있고, 각자 그 임무를 완수해야 한다. 특별한 부부들은 음식을 준비거나, 직장에서 열심히 일하거나, 소소한 집안일을 해주는 것에 대해 감사를 표현하는 것을 당연하게 생각하는 반면, 구조선 부부는 그런 일에 결코 감사를 표하지 않는다. "뭐라고요? 당연히 해야 할 일을 했을 뿐인데 감사할 일이 뭐가 있어요?"

구조선 유형의 부부는 결혼생활의 대부분이 '당신이 내 등을 긁어주면, 나도 당신 등을 긁어줄게'라는 규칙에 근거하고 있기 때문에, 배우자가 베푸는 대부분의 배려에 대한 대가를 이미 지불했다고 생각하는 경우가 많다. 예를 들어 구조선 유형의 남편은 아내에 대해 이렇게 생각한다. '당신은 생활비를 벌지 못하잖아. 내가 그 일을 하는 대신, 당신은 집안일과 자녀양육을 맡을 수밖에. 그러니 당신이 가정을 위해 일하는 대신 나도 이미 '할 만큼 하고 있다'는 걸 기억해.' 반면 구조선 유형의 아내는 이렇게 생각한다. '당신은 요리도 못하고 내가 도와주지 않으면 말끔하게 차려입지도 못해. 내가 그런 일을 도맡아 하고 있으니, 당신이 밖에서 돈을 벌어온 대가는 이미 치른 셈이라

는 사실을 기억해.'

결과적으로 구조선 결혼생활을 하는 부부 중 한쪽이 결혼생활에서 부족함을 느껴 좀 더 많은 것(더 많은 시간, 친밀감, 낭만적 분위기, 열정적 잠자리, 감사의 마음 등)을 원할 경우, 상대방은 마치 케이블 시청료가 100달러나 오른다는 통지를 받은 듯한 반응을 보이며 언성을 높인다. "오, 맙소사. 말도 안 돼. 우리 같이 계약서에 서명했잖아. 그런데 중간에 규칙을 바꾸겠다고? 그건 안 되지." 이렇게 상품과 그 대금을 공평하게 맞바꾸려는 사고방식은 부부가 서로의 존재와 노고를 당연시하게끔 만든다. 이 부부들이 공공연하게 내보이는 메시지는 이렇다. "나는 당신의 노고에 상응하는 대가를 지불하고 있어. 그러니까 아무 말 말고 맡은 일이나 처리해." 오랜 시간 부부가 상호의존이라는 독에 중독되어 감사를 느낄 마음의 여지가 사라진 형국이다.

평범한 단계의 부부는 이런 '보상으로 해주기' 식의 사고방식에 그리 심하게 얽매이지 않는다. 얼마쯤은 그런 면도 있지만, 부부의 역할이 반투성을 지니기 때문에 그런 경향이 많이 옅어진다. 말하자면 평범한 단계의 부부는 '배우자가 해야 할 일'이라도 배우자가 부탁해오면 둘 사이의 힘의 균형을 크게 위협하는 정도가 아닌 한 배우자의 청을 들어준다. 그런데 평범한 부부는 특별한 감사를 표현하는 데 조금 독특한 곤란을 겪는다. 상대에게 감사의 마음을 전했다가 괜히 배우자만 '의기양양하게' 만들고 이로 인해 미묘한 세력 균형이 무너질지 모른다는 두려움을 갖고 있기 때문이다. 말하자면 이렇게 생각하는 식이다. '남편이 나를 위해 해주는 것들에 감사하지만, 내가 너무 고마워하면 남편이 자만심을 가질 수 있어. 그러면 가만히 앉아서 나를 시켜먹으려 들지도 몰라.' 평범한 단계의 부부는 이런 생각을 마치 농담처럼 던지곤 하지만, 웃음 속에 진심이 숨어 있다. 이들의 부부 관계는 '평등'과 '공평함'에 근거하고 있기 때문에 한쪽이 상대의 행위에 대해 '공평'하다고 생각되는 정도 이상의 감사표현을 하면, 상대방은 자기가 지나치게 양보했다고 간주하고 불균형을 바로잡기 위해 이후로는 자기의 역할을 줄인다("와! 내가 설거지를 해놓은 것에 아내가 저렇게 고마워하는 걸 보니 오늘 할 일은 충분히 했나 보군. 그러니 이제 낮잠이나 자자!"). 이렇게 배우자가 '의기양양해지는' 일이 실제로 일어나는가에 대해서는 논란의 여지가 있지만, 중요한 것은 대부분의 평범한 부부들이 그렇게 될 수도 있다는 두려움을 느끼고 마치 실제 그런 일이 일어난다는 듯이 행동한다는 것이다. 그리하여 배우자에 대한 감사의 표현을 되도록이면 자제하게 된다.

앨과 레나 부부를 상담할 때였다. 특별한 감사에 대해 얘기하고 있었는데 이 부부가 갑자기 장난을 치고 싶어졌던 것 같다. 상담을 하던 중에 약 5분 정도 아무것도 아닌 일에 서로 계속 감사표현을 하기 시작한 것이다.

레나 "나를 그렇게 곁눈질로 힐끗거려줘서 고마워요, 여보. 당신이 그렇게 보니까 내가 아주 특별한 사람 같아요."
앨 "아, 그래! 나에게 고마워해줘서 고마워!"

마침 그날 이들 부부가 상담실에 들어올 때부터 기분이 몹시 좋지 않아 보였던 터라 나는 잠시 두 사람이 그런 장난을 계속하도록 내버

려두었다. 그리고 잠시 후 말했다. "좋아요. 그렇게 서로 감사의 말을 하는 게 좀 우습다고 생각될 수 있어요. 그런데 한 가지 물어볼게요. 처음 상담실에 들어올 때에 비해 지금 기분이 어떤가요?"

앨이 대답했다. "글쎄요, 상담실에 들어올 때는 화가 나 있었어요. 그런데 지금은 나 자신이 좀 우습다는 생각이 드네요." 그러고는 두 사람이 함께 킬킬거렸다(장난을 쉽게 그칠 기세가 아니었다).

내가 말했다. "그런데 사실은 지금 두 사람이 장난으로 감사표현을 했는데도 기분이 좋아졌잖아요. 일상적으로 경험하는 상황은 아니죠. 화난 감정으로 서로를 대하는 습관 같은 게 깨진 듯하네요. 그러니까 웃을 일이 생긴 거죠. 그것만으로도 반가운 일이에요. 하지만 일상의 삶 속에서 진심으로 서로에게 감사를 표현한다면 어떤 기분이 들지 상상해봐요. 최소한 서로 유머러스한 기분을 주고받을 수 있게 되면서 상황이 좀 나아지지 않을까요? 그러면 또 다른 긍정적인 변화가 따라올 수도 있지 않겠어요?"

감사하는 분위기를 조성하기 위한
다섯 가지 방법

앨과 레나 부부와 나는 이 주제로 한동안 이야기를 나눴다. 두 사람은 여전히 내 말을 완전히 믿지 못했지만 어쨌든 일주일간 시도해보기로 했다. 나는 '감사하는 분위기'를 조성하기 위한 다섯 가지 방법을 알려주었다.

배우자가 선의의 행동을 하는
순간을 포착하라

배우자의 행동 중 마음에 들지 않는 것들에 집착하는 경우가 많다. 특히 그 행동이 신경에 자꾸 거슬린다면 더욱 그렇다. 하지만 그것에 대해 상대를 지나치게 비난하다 보면 5대 1의 긍정성과 부정성의 균형이 깨질 수 있고, 당신에 대한 배우자의 신뢰도에도 금이 가게 된다("또 저러는군. 하여간 기분이 좋을 때가 없어. 그냥 한 귀로 듣고 한 귀로 흘려버려야지.").

당신의 지적이 효과를 내려면 한 번의 비난에 대해 다섯 번의 칭찬과 감사의 말을 해야 한다. 장황하게 말할 필요는 없다. 오히려 간단할수록 좋다. "여보, 그 일을 해줘서 고마워요" 또는 "(이러저러한) 점에 대해 고맙게 생각해요" 아니면 "오늘 당신 헤어 스타일이 유난히 예쁜데" 정도의 말도 좋다. 당신이 배우자에게 관심을 갖고 있다는 사실을 전달할 수 있으면 된다. 우리 모두는 인정받는 것을 좋아하기 때문에 배우자는 당신이 감사를 표한 그 행동을 더 자주 반복하게 될 것이다. 내 전문적 경력과 개인적 경험에 비춰보아도 좋은 일을 하는 순간을 누군가 알아줄 때 얼마나 큰 힘이 샘솟는지 잘 알 수 있다.

나는 대학원에서 공부하는 동안 '가족보호' 프로그램에 참여해 인턴생활을 한 적이 있다. 그 프로그램은 자녀를 집에 둘 수 없어서 전문 위탁시설이나 심리치료시설에 보내야만 하는 부모를 돕기 위해 마련된 것이었다. 우리의 목표는 이 어린이들을 가능한 한 많은 시간 동안 가정에 머물 수 있게 하는 것이었다. 위기에 처한 가족을 직접 만나는 일 외에 나는 인턴으로서 가정을 보호하기 위한 여러 다양한 방법들을 배울 수 있었다. 당시 한 교수님이 설명해준 모델이 특히 인상적이었는데, 바로 '가족이 선의의 행동을 하는 순간을 포착한다'는 개념에 기반해 구축된 모델이었다.

해당 가족의 허락 하에 우리는 가정생활을 영상에 담았다. 치료사들이 각 가정에 카메라를 설치해놓고 일주일에 한 번씩 영상이 녹화된 테이프를 수거했다. 그리고 며칠 후 치료사가 편집된 테이프를 가지고 가정을 방문했다. 편집 테이프에는 해당 가족이 서로 주고받는 말이나 행동 중에서 임상팀이 바람직하다고 판단한 것들만 모아놓았다. 그리고 가족과 치료사가 함께 앉아 전 주에 녹음된 편집영상을 보면서 어떤 긍정적인 일들이 있었고, 왜 그런 행동이 나왔는지에 관해 토론했다. 실험 결과, 한두 주 만에 자녀를 전문시설에 보내지 않아도 될 정도로 가족의 행동양식이 확연히 개선된 모습을 보였다. 손을 쓸 수 없을 만큼 크게 엇나간 자녀들을 키우는 '심각한 역기능 가족'이 단지 '선의의 행동'을 하는 순간을 지속적으로 지켜본 것만으로도 이렇게 변화된 것이다.

이러한 중재가 부부관계에 선사할 멋진 결실을 상상해보라. 내 결혼생활만 돌아보아도 내가 한 일을 아내가 알아주거나 간혹 내 외모를 칭찬할 때 정말이지 날아갈 듯한 기분이 든다. 그뿐 아니라 아내를 기쁘게 해주고 싶은 마음이 절로 생기고 아내가 칭찬한 그 일을 더 자주 하게 된다. 나만 특별히 더 그런 건 아닐 것이다. 누구나 인정받고 싶어하지만, 남편과 아내의 관계에서는 서로를 인정하고 칭찬하는 일에 특히 더 인색한 경향이 있다. 그래서 배우자가 충분히 고마워하지 않는 것 같다거나 소원하다고 생각하기 쉽다.

'배우자가 선의의 행동을 할 때 알아주기'가 결혼생활에 얼마나 중대한 영향을 미치는지 확인하고 싶다면, '매일 사랑을 실천하는 스물다섯 가지 방법' 목록에 다음 사항을 추가해보자. "매일 배우자가 한 일 중에 고마운 일을 다섯 가지 이상 찾아서 칭찬한다." 아마 칭찬할 일이 너무 많아서 놀랄 것이다. 그리고 당신이 찾아낸 것들을 배우자에게 말해준다면 상대방도 분명 놀라워할 것이다.

감사 일기를 써라

'감사 일기'라는 아이디어는 의뢰인 부부에게서 배운 것이다. 나에게 부부문제 상담을 받으면서 변화된 사항들을 기록하기 위해 남편과 아내가 자진해서 함께 일기를 쓰기로 한 것이다. 매일 잠자리에 들기 전에 두 사람은 마주앉아서 배우자가 자기를 위해 해준 고마운 일들을 적었다. 모두 간단한 것들이었다. 예를 들면, "아이들과 얘기할 때 내가 흥분하지 않도록 도와줘서 고마워" 또는 "출근하기 전에 내 턱에 치약 묻어 있는 걸 발견하고 말해줘서 고마워" "그 정장을 입으니 아주 멋져 보여요"와 같은 것들이다.

그런데 이 간단한 일들을 통해 부부는 각자가 얼마나 서로에게 감사하고 있는지 실감할 수 있었다. 매일 서로를 돌보는 자상한 손길을 느낄 수 있었고, 짐작하겠지만 서로가 좋아하는 행동을 더 많이 하게 된다는 장점도 있었다. 부부가 처음 일기를 쓰기 시작할 때는 생각하지 못했던 또 하나의 혜택도 덤으로 따라왔다. 감사 일기를 잠자리에 들기 직전에 쓰다 보니 부부가 관계를 갖는 빈도수도 잦아진 것이다. 아내의 말에 따르면, "피곤하거나 기분이 좀 좋지 않은 날에도 일기를 쓰다 보면 남편이 너무 좋아져서 그에게서 손을 뗄 수가 없어요."

내 생각에도 참 좋을 것 같다.

배우자의 약점이 당신에게서
어떤 힘을 끄집어내는지 확인해보라

이 책 전체에서 거듭 말했듯, 특별한 부부는 배우자의 약점과 강점이 서로를 더 나은 사람이 되도록 돕는다는 점을 아주 잘 알고 있다. 배우자가 약점을 가지고 있기를 바라는 남편이나 아내는 없겠지만, 그럼에도 우리 모두는 약점을 지니고 있다. 그것들을 극복하기 위해 노력하지만 살다 보면 배우자도 나도 약점 때문에 비틀거릴 때가 있다. 이때 현명한 배우자는 그런 상황을 자기가 성장할 수 있는 기회로 받아들인다. 참을성과 친절함을 키울 기회일 수도 있고, 짜증을 덜 내고 더 다정한 사람이 될 기회일 수도 있다. 아니면 좀 더 강인한 사람이 될 수 있는 기회일 수도 있고 이 외에도 기회의 가능성은 무궁무진하다.

호스피스 상담치료사로 일하던 중에 이와 관련된 상황을 목격한 적이 있는데, 나는 지금도 그때의 일을 생각하면 커다란 특혜를 누린 것 같아 감사하다. 그때 나는 죽어가는 사람들의 가정을 방문해서 환자와 가족들에게 위로와 격려를 전하는 일을 맡고 있었다. 물론 모두에게 힘든 시간들이었다. 특히 환자의 가족들은 환자를 돌보는 데 필요한 사항들을 준수하면서, 동시에 사랑하는 가족이 나날이 기력을 잃어가는 모습을 지켜보며 가슴속에 끓어오르는 분노나 회한과 투쟁을 해야 했다.

　그중에 아내를 지극 정성으로 간호하는 노신사가 있었는데 나는 지금도 그를 잊을 수가 없다. 대부분의 다른 보호자들은 이따금 인내심을 잃고 화나 짜증을 내기도 하는데 그 노신사는 단 한 번도 그런 적이 없었다. 나는 사랑하는 가족이 두통이나 감기만 앓아도 지켜보기 힘겨워하고, 부끄럽지만 그런 일로 짜증을 내기도 한다. 그런데 그 노신사는 한순간도 인내심을 잃는 법 없이 늘 사랑이 가득한 손길로 아내를 간호했다. 나는 그에게 비결을 물어보았다.

　"우린 함께 많은 세월을 행복하게 지냈어요. 그중 많은 시간을 아내에게 빚지고 있고요. 그러니 최소한 내가 이 정도는 아내에게 해주어야 마땅하죠. 그것이 하나의 이유예요. 또 하나는 내가 그동안 살아오면서 별로 참을성이 많은 사람이 아니었다는 거예요. 나는 늘 투덜댔고, 그러면서 스트레스를 해소했던 것 같아요. 아무튼 지금 아내가 병으로 고통스러워하는 걸 지켜보면서, 그리고 내가 당연히 해야 할 모든 일들, 그러니까 아내를 의사에게 데려가고, 밤에 일어나 아내의 기저귀를 갈고 하는 등등의 일들을 생각하면 일상의 소소한 불편은 불평거리도 아니더라고요."

그렇게 말하는 노신사의 눈에는 눈물이 고였다. "이렇게 많은 세월이 흘렀는데도 아내는 여전히 나에게 뭔가 배울 기회를 주고 있어요."

그러니 우리도 배우자의 약점이나 허점이 보인다면 자신을 들여다보자. 거기에는 무언가 내가 배울 점이 있을 것이다.

균형 잡힌 견해를 유지하라

인지심료치료라는 아주 유효한 치료모델의 창시자 아론 백Aaron Beck 박사는 그의 저서 《사랑만으로는 살 수 없다Lover Is Never Enough》에서 배우자의 매력으로 느껴졌던 바로 그 점이 결혼생활을 하다 보면 가장 싫어하는 측면이 된다고 말했다. 예를 들면, 연애할 때는 여유롭게만 보였던 성향이 나중에 결혼생활을 하면서는 게으름으로 비쳐진다는 것이다. 또 결혼 전에는 예민하고 섬세해서 좋아했던 상대방에게 결혼을 하고 나면 너무 감정적이라며 비난을 퍼붓기 일쑤다. 그렇다면 어느 쪽이 맞는 걸까? 둘 다 맞다. 배우자가 세월이 흐르면서 달라진 게 아니다(그렇게 생각하고 싶어하는 사람들도 있겠지만). 다만 우리가 한때는 매력으로 느꼈던 바로 그것을 달리 해석하게 된 것뿐이다.

이런 문제에 대처하는 방법은 균형 잡힌 견해를 유지하는 것과 대부분의 인성적 특징은 상황에 따라 긍정적으로도 부정적으로도 작용할 수 있다는 점을 기억하는 것이다. 예를 들어 직장에서 책임감이 강한 사람은 가정에서 자기도 모르게 매사를 자기 뜻대로 하려는 성향을 보일 수 있다.

특별한 배우자라면 남편이나 아내의 성격적 특성이 갖는 양면성을 모두 염두에 두어야 한다. 그래야 배우자의 어떤 점을 지적하고 싶은 생각이 들더라도 긍정적인 면을 떠올려 감사하는 마음을 지닐 수 있으며, 지적을 하더라도 배우자를 존중하는 마음을 담아 부드럽게 접근할 수 있다. 남편이나 아내의 어떤 점을 지적해야 할 때, "당신은 정말 무책임한 사람이에요" 하는 것과 "당신의 느긋한 면이 참 좋아요. 하지만 간혹 '좀 덜 느긋했으면' 하는 생각이 들 때도 있어요"라고 하는 것은 천지차이다.

사랑을 표현하라

배우자에 대한 감사의 마음을 더욱 깊어지게 하는 또 하나의 효과적인 방법은 사랑이 듬뿍 담긴 행동을 하는 것이다. 당연히 배우자는 고마움을 느낀다. 5장에서 살펴보았듯, 사랑을 표현할수록 사랑의 감정이 더욱 깊어진다. 사랑하는 행위가 사랑의 감정을 불러일으키기 때문이다.

배우자에게 감사하는 마음을 더 깊이 느끼고 싶다면 카드를 쓰거나 등을 쓰다듬어주거나 사랑한다고 말해보자. 인생의 동반자가 되어주어 고맙다는 생각이 든다면, 그 마음을 전할 수 있는 멋진 방법을 찾아보자. 감사의 마음을 표현하면 그 마음이 더욱 풍성하게 피어난다.

일주일 후 앨과 레나가 다시 상담실에 찾아왔다. 처음에는 상대방을 탓하려는 충동을 억누르기 힘들었지만 함께 감사 일기를 쓰기 시작한 후로는 '상대방이 선한 행동을 하는 순간을 포착하기'가 쉬워졌다고 했다. 이 부부가 솔직히 시인한 바에 따르면, 두 사람이 함께하면서 살얼음판에 서 있지 않은 편안한 느낌은 근래 들어 지난 한 주간 처음 실감했다고 한다. 물론 여전히 바로잡아야 할 문제들이 많이 남은 상태였지만, 두 사람 사이의 긴장이 많이 누그러지면서 유머가 끼어들 틈이 생겼고, 서로 도우려는 기조가 지속되었기 때문에 그후로는 상담이 훨씬 순조롭게 진행될 수 있었다. 레나가 말했다. "남편이 보는 앞에서 내가 뭔가 제대로 할 수 있다는 확신이 생기니 더욱 노력하고 싶어졌어요."

감사의 마음을 가정으로 가져오자

어떤 사람은 이렇게 물을 것이다. "눈을 씻고 찾아봐도 배우자에게 감사할 일이 하나도 없는 것 같은데 이제 어쩌죠?" 이런 경우 대부분은 정말 열심히 찾아보지 않았기 때문이다. 최소한 배우자의 외모에 관해서라도 하나쯤 칭찬할 수 있을 것이고, 아니면 가족을 부양하기 위해 (가정에서나 밖에서) 열심히 일했다거나, 벗어놓은 양말을 처음으로 빨래통에 넣었다거나, 당신이 좋아하는 아이스크림을 사왔다거나, 당신이 좋아하는 노래를 흥얼거려준 데 대해서도 진심 어린 칭찬과 감사의 말을 전할 수 있다. 배우자가 뭔가 대단한 일을 했을 때를 위해 감사의 말을 아껴둘 필요는 없다. 감사표현은 일상적으로 매일 해야 한다. 배우자가 당신 곁에서 숨 쉬며 그의 삶을 당신과 나누는 것이 감사하다면 그렇게 말하자.

마지막으로 특별한 감사에 대해 독자들이 제기할 수 있는 이의를 하나만 더 생각해보자. "나는 칭찬을 받으면 민망해서 몸 둘 바를 모르겠어요. 그래서 칭찬이 마냥 달갑지만은 않아요"라고 말하는 사람들이 있다. 이제는 칭찬받는 법을 배워야 하지 않을까? 우리는 살아가는 동안 수많은 사람을 만나고 그중 대부분은 이런저런 방식으로 우리를 삶의 나락으로 끌어내리려고 한다. 이 와중에 한둘이 나를 칭찬해준다면 오히려 칭찬을 기꺼이 받아들이고 진심으로 감사를 표하는 자세가 더 낫지 않을까? 만일 당신이 칭찬을 받는 일에 익숙하지 않다면 배우자에게 가르쳐달라고 도움을 청하자. 그것은 배우자에게도 복된 기회가 될 것이다. 당신에게 전폭적인 사랑을 쏟아부어 줌으로써 당신이 칭찬과 감사를 받는 데 익숙해지도록 도와줄 수 있기 때문이다. 그러면 언젠가 배우자의 눈에서 당신의 모습을 발견하게 될 것이며 당신의 자존감을 높여준 것에 대해 배우자에게 감사할 수 있을 것이다.

특별한 감사의 메시지를 가정에서 일상화하기 위해 다음의 항목들을 배우자와 논의해보자.

- 감사의 마음을 더욱 충만하게 하는 다섯 가지 방법 중에서 당신 부부는 어떤 점을 더욱 노력해야 할까?

- 당신과 배우자가 혼인증서상의 의무를 이행하기 위해서가 아니라 자유의지에 의한 사랑의 표현으로 서로에게 해줄 수 있는 소소한 일들을 시작한다면 어떤 게 있을까?
- 당신은 비난의 다섯 배에 해당하는 칭찬을 하는가? 어떤 답을 했는가에 상관없이 어떻게 하면 칭찬을 더 잘할 수 있을까?
- 배우자가 당신을 소중하게 생각한다고 느꼈던 때를 최소 세 가지 들어보자. 왜 그 순간들이 그렇게 특별하게 느껴졌을까?

배우자와 논의가 끝나면 다음의 항목을 살펴보자.
- 당신이 현재의 모습으로 살아가는 데 배우자가 어떤 도움을 주었는지에 대해 배우자에게 편지를 써보자. 현재 당신의 모습이 흡족하다고 가정하고 배우자에게 당신의 성장을 도와준 것에 감사를 표해보자.
- 배우자에게 '감사 파티'를 열어주자. 밖에서 저녁식사를 하면서 배우자에게 몇 가지 작은 선물을 준다. 선물마다 당신이 배우자에게 감사하는 내용을 전달할 수 있는 것이면 더욱 좋다. 예를 들어 아내의 아름다움에 감사한다면 작은 거울, 남편의 사려 깊음에 감사한다면 손수 만든 인증서를 선물할 수도 있다. 고가의 선물을 하기보다는 진심을 담아 감사를 전할 수 있는 것이면 족하다.

'감사'라는 말을 할 수 있을까? 물론 할 수 있다

아이들과 TV 프로그램 〈로저스 씨의 이웃^{Mr. Rogers' Neighborhood}〉을 보고 있을 때였다. 로저스 씨가 '많은 방법이 있어요^{There Are Many Ways}'라는 노래를 부르기 시작했다. 소소한 친절을 통해 서로에게 사랑을 표현하는 다양한 방법들에 관한 노래였다. 어린 시청자들에게 자기가 벗어놓은 옷을 정리할 때마다, 방청소를 할 때마다, 부모 말을 잘 들었을 때마다, 아니면 그저 즐거울 때마다 엄마와 아빠에게 '사랑해요'라고 말하라고 일러주는 노래였다. 솔직히 말해서 나는 부모들이 흔히 간과하는 것들을 아이들에게 일러주는 일에는 큰 흥미가 없다. 하지만 아이들은 우리만큼 그런 가르침에 식상해할 리 없으니 로저스 씨의 가르침을 좀 더 순수하게 받아들일 것 같다.

독자 여러분이 이 장에서 한 가지 얻어갈 것이 있다면, 배우자가 당신을 위해서, 당신과 함께, 아니면 당신 주변에서 행하는 하나하나의 배려가 '당신을 사랑해요'라는 메시지임을 인지하라는 것이다. 그 뜻을 헤아리고 '고마워요'라고 말하라. 감사의 표현이 대단할 필요는 없다. 작은 표현을 하는 데 망설일 이유도 없다. 당신의 결혼생활이 훨씬 달콤해지고, 서로의 곁에서 좀 더 자유롭게 호흡할 수 있게 될 것이며, 일상의 지루함을 걷어낼 것이고, 당신의 인생과 결혼생활을 바라보는 새로운 눈을 얻게 될 것이다.

10

특별한 기쁨:
일상의 소소한
즐거움을 누리는 능력

기쁨은 낮을 지배하고, 사랑은 밤을 지배한다.

존 드라이든

특별한 부부들이 결혼생활에서 보여주는 가장 큰 강점 중의 하나가 일상의 소소한 즐거움을 누릴 수 있는 능력, 즉 내가 특별한 기쁨이라고 일컫는 자질이다.

상담치료를 받으러 온 의뢰인에게 상담을 통해 어떤 점을 개선하고 싶냐고 물어보면 "그냥 좀 더 행복해지고 싶어요"라는 대답을 듣게 되는 경우가 종종 있다. 아마도 이 말은 "특별히 노력하지 않아도 마음이 편안했으면 좋겠어요"라는 뜻일 것이다. 행복을 과소평가할 마음은 조금도 없지만, 진실을 얘기하자면, 특별한 기쁨에 비하면 행복은 아무것도 아니다(물론 특별한 기쁨을 얻기 위해서는 노력을 해야 하지만 말이다). 행복은 감정이다. 상황이 변함에 따라 생기기도 하고 사라지기도 하는 즐거운 느낌. 그러나 특별한 기쁨은 지속적인 상태다. 그 것은 결혼의 지상목표에서부터 특별한 감사까지 모든 요소가 구현된 결혼생활에서 맛볼 수 있는 깊은 울림이다. 이 모든 자질이 결혼생활에서 실현되면 안전감이라는 특별한 정서가 자리 잡고 특별한 기쁨을 누릴 수 있게 된다.

안전성이 주는 기쁨

샌디와 조시는 결혼한 지 16년이 되었고 네 명의 자녀를 두었다. 샌디의 말을 들어보자.

"조시를 처음 만날 때 저는 길고 힘든 연애를 막 정리하고 난 후였어요. 그래서 아무도 새로 만날 마음이 없었는데 친구가 우리를 소개시켜주었죠. 그런데 만나자마자 서로 마음이 통했어요. 그의 유머감각도 물론 좋았지만, 무엇보다 제 마음이 끌렸던 이유는 그와 함께 있으면 안전하다는 느낌이 든다는 점이었어요. 조시는 매사에 저에게 용기를 주었고 제 말을 아주 잘 들어주었어요. 그리고 제 안에 있는 두려움을 극복할 수 있도록 적극적으로 도와주었죠.

조시에게 마음이 끌린다는 사실을 처음 알았을 때, 저는 그 전 남자친구에 대한 얘기를 털어놓았어요. 내가 있든 없든 아무렇게나 행동을 한다든지 하는 점들에 대해서요. 그로부터 2주 정도 후부터 조시는 매일 저에게 편지를 주었어요. 우리가 함께 있지 않을 때도 그의 마음속에 항상 내가 있다는 말을 편지에 적어주었죠. 데이트를 하는 날은 그가 직접 편지를 주었고, 만나지 않는 날은 제 편지함에 넣고 가거나 점심시간에 제 차 앞유리에 끼워두었죠.

조쉬는 지금도 한결같아요. 내게 무슨 일이 생기면 귀 기울여 잘 들어주고 내가 힘을 낼 수 있도록 격려해주죠. 지난 16년 간 하루도 그와 함께 있는 게 즐겁지 않았던 적이 없어요."

샌디의 이야기에서 알 수 있듯이 부부가 함께하는 삶을 즐길 수 있으려면 안전성을 확신할 수 있어야 한다. 안전성이 특별한 기쁨에 미치는 영향을 좀 더 명확히 이해하기 위해 두 가지 시나리오를 가정해보기로 하자. 우선 가파른 언덕 위에 서 있는 자동차의 운전석에 앉아 있는 상상을 해보자. 그런데 경사면을 내려오기 시작하면서 브레이크를 살짝 밟았더니 브레이크가 바닥으로 푹 꺼지는 것이 아닌가. 브레이크가 고장 난 것이다. 자동차가 언덕 아래를 향해 전속력으로 달리기 시작하면 당신은 어찌할 바 모르고 완전히 겁에 질려 비명을 지를 것이다.

이제 두 번째 시나리오를 그려보자. 당신은 롤러코스터를 타고 있다. 차량이 첫 번째 언덕을 오른다. 그러고는 짧게 멈추는 듯하다가 '휘익!' 곧이어 차량이 다음 언덕을 향해 내달린다. 점점 빨리. 뱃속이 내려앉는 느낌과 함께 당신도 모르게 소리를 지른다. 환희에 넘쳐서.

위의 두 가지 상황은 어떻게 다를까? 바로 안전성에 대한 확신의 여부로 갈린다. 롤러코스터를 타고 있는 경우 소리를 질러대긴 하지만 신명 나서 지르는 비명이며, 생명이 위험에 처해 있지 않다는 사실을 잘 알고 있다. 도착지점에 이르면 당신은 안전하게 내릴 수 있을 것이고, 만일 나 같은 겁쟁이라면 안도의 숨을 내쉬면서 아스팔트 바닥에 엎드려 키스를 할 것이다. 그러나 언덕을 내달리는 자동차에 탔다면 그럴 수 없을 것이다. 곧 아스팔트 바닥에 처박힐 확률이 훨씬 더 높으니까.

세상을 살다 보면 우리가 통제할 수 없는 일들이 너무도 많다. 하지만 그로 인해 겁에 질리는가, 아니면 그로 말미암아 특별한 기쁨을 맛보는가는 당신이 안전하다고 느끼는가의 여부에 달려 있다. 부부관계에서 이런 안전감을 확보하려면, 살아가면서 어떠한 어려움에 부딪히더라도 결혼생활의 안정성이 변함없이 굳건할 거라는 확신을 가질 수 있어야 한다. 내가 이런 이야기를 하면 사람들은 흔히 깜짝 놀란다. 결혼생활의 안정성에 대해 확신하는 부부는 자기 기만적이라고 생각하기 때문이다. '미래는 누구도 확신할 수 없는 거야'라는 의미일 것이다.

물론 미래는 아무도 모른다. 하지만 당신의 결혼생활이 행복하게 오래 지속될지 확인해보기 위해 꼭 점을 볼 필요는 없다. 앞으로 남은 세월을 서로 사랑하며 살게 될지 부부관계가 깨져버릴지는 마법의 손길에 의해 좌우되는 게 아니기 때문이다. 그보다는 현재의 순간이 끝없이 계속되는 세월을 살아가면서 당신과 배우자가 현재에 어떻게 대응하는가에 달려 있다. 결혼생활의 안정성에 관한 한 미래란 없다. 오직 당신의 선택만이 있을 뿐이다. 바로 지금 사랑을 실천할 것인가, 실천하지 않을 것인가.

현재의 선택이 그 다음 선택으로, 그 다음 선택으로, 또 그 다음 선택으로 이어진다. 마음이 내키지 않을 때에도 변함없이 사랑을 실천하는 쪽을 택하면서 결혼생활을 성장시켜갈 것인가, 아니면 사랑을 실천하지 않는 쪽을, 그러다가 마음이 내키지 않는 날에는 더욱 실천하지 않는 쪽을 택하면서 서서히 결혼생활을 독으로 오염시켜 죽음에 이르게 할 것인가. 심리학자 웰스 굿리치Wells Goodrich가 말했듯이 "성공적인 결혼이란 없다. 성공하거나 실패하는 사람들이 있을 뿐이다." 그 최종 결과는 전적으로 '오늘' 당신이 어떻게 행동하는가에 달려 있다.

특별한 부부는 결혼의 지상목표를 지켜내기로 자신과 배우자에게 약속했기 때문에 매 순간 어떤 선택을 해야 하는지 알고 있으며, 그 선택을 실천하기 위해 마음을 모아 노력한다. 이런 성실한 노력이 안전성과 안정감을 가져다주기 때문에 2장에서 언급했듯 특별한 부부는 앞날이 불확실한 상황에서도 평안함을 유지할 수 있고, 자신과 타인을 수용할 수 있으며, 자율적이면서도 창의적이고, 유머를 즐길 줄 알고, 자신을 아끼고 돌보며, 삶에 대해 개방적이고 긍정적인 마음가짐을 유지할 수 있다. 한마디로 특별한 기쁨을 맛보게 되는 것이다.

독자 여러분 중에는 내가 왜 책의 앞부분에서는 안전을 삶의 최우선 목표로 삼는 구조선 단계의 안전지향적 결혼생활에 대해 비판적인 태도를 취하다가 여기서 안전성과 안정감을 강조하는지 묻고 싶은 분들도 있을 것이다.

안전성에는 두 가지가 있다. 정적인 안전성과 동적인 안전성. 특별한 감사에 대한 장의 첫머리에 소개한 이야기에는 두 부류의 사람들이 등장한다. 산을 오르려고 하는 부부와 오르려고 하지 않는 마을 사람들. 마을 사람들은 정적인 안전성의 전형이라고 할 수 있는데 이를 결혼에 비유하면, "드디어 절대로 나를 위협하지 않을 사람을 찾았어. 나에게 아무것도 요구하지 말고, 나에게 도전하지도 말고, 아무것도 흔들려고 하지 말아줘" 하는 식이다. 2장에서 설명했듯이, 안전지향적 결혼생활을 하는 부부는 10년쯤 뒤에 아내가 정적인 안전성이 충족되면 갑자기 새로운 것을 요구하기 시작하고, 이때 남편은 마치 아내가 배신이라도 한 듯 반응한다. "당신은 우리의 결혼생활이 언제까지나 처음 결혼했을 때와 같을 거라고 했어. 그런데 왜 이제 와서 요람을 흔들려는 거지? 나는 이제 겨우 편안해졌다고!" 정적인 안전성은 대부분의 경우 혼자 있을 수 있는 조용한 곳을 찾는 것을 의미한다.

반대로 동적인 안전성은 삶이 거센 파도를 타는 것과 같다는 사실을 인지하면서, 그 여정을 즐기려는 마음가짐에 기초한다. 결혼생활에서 동적인 안전성이란 다음과 같이 표현할 수 있다. "어서 와! 산을 오르자고. 힘들고 고생스러울 때도 있겠지. 그래, 우리 둘 중 한 사람은 미끄러질 수도 있어. 하지만 그 정도 위험부담도 없다면 무슨 재미가 있겠어. 우리 서로 밧줄을 단단히 묶고 무슨 일이 있어도 함께 오르자. 나를 믿어. 우리가 함께라면 정상에 오를 수 있을 거야."

베스트셀러 《아직도 가야 할 길The Road Less Traveled》의 저자 스캇 팩Scott Peck은 책의 첫머리를 '삶은 고되다'는 다소 충격적인 문장으로 시작한다. 사실 역경과 고난은 피할 수 없는 삶의 일부지만, 동적인 안전성에 대한 확고한 느낌은 부부가 역경과 고난을 하나의 모험처럼 즐길 수 있게 해준다. 그리고 이를 통해 개인은 보다 성숙되고 부부의 친밀감은 깊어진다.

나는 급류타기를 좋아하지만, 전문가는 아니다. 그래서 항상 안전 장비를 확실히 갖추고 급류타기 전문가들과 동행한다. 그러면 나와 함께하는 사람들이 나를 보호해줄 것이라는 믿음 덕분에 급류에 도전하는 순간을 즐길 수 있다. 내가 물에 빠지더라도(실제 그런 일도 있었지만), 사전에 대처방법을 익혀두기도 했고 안전요원이 나를 주시하고 있다는 것을 알기 때문에 겁내지 않는다. 이처럼 동적인 안전성은 내가 가진 능력의 한계를 벗어나는 도전을 할 수 있게 하는 신뢰를 안겨준다. 마찬가지로 동적인 안전성을 확보한 특별한 부부들은 자기

한계에 도전하고 스스로를 가로막는 두려움을 떨쳐버릴 때 짜릿한 설렘을 경험한다. 특별한 기쁨을 만끽하는 것이다.

특별한 기쁨이 주는 세 가지 선물

특별한 기쁨은 결혼생활에 세 가지 기쁨을 선사한다. 서로의 관심사를 나누고 싶은 마음, 소소한 일들을 감사하며 누릴 수 있는 능력, 건강한 유머감각.

관심사 나누기

특별한 남편과 아내는 다른 부부들에 비해 배우자와 함께하는 시간을 훨씬 더 즐기는 편이다(이에 관해서는 6장에서도 다루었지만 여기서 좀 더 자세히 살펴보려고 한다). 그 이유는 부부가 모두 자신이 익숙한 영역을 벗어나서 배우자가 인도하는 새로운 경험을 받아들이고자 하기 때문이다. 다른 사람들의 눈에는 특별한 부부가 단지 운이 좋은 것으로 보일 수 있다. "그들은 정말 공통점이 많아! 놀라울 정도라니까." 특별한 부부들이 태어날 때부터 같은 것을 좋아했을 리는 거의 없다. 이들은 배우자가 중요하게 여기는 것에 동참하기 위해 오랜 시간 많은 노력을 들여 자신의 유능성을 확장시킨 경우다. 배우자를 진정으로 사랑한다면 그러는 것이 마땅하다고 생각하기 때문이다. 6장에서 소개했던 클라리사와 조의 일화에서도, 클라리사는 스포츠에 대한 자신의 혐오감을 버리고 남편의 취미생활에 동참할 수 있었으며, 남편인 조도 아내가 좋아하는 것을 함께하고자 하는 마음을 갖게 되었다. 7장에서는 자신에게 익숙하지 않은 사랑의 언어를 능숙하게 구사할 수 있게 된다면 삶의 다양한 경험들을 배우자와 함께 즐길 수 있다는 얘기를 했다. 특별한 부부는 이 모든 기술을 연마해서 배우자가 중요하게 생각하는 활동과 관심사를 함께 즐길 수 있게 된 것이다.

내 개인적인 일화를 두 개만 예로 들어보겠다. 아내는 산모들이 건강한 모유 수유를 할 수 있도록 도와주는 수유상담가다. 일부 독자들에게는 지금부터 내가 하려는 얘기가 제법 충격적일지도 모른다(자리를 잡고 앉아서 읽는 게 좋을 수도 있다). 내가 아무리 적극적인 사람이라 해도, 모유 수유법까지 배우는 것은 흔히 생각할 수 있는 일은 아닐 것이다. 아내의 일들 중에서 남편이 너무도 당당하게 거부할 수 있는 게 하나 있다면 바로 이 모유 수유법일 테니까.

그러나 내 경우는 그렇지 않았다. 우선 그 일은 아내에게 매우 중요한 일이었으며, 나는 그녀를 사랑하기 때문에 그녀의 모든 것을 알고 싶어한다. 특히 내가 쉽게 다가갈 수 없는 일일 경우엔 더 그렇다. 내가 사랑하는 여자가 좋아하는 일이라면 분명 가치 있는 일일 거라는 게 나의 생각이고, 따라서 나도 그 일에 대해 조금이라도 알고 싶은 것이다. 이런 맥락에서 나는 아내와 함께 세미나를 듣고(전체 참석자 중 내가 유일한 남자였다), 아내가 읽는 논문들도 몇 편이나 읽었으며, 꽤 어려운 질문도 던져가면서 사랑하는 아내의 삶에 대해 알아나갔다.

아내는 처음 수유상담가 교육을 받을 당시 우리 아이들에게 수유를 하고 있었다. 따라서 수유에 대해 가능한 한 많이 배워서 아내의 수유를 돕는 것이 사랑을 실천하는 남편으로서 당연한 도리라고 생각했다. 아내가 아이들에게 젖을 먹이는 동안 가족으로서 '나의 역할'은 아내를 육체적·정신적으로 돌보고 격려하는 일인데 내가 수유에 대해 잘 알지 못한다면 그 역할을 잘 해내지 못할 것 같았다.

아내 역시 나를 위해 그런 노력을 한다. 작년에 나는 지역공동체에서 〈크리스마스 캐럴Christmas Carol〉이라는 뮤지컬을 제작하는 일에 참여했다. 그때까지 아내는 주로 무대 뒤에서 일을 하거나 연출 쪽에서 일하는 타입이었다. 그런데 나는 가족 모두가 무대에 올라 아이들에게도 내가 좋아하는 일을 경험하게 하고, 우리 가족의 크리스마스 전통 같은 것을 만들어보고 싶다는 생각이 들었다. 애초의 내 의도는 가족 모두가 작은 역할이라도 하나씩 맡고 합창단에 끼어서 노래연습도 하면서 함께 시간을 보내는 것이었다("여보 정말 재밌을 거야! 계속 다함께 있을 수도 있잖아!"). 그런데 결국엔 나 혼자 두 개의 역할(말리Marley의 유령과 늙은 조)을 감당하고 음악감독까지 하게 되었다.

하지만 내 사랑스러운 아내는 이 상황을 편안하게 받아들였다. 그리고 대부분의 리허설에 와주었다. 꼭 그럴 필요는 없었지만 가족이 함께하는 시간을 만들기 위해 애써준 것이다. 그리고 처음으로 사람들 앞에서 노래도 불렀다. 아내는 초등학교 3학년 때 담임선생님이 "너는 입만 벌리고 소리는 내지 않는 게 모두를 위해서 좋겠다"고 한 이후 한 번도 다른 사람 앞에서 노래를 한 적이 없었다. 뮤지컬을 준비하는 동안 아이들이 제 자리를 이탈하지 않도록 챙기고, 혼자 있을 때도 부르지 않던 노래를 남들 앞에서 하는 일 등이 아내에게는 결코 쉽지 않았을 것이다. 그런데도 아내는 그 기간 내내 품위와 용기, 그리고 유머를 잃지 않았다. 나는 말로 다 표현할 수 없을 만큼 아내를 사랑하지만 그 뮤지컬 이후로 아내를 더 많이 사랑하게 되었는데, 그 이유는 나에 대한 사랑으로 그녀가 보여준 희생이 더 없이 소중하게 여겨지기 때문이다.

아내와 내가 각자의 삶이 없어서 이렇게 사는 것이 아니다. 사실 아내도 나도 각자 친구들이나 지인들과 어울리는 것을 좋아하고, 서로에게 그런 시간을 갖도록 배려하는 걸 우선시하는 편이다. 하지만 우리 두 사람은 상대의 삶의 모든 영역에 대해 최소한의 정보를 갖고 있거나 조금이라도 참여할 수 있다고 자부한다. 아내와 내가 각자 다른 일을 할 때도 서로가 하는 일에 대해 알아가려는 노력을 해왔기 때문에 각자의 일상을 쉽게 공유할 수 있다. 그러다 보니 처음 결혼할 때 기대했던 것보다 결혼생활이 더 재미있고, 친밀하며, 즐겁다.

작은 순간들을 기념하라

기념할 일들을 찾으려고만 들면 그럴 기회는 하루에도 수없이 많다. 아침에 일어나 함께 해돋이를 볼 때, 좋아하는 음식을 천천히 음미할 때, 시간과 날짜를 정해 데이트라도 나갈 듯 옷을 차려입거나 다과와 음료를 준비해놓고 좋아하는 TV 프로그램을 함께 시청할 때, 아내가 당신이 사준 옷에 어울리는 예쁜 귀걸이를 발견한 것을 함께 기뻐할 때, 당신이 제일 좋아하는 타이를 매고 있는 남편을 요란스레 칭찬해줄 때. 그렇다, 식상하다. 하지만 식상해서 나쁠 게 뭐 있겠는가.

첫 데이트나 첫 키스한 날을 기념할 수도 있다. 정확한 날짜를 기억하지 못한다면 두 사람의 합의 하에 날을 정하거나, 그날이 속한 계절을 기념할 수도 있다. 또한《이상한 나라의 앨리스 Alice's Adventure in Wonderland》에 나오는 흰 토끼와 모자장수처럼 당신과 배우자의 '비생일'을 기념할 수도 있다(기념할 날이 364일이나 되는 셈이다). 아니면 앞 장에서 소개한 것처럼 분기별로 '감사 파티'를 열 수도 있다.

나는 모든 부부들이 생일이나, 결혼기념일, 밸런타인데이와 여타 개인적 기념일에는 다소 소란스럽게 기념해도 된다고 생각하는 편이다. 이를 위해 반드시 많은 돈을 써야 하는 것은 아니다. 그저 소박하게, 때로는 조금 장난스럽게 상대를 위하는 마음과 배려하는 마음을 전할 수 있으면 충분하다. 카드 주기를 좋아한다면 가로 120센티미터, 세로 240센티미터 크기의 합판 두 장에 전하고 싶은 메시지를 페인트로 적어 거대한 카드를 만들어 잔디밭에 세워놓아보자. 어느 결혼기념일에는 허쉬스 키스 초콜릿을 온 집 안에 숨겨놓고 배우자가 하루 종일 그것들을 찾아내며 즐거워하게 해주자. 내 아내는 호스티스 브랜드의 '호호스'라는 미니 롤케이크를 좋아한다. 그래서 어느 밸런타인데이에 두 장의 포스터보드를 붙여서 카드를 만들고 세 상자분의 호호스를 테이프로 묶어 하트 모양과 'I Love You'라는 글자를 만들어 선물한 적이 있다. 배우자가 당신의 사랑을 더욱 크게 느끼도록 하고 싶다면 가끔은 사랑을 크게 보여주고, 말하고, 표현할 필요가 있다.

유머감각을 키워라

특별한 기쁨은 부부가 자신과 서로에 대해서, 그리고 부부관계와 삶 전반에서 보여주는 건강한 유머감각에서도 나타난다. 특별한 부부들의 삶이라고 해서 처음부터 끝까지 웃을 일만 있는 시트콤은 아니며 당신의 삶과 크게 다르지 않다. 다만 특별한 부부들은 되도록 많은 웃을 거리를 찾아내려고 노력할 뿐이다.

마리아는 남편을 사랑하는데, 특히 마리아가 스트레스로 힘들어할 때 자기를 웃겨주는 남편의 탁월한 능력을 좋아한다. "내가 스트레스를 받아서 완전히 지쳐 있을 때면 남편이 두 팔로 나를 감싸고 코믹 뮤지컬 〈몬티 파이튼〉의 '언제나 인생의 밝은 면을 보자Always Look on the Bright Side of Life'라는 노래를 전형적인 러시아 억양으로 불러줘요. 그 모습이 너무나 익살스러워서 매번 웃음이 터지곤 해요."

유머감각이 좋다는 건 정신적으로 건강하다는 증거다. 미국 정신의학회에서 발행하는 〈정신질환 진단 통계 지침서The Diagnostic and Statistical Manual, 제4판〉에는 다양한 '방어기제'를 가장 약한 단계에서 가장 건강한 단계까지 평가해놓은 방어기능 척도가 제시되어 있다(방어기제란 우리가 과도한 스트레스를 받을 때 스스로를 정신적으로 보호하는 장치를 말한다). 그 척도에 의하면 유머는 사전 대응, 자아의식, 이타주의, 도움 청하기와 더불어 가장 높은 단계의 방어기제다.

유머는 사고의 균형감을 찾아주고 사람들 사이에 유대감을 조성한다. 또한 8장에서 설명했듯이 부부의 감정적 흥분상태를 가라앉혀주기 때문에 스트레스 상황에서는 전혀 보이지 않던 해결책을 찾을 수 있게 한다. 배우자와 함께 웃다 보면 스트레스를 받는 상황에서도 여전히 한 팀의 동지라는 사실을 깨닫게 된다. 건강한 문제해결을 하려다가 부부싸움이 격해져서 공포영화 〈엑소시스트 The Exorcist〉의 한 장면이 연출되려고 하는 결정적인 순간에도 지극히 단순한 유머 하나가 이를 막아줄 수 있다.

흔히 사람들은 유머감각을 타고난다고 생각한다. 하지만 그건 사실이 아니다. 예를 들어 유명 코미디언 드루 캐리 Drew Carey가 NPR 라디오 방송의 〈프레시 에어〉라는 프로에서 한 말을 들어보면 그는 웃기는 법에 대한 자기계발서를 읽은 뒤에야 개그 대본을 쓸 수 있었다고 한다. 처음에는 농담인 줄 알았는데, 나중에도 인터뷰에서 당시 그가 얼마나 진지했는지 여러 차례 언급한 바 있다. 사실인즉, 우리 대부분은 유머감각을 향상시킬 수 있으며 결혼생활에 유머를 적절하게 활용하는 기술을 익힐 수 있다.

부부를 지지하고 흥을 북돋는 유머가 결혼생활에 가장 좋다. 당신이 처한 상황, 때로는 당신 자신을 농담거리로 삼는 것은 괜찮다. 하지만 배우자를 조롱하는 농담은 하지 않는 것이 좋다. 결혼생활에는 얼마쯤의 농담도 필요하기는 하지만, 간혹 지극히 순수한 의도로 던진 배우자에 관한 농담 한 마디 때문에 부부관계가 나빠지기도 한다.

최근에 한 여성 의뢰인을 상담했는데 그녀는 남편과 잠자리를 하는 생각만 하면 혐오감이 든다고 했다. 이런 감정이 어디서 연유했는지 추적을 해본 결과 5년 전 남편이 샤워를 하고 나오다가 그녀를 향해 "안녕, 뚱뚱이"라고 부르면서 껴안은 적이 있다고 했다. "그후로 남편 앞에서 옷을 벗을 수가 없어요. 나를 만지는 것도 싫어요. 남편은 그저 단순한 농담이었다고 여러 번 말했지만 나는 그 말을 떨쳐버릴 수가 없어요. 나에게 그렇게 못되게 군 사람을 어떻게 믿을 수 있겠어요?"

그러자 남편은 그녀가 과민반응을 보이는 것이고, 본래 지나치게 예민하다는 사실을 문제 삼았다. 그러면서 그때의 상황에 대해서는 전적으로 아내 탓으로 돌렸다. 왜냐하면 자기는 그저 '농담을 한 것' 뿐이니까. 물론 아내는 남편이 전에는 자기를 뚱보라고 놀리더니 이제는 미친 여자 취급을 한다며 더욱 분개했다.

그리고 얼마 후 남편이 말했다. "아내가 정말 잘못 생각하는 거예요. 그날 하루 종일 자기가 뚱뚱하다고 불평을 하더라고요. 그리고 사실 체중이 좀 늘긴 한 것 같았어요. 하지만 나는 개의치 않았어요. 그저 아내가 살이 찌든 안 찌든 상관없이 사랑한다는 걸 보여주려고 했던 거예요."

내가 이들 부부에게 어떤 도움을 줘야 할지는 명백했다. 이들이 서로의 말을 완전히 잘못 해석했고, 자기 의도를 상대방에게 설명하는 기술도 많이 부족한 건 사실이지만, 사실 이 안타까운 샤워 사건이 발생하기 오래 전부터 이들에게는 일치감이 부족했다. 부부가 농담을 어디까지 수용할 수 있는가는 그들 사이에 일치감이 어느 정도 형성되어 있는가에 달려 있다. 당신을 다소 깎아내리는 농담을 하더라도, 그 사람이 당신을 사랑하고 늘 고맙게 생각하며 언제나 당신을 존중하리라는 확신이 있으면 그 농담을 받아들이기 한결 수월해진다. 가슴에 손을 얹고 결혼생활에 5대 1 법칙을 준수하고 있다고 장담할 수 있다면, 다시 말해 서로를 비난하거나 부정적인 '농담거리'로 삼는 횟수의 다섯 곱절에 해당하는 사랑과 애정, 긍정적인 장난을 하면서 살고 있다면, 서로 조금 놀린다고 결혼생활에 문제가 생기지는 않는다. 그래도 다시 한 번 강조하지만 부정적 유머를 사용할 때는 조심하는 것이 좋다. 한쪽에서는 배우자가 너무 사랑스러워 엉덩이를 살짝 꼬집었더라도 상대방의 입장에서는 무시하거나 학대하는 것으로 해석할 수 있기 때문이다.

부부 사이가 좋을 때는 말할 것도 없지만, 스트레스나 갈등 상황에서도 유머감각을 발휘하면 크게 도움이 된다. 그러나 이렇게 긴장된 상황일 때 느닷없이 유머감각을 발휘하는 것은 매우 위험할 수 있다. 유머를 활용해서 스트레스를 완화할 수는 있지만, 그것은 부부가 평소 얼마나 자주 함께 웃으며 살아왔는가에 따라 좌우된다. 바로 이러한 이유 때문에 특별한 부부들은 평소에 가정을 '웃음이 가득한 집'으로 만든다.

긍정적이고 활력을 불러오는 유머감각을 타고난 사람들도 있다. 그런가 하면 나처럼 괴팍하고 웃음에 인색한 성품을 타고나서 좀 더 노력해야 하는 사람도 있다. 당신이 어떤 유형이든 간단한 행동 하나로도 집안에 웃음꽃을 피울 수 있다. 가령 배우자가 기대하지 않았던 낭만적인 행동을 한다든지(그러니까 침실 창문 밖 잔디밭에 서서 세레나데를 부른다든지. 노래를 잘 못한다면 더 좋다), 즉흥적으로 우스꽝스러운 행동을 한다든지(갑자기 배우자를 끌어안고 당신 스타일의 허슬춤을 춘다든지), 아니면 동네 서점의 유머 코너를 자주 뒤져보라. 코미디의 첫 번째 원칙이 '독창적인 유머를 만들어낼 수 없다면, 남의 것을 도용한다'라는 말을 들은 적이 있다. 필요에 따라 유명 칼럼니스트 데이브 배리Dave Barry, 영화배우 데니스 밀러Dennis Miller, 코미디언 빌 마Bill Maher처럼 유머감각이 뛰어난 사람들의 해학적인 시각을 빌려보자(유명 코미디언 폴 레이저^{Paul Rieser}는 그의 저서 《연애기^{Couplehood}》와 《유아기^{Babyhood}》에서 유머를 기반으로 한 결혼 및 가정생활 치유법을 소개하고 있으며, 스트레스 관리 전문가 로레타 라로슈^{Loretta LaRoache}는 그녀의 저서 《긴장을 푸세요!^{Relax!}》를 통해 유머가 힘든 상황에서 자신을 구원해줄 뿐 아니라 소망하는 삶을 살 수 있게 해준다는 것을 보여준다).

배우자와 함께 개그 프로를 보거나, 코미디 클럽에 가거나, 위에서 추천한 책들을 읽어보는 것도 좋을 것이다. 스트레스는 당신도 모르는 사이에 삶과 결혼생활의 기쁨을 도둑질해 갈 수 있다. 유머의 지존들을 닮으려고 꾸준히 노력하다 보면 당신의 삶에 숨어드는 이 보이지 않는 괴물을 무찌를 수 있을 것이다.

특별한 기쁨을 위한
연습문제

관심거리 나누기

당신과 배우자가 각자 혼자 즐기는 취미나 추구하는 일, 그 밖의 관심사가 있을 것이다. 이러한 영역들 하나하나가 당신의 결혼생활에 친밀감이나 장난기 어린 즐거움을 더욱 돈독하게 하는 기회가 될 수 있다.

남편과 아내가 항상 무언가를 같이 해야 하는 것은 아니다. 하지만 서로의 관심 영역에 어느 정도의 유능성을 갖추고 참여하는 것은 결혼생활의 친밀감과 기쁨을 배가할 수 있다. 이러한 영역들을 돌아보고 서로에 대한 사랑을 전하거나 특별한 기쁨을 만끽할 기회를 놓치고 있지는 않은지 배우자와 논의해보자.

- 배우자를 위해 어떤 일을 하려고 좀 힘들게 노력했는데 좋은 결과를 얻었던 적이 있는지 생각해보자. 그때 당신 자신에 대해서, 배우자에 대해서, 그리고 결혼생활에 대해서 어떤 느낌이 들었는가?
- 당신과 배우자가 서로 공유하지 않는 관심사, 취미, 열정 영역은 어떤 것인가?
- 이 영역들에서 조금이나마 유능성을 키우고 참여하려면 어떻게 해야 할까?
- 이 영역들을 배우자와 좀 더 공유하면 부부관계가 어떻게 좋아질까?
- 이 영역들을 배우자와 공유하려 할 때 예상되는 어려움은 어떤 것이며, 어떻게 극복할 수 있을까?
- 연필과 종이를 준비해서 평소에 하고 싶거나, 배우고 싶거나, 시도해보고 싶었는데 지금까지 경험해보지 못한 것들을 열 가지만 적어보자(예를 들어 열기구를 타보고 싶었다든가, 동양식 지압법을 배워보고 싶었다든가, 칠면조 사냥법을 배우고 싶었다든가, 악어 고기 먹기나 소파 커버 뜨기 등, 뭐든 흔하지 않은 것일수록 좋다).

이 일들을 하기 위한 계획을 '함께' 세운다. 가능하면 달력에 표시를 한다. 1년에 걸쳐 적당한 간격을 두고 계획을 잡아서 항상 새로운 경험을 기대하며 생활할 수 있도록 한다.

소소한 일들 기념하기

- 최근 들어 배우자와 함께 특별히 좋은 시간을 보냈던 때를 두세 경우 떠올려보자. 그때가 특별히 의미 있었던 이유는 무엇인가? 언제 다시 그런 시간을 보낼 수 있을까? 오늘 그런 계획을 세워보자.
- 달력을 꺼내서 두 사람의 관계에서 뭐든 기념할 만한 날을 가능한 한 많이 찾아보자(예를 들면 첫 데이트, 첫 키스, 청혼한 날 등). 소박하게나마 당신의 사랑을 기념하는 날들을 위한 계획을 세워보자.
- 배우자와 함께 지역공동체에 기여함으로써 부부가 받은 축복을 기념하자. 무료급식소에서 봉사를 하거나, 평화주택 짓기에 참여하거나, 노약자 방문 등을 할 수도 있다.

유머감각 기르기

- 배우자와 함께 마지막으로 크게 웃어본 것이 언제인가? 그런 순간을 좀 더 늘리기 위해 두 사람이 할 수 있는 일은 무엇인가?

- 현재 결혼생활에서 서로 주고받는 놀림이나 장난의 수위가 편안하게 수용할 수 있는 정도인가? 그렇지 않다면 신경에 거슬리는, 예민한 부분을 찾아보자. 지금 당장, 그 부분에 대해서는 농담하지 않기로 명세하고, 언쟁을 하는 중에는 특히 조심하기로 하자. 이런 문제에 대해 서로의 감정을 상하게 하지 않고 얘기할 수 있는 방법에 대해 의논해보자.
- 당신은 자신을 농담의 소재로 내놓는 데 얼마나 관대할 수 있는가? 혹시 자기가 매사에 너무 예민하다고 생각하는가? 극복하려고 노력해도 잘 되지 않는 자신의 약점을 가지고 농담을 할 때 이를 좀 더 잘 받아들이기 위해서는 어떠한 노력을 해야 할까?
- 날짜를 정해서 뭔가 장난스럽거나 우스꽝스러운 일탈을 시도하자. 거실에서 피크닉을 즐기거나, 살인 미스터리 파티를 열어보자. 아니면 페인트볼^{페인트가 든 총을 들고 가상의 전쟁놀이를 하는 게임-옮긴이} 게임을 하거나, 새로운 보드게임을 하거나, 야외에서 섹스를 시도하거나, 노래방에 가거나, 함께 만화책을 읽거나, 그 밖에 상상할 수 있는 것들 중 가능하면 자유롭고 대담하게 정해보자.

영화 〈이보다 더 좋을 순 없다^{As Good as It Gets}〉에서 잭 니콜슨이 상담 치료사의 방을 나와 환자들이 가득 찬 대기실로 들어서는 장면이 있다. 그는 불안에 압도된 듯 앉아 있는 환자들을 분노에 찬 눈길로 바라보며 말한다. "더 이상 좋아질 수 없다면 어쩌겠는가?"

사람들은 자기 삶의 바로 저 모퉁이만 돌면 기쁨이 기다리고 있으리라고 생각하는 경향이 있다. 바로 저 물건만 손에 넣으면, 저 지위에만 올라가면, 이 문제만 해결하면, 그러면 마침내 긴장감을 내려놓고 삶을 만끽할 수 있으리라고 말이다. 나 역시 시시때때로 이런 유혹에 빠진다. 하지만 지금 여기, 이 상태가 나의 삶이다. 그리고 이보다 더 좋아질 수 있는가 없는가는 일상의 소소한 일들에 숨겨진 기쁨을 찾으려는 의지에 달려 있다. 배우자의 눈에 사랑이 비칠 때, 그 사람과 같은 공기를 호흡할 수 있는 심장을 가져서 감사하다는 생각이 들 때, 울고 싶은 당신에게 배우자가 한바탕 웃음을 안겨줄 때. 현재의 이런 소소한 순간들을 통해 기쁨을 발견할 수 있다. 이미 가지고 있는 것을 다른 곳에서 찾으려 하지 말고 당신의 하루를 기쁨으로 채우자.

11
특별한 성생활:
신성한 황홀경에 이르는 길

현명한 자는 육체적인 쾌락이
성생활의 끝이 아님을 안다. 그것은 음악과 같아서
생각이 리듬에 녹아들게 하며… 끝내는 그 음악 자체도
하나의 길고 신성한 침묵으로 잦아든다.

카마수트라

섹스의 95퍼센트는 마음에서 진행된다. 그렇기 때문에 특별한 기쁨이 충만한 부부들이 감각적으로, 정서적으로 만족스러운 성생활을 즐기는 것은 당연한 일이다. 이 장에서는 영적으로 충만하면서 감각적으로도 극도의 만족을 구가하는 특별한 성생활을 위한 단계들을 살펴보려고 한다.

특별한 성생활이 어떠한 믿음에 근거하고 있는지 이해하고, 그런 마음가짐으로 결혼생활에 임할 수 있도록 성생활에 대한 마음자세의 다섯 단계를 하나씩 살펴보자. 모든 단계를 거쳐야 하는 것은 아니지만, 58페이지에 소개한 관계의 발전 경로를 참조하여 성생활의 연속체에서 당신의 출발점을 찾은 다음, 순서대로 다음 단계를 밟는 것이 좋다.

✦ 성생활의 연속체 ✦

성생활의 연속체는 성에 대한 마음가짐이 진화하는 단계를 나타낸다. 부부는 연속체를 따라 성숙해가면서 인성의 육체적, 사회 심리적, 영적 측면을 효과적으로 성생활에 통합시키는 방법을 배운다.

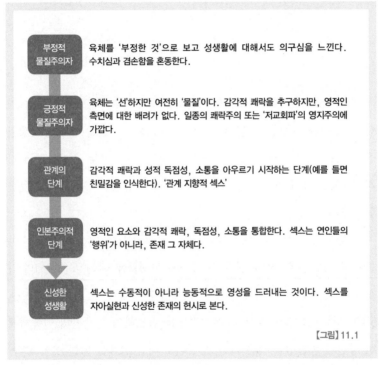

부정적
물질주의자 — 육체를 '부정한 것'으로 보고 성생활에 대해서도 의구심을 느낀다. 수치심과 겸손함을 혼동한다.

긍정적
물질주의자 — 육체는 '선'하지만 여전히 '물질'이다. 감각적 쾌락을 추구하지만, 영적인 측면에 대한 배려가 없다. 일종의 쾌락주의 또는 '저교회파'의 영지주의에 가깝다.

관계의
단계 — 감각적 쾌락과 성적 독점성, 소통을 아우르기 시작하는 단계(예를 들면 친밀감을 인식한다). '관계 지향적 섹스'

인본주의적
단계 — 영적인 요소와 감각적 쾌락, 독점성, 소통을 통합한다. 섹스는 연인들의 '행위'가 아니라, 존재 그 자체다.

신성한
성생활 — 섹스는 수동적이 아니라 능동적으로 영성을 드러내는 것이다. 섹스를 자아실현과 신성한 존재의 현시로 본다.

【그림】11.1

© 그레고리 K. 팝캑

특별한 성생활의 발전 단계는 특별한 사람으로 성장해가는 당신의 발자취를 반영한다. 부부는 성생활의 연속체(그림 11. 1)를 따라 발전해가면서 본인들의 영성과 가치, 이상, 목표를 성생활에 융합시키게 되고, 이를 통해 성관계의 기쁨과 절정의 느낌도 기하급수적으로 증폭된다.

결핍된 단계의 부부들에게는 처음 두 단계인 부정적 물질주의자와 긍정적 물질주의자의 성향이 두드러진다.

❧

1단계
부정적 물질주의자
("골동품 항아리파")

"남편이 나를 만지는 게 싫어요." 재클린은 남편에 대해 이렇게 말했다. "며칠 전에 남편이 빅토리아 시크릿 브랜드 속옷 패션쇼를 시청하는 모습을 본 적이 있어요. 방송에서 그렇게 천박한 프로그램을 내보내다니 믿을 수가 없더라고요. 물론 남편에게 텔레비전을 끄라고 했죠. 그런데 더 기가 막힌 건 그날 밤에 남편이 섹스를 하고 싶다는 거예요! 밤늦도록 다른 여자들에게 신나게 추파를 던지고 나서 어떻게 그런 생각을 할 수 있죠? 나를 그런 식으로 이용하게 할 수는 없어요."

'골동품 항아리파'는 내가 부정적인 물질주의자 그룹에 붙여준 별칭이다. 이들은 자신의 성적인 영향력을 선의, 진실, 아름다운 방향으로 행사하기보다 마치 그것이 골동품 항아리라도 되는 듯 경외하면서, 지나치게 세심하고 조심스럽게 떠받들면서 아주 가끔씩만 활용한다. "깨지지 않게 조심해라, 얘야! 그건 먼지를 닦을 때만 만지는 거란다. 한 달에 한 번 정도!" 하는 식이다.

　부정적 물질주의자들은 육체에 초점을 맞추는데, 그들이 생각하는 육체는 선망하거나 가까이 하고 싶은 대상이 아니며 영적인 활용가 치도 전혀 없다(하지만 모순적이게도 이 부류에 속하는 사람들은 종교적인 이 념을 빌어 자기들의 병적인 측면을 정당화한다). 이들이 생각하기에 육체란 너무 부정해서 적대시하는 것이 당연하다. 부정적 물질주의자들은 성 에 대한 개념에 짙은 수치심이 깔려 있으며 겸손과 수치심을 혼동한 다. 겸손은 나와 주변 사이에 건강한 경계를 정하려는 자세로 우리에 게 필요한 미덕이다. 겸손은 개인의 내면적 중심세계를 보호하기 때 문이다. 그러나 수치심은 그 내면적 중심세계를 자기가 원하는 사람, 즉 남편이나 아내와 나눌 수 없게 만드는 해로운 정서다.

　골동품 항아리파 견해를 가진 사람들은 대부분 과거에 정서적 트 라우마가 있거나 처벌이 잦은 엄혹한 가정에서 성장한 경우가 많다. 부정적 물질주의자들은 성적인 행위를 위험하며 자기에게 피해를 줄 수 있는 대상으로 보기 때문에 사랑을 할 때도 매우 조심스럽고 두려 움이 많다. 따라서 지극히 다정한 육체적 교감을 나누면서도 거의 기 쁨을 맛보지 못한다. 하지만 인간의 성적인 본성을 지속적으로 부정 하려다 보면 간혹 변칙적이고 비정상적인 성적 집착에 빠지기도 한 다. 흔히 '섹스 중독자'라고 불리는 사람들이 이 부류에 속한다.

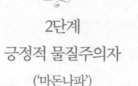

2단계
긍정적 물질주의자
('마돈나파')

"우리는 늘 아주 모험적인 성생활을 즐긴답니다." 게리가 말했다. "아내 론다는 어떤 것도 망설이거나 거부하지 않아요. 그래서 여러 가지 도구도 활용해가며 다양한 방식을 적극적으로 모색하죠. 결혼한 친구 부부와 모여서 파트너를 한두 차례 바꿔본 적도 있어요. 언제나 그랬듯 만족스러웠어요. 그런데 최근 들어 론다가 좀 이상해졌어요. 나를 멀리하는 거예요. 최소한 하루에 한 번은 섹스를 했거든요. 두세 번 할 때도 있고요. 그런데 요즘에는 전혀 하고 싶지 않은 사람 같아요. 어쩌겠다는 건지 모르겠어요."

앞에서 살펴보았던 골동품 항아리파와 마찬가지로 긍정적 물질주의자들도 육체에 영적인 가치를 거의 부여하지 않는다. '하지만' 이들은 관능적 쾌락은 좋은 것이라 믿으며 이를 찬미한다. 팝가수 마돈나의 80년대 노래 '물질적인 여자Material Girl'를 90년대 후반의 '신비스러운 영성론자Mystical Spiritualist'로 탈바꿈시키는 과정을 상상해보면 인간의 성적 측면이 긍정적인 물질주의 단계를 거치면서 성숙되어가는 모습을 그려볼 수 있을 것이다. 영적인 측면에서 볼 때 긍정적 물질주의자들은 세 부류로 나눌 수 있는데, 영성생활을 전혀 하지 않으며 원색적인 성생활만 탐닉하는 부류(바로 이들이 쾌락주의자다), '영적이거나 종교적인 삶'을 위해서는 성적으로 금욕을 해야 한다고 생각하기 때문에 영적인 존재에 대해 의구심을 품는 부류, 그리고 일종의 '저교회파 영지주의고대에 존재했던 혼합주의적 종교운동의 하나로 '앎'을 통해 구원이 가능하다고 믿는다-옮긴이'를 신봉하는 부류다. 이들의 주장에 따르면 마음이 '신비한 존재'를 수용하는 한 몸은 무엇이든 원하는 대로 해도 좋다. 긍정적 물질주의자들 중에는 과거에 골동품 항아리파였지만 성생활이 주는 육체적 쾌락의 좋은 점을 추구하여 부정적 물질주의의 강박적이고 억압적인 함정에서 빠져나온 사람들이 많다.

최소한 이 단계부터는 육체, 더 넓게는 인간 자체를 선한 존재로 보기 시작한다. 그러나 긍정적 물질주의자 역시 성에 대한 철학은 지극히 얄팍하다. 의미 있는 관계보다 '신나는 쾌감'을 앞세우기 때문에 진정한 의미의 친밀함이 쌓일 수 없다. 또한 단순한 성교를 진정한 사랑과 혼동한다. 내가 상담했던 부부들 중 이 단계에 있는 대다수는 서로에게 친구가 되는 법은 알지 못하는 경우가 많았으며, 앞에서 게리가 말했듯이 단지 '거의 매일 섹스를 하고, 때로는 하루에 두세 번씩 한다는 사실'만으로 부부관계가 안정적이라고 믿고 있었다. 긍정적 물질주의자들은 부부간의 친밀감이 성생활에 활력과 열정을 불어넣어 주리라 기대하지 못하기 때문에 변태적인 도구나 '스윙잉여러 커플이 파트너를 교환하는 성행위-옮긴이'과 같은 '특이한' 성행위에 의존하여 '흥미'를 유지하려고 한다. 그러나 이러한 시도들은 처음에는 참신하고 재미있게 느껴지지만, 궁극적으로는 그런 경험들로 인해 결혼생활의 영적 중심이 상처입고 취약해진다. 그런 상태가 되면 이들이 가졌던 중대한 모순이 드러나기 시작하는데, 평소에는 영적인 중심세계를 전혀 의식하지 못하던 사람들이 그 중심이 썩어가기 시작하면 더 이상 자기가 배우자에게 '특별한 존재'가 아닌 것 같다고 느끼거나, '남편이 단지 욕구를 해소하기 위한 수단으로 자신을 이용하는 것 같다'고 하소연하기도 한다. 또한 긍정적 물질주의를 신봉하면서 "자 여보, 내가 보는 앞에서 다른 남자들과 섹스를 해보라고. 놀라운 경험일 거야!"라며 아내를 부추기던 남편이 부부 '스윙잉'에서 만난 다른 남자에게 아내를 빼앗겨 울상이 될 수도 있다.

3단계
관계의 단계
('관계의 섹스'가 선의를 띠기 시작한다)

다음 단계인 관계의 섹스는 대부분의 평범한 단계의 부부들에게서 나타난다.

"제리와 나는 만족한 성생활을 하고 있어요." 9년 전에 결혼한 테레사는 남편과의 관계에 대해 이렇게 말한다. "항상 부부관계와 성생활의 생기를 유지하려고 노력하고, 또 서로에 대해 편안한 마음이에요. 그리고 막상 둘 사이에 무슨 문제가 있어도 그것을 가지고 실랑이를 벌이기에는 둘 다 항상 너무 피곤하고 시간도 없죠. 잡다한 일상에서 한시도 자유로울 수가 없으니까요. 그러다 보니 성욕에도 영향을 미치는 것 같아요. 서로에 대한 사랑이 줄어든 것은 아닌데 균형을 유지하기가 힘든 거죠."

관계의 단계에 있는 부부는 성생활을 '아름답고 소중한 행위'로 보고, 두 사람 사이를 더욱 돈독하게 하는 데 필요하다고 생각한다. 최선의 가능성을 찾아보자면 관계의 단계는 의미 있고 친밀한 성관계의 출발점이 될 수 있다. 이 단계에서 남편과 아내는 자기들의 존엄성을 보호할 수 있는 경계선을 확립하고, 서로를 육체적인 존재로만 대하지 않으면서도 그 경계 안에서 쾌락적이고 다양한 성생활을 즐길 수 있다.

이 단계에서 두 가지 장벽을 만날 수 있다. 건강한 경계 구축하기의 첫 번째 장벽은 성관계가 정치성을 띨 수 있다는 점이다. 평범한 단계의 부부들이 갈등에 대처하는 수단이었던 기 싸움과 점수매기기가 성생활에도 적용되는 셈이다. 예를 들어 어떤 성행위를 놓고 한쪽이 '공평하지 않다'고 느껴서 언쟁을 할 수 있다. 주로 구강성교나 후배위가 이런 언쟁의 쟁점이 된다. 또는 적절한 성교의 횟수에 대해 남편과 아내의 생각이 다를 때 얼마나 자주 성관계를 하는 것이 '공정한가'를 놓고도 언쟁을 할 수 있다.

많은 평범한 부부들은 이 문제에 성적인 측면에서 접근하려고 한다. 그러나 이 문제에 정면으로 맞서 해결하려다가는 문제를 악화시킬 수 있다. 왜냐하면 이것은 성적인 문제가 아니라 부부관계의 전반적인 문제들을 소통하기 위해 성적인 표현방법을 도용하는 것이기 때문이다. 이러한 문제를 해결하기 위해서는 부부가 공평함보다는 평등주의를 추구하고, '배우자가 돌봐주기를 기대하기'보다는 스스로 역량을 갖추며, '이용당할 수 있다는' 두려움을 극복하고 배려하려는 자세를 가져야 한다. 용기를 내서 이러한 단계로 넘어가지 않으면 결혼생활, 더 나아가 성생활까지 침체될 것이다.

이 단계에서 부딪힐 수 있는 또 하나의 장벽은 성행위가 (쾌감을 주기는 하지만) 의무로 간주되어 반드시 해야 하는 더 중요한 일들에 우선순위가 밀릴 수 있다는 점이다. 평범한 단계의 부부들은 대체로 무척 바쁘다. 직장 상사와 부모, 친구, 위원회, 조직에서 인정을 받는 것이 우선적으로 중요하기 때문에 성적 욕구의 충족과 같은 일에는 무심할 수 있다. 본인들의 마음과 부부관계를 건강하게 유지하기 위해 반드시 필요한 일임에도 숨 가쁜 일상으로 피로와 스트레스가 누적되어 성욕이 사라지거나 약화되고, 결과적으로 성욕감퇴장애ISDD, Inhibited Sexual Desire Disorder라는 증상이 나타난다. 실제로 이 문제가 미국의 기혼 부부들 사이에 급속도로 확산되는 임상적 문제로 부상하고 있다.

평범한 단계의 부부들이 마음과 부부관계의 건강을 돌보는 데 좀 더 세심한 주의를 기울이지 않는다면 한때 따뜻하고, 안전하며, 즐거웠던 '관계의 섹스'가 어느새 실망스럽고 '너무 피곤해서 하고 싶지 않은' 섹스로 변할 것이다. 하지만 남편과 아내가 전방위적인 노력으로 부부관계를 다독인다면 다음 단계인 인본주의적 단계로 나아갈 수 있다.

4단계
인본주의적 단계
("섹스란 행위가 아니라 존재 그 자체다")

인본주의적 단계는 평범한 결혼의 최상위와 특별한 동반자적 결혼의 시작 단계에 해당된다.

데보라와 필립은 결혼한 지 22년이 되었고 네 명의 자녀를 기르며 활동적인 삶을 살고 있다. 그럼에도 그들의 말에 따르면 환상적인 성생활을 누리고 있다. "친구들은 성생활이 아주 무미하거나, 아니면 전혀 하지 않거나 둘 중 하나라고 하는데 나는 그 말을 이해할 수 없어요." 데보라의 말이다. "우리가 운이 좋은 건지는 모르겠지만, 필립과 나는 처음 만날 때의 짜릿함이 아직도 그대로거든요. 사실 이제는 거의 번개 같아요. 서로를 너무 잘 알고, 많은 경험을 함께했으니 왜 짜릿한 감정이 더 커지지 않겠어요. 이 세상에 필립의 반만큼도 나를 즐겁게 해줄 수 있는 사람은 없을 거예요. 침실 안에서도, 밖에서도 말이죠." 데보라는 이렇게 말하면서 수줍게 웃었다. "필립도 아마 똑같은 생각일 거예요."

인본주의적 단계에 있는 부부들은 결혼생활에서 실천하는 특별한 배려와 침실에서 가질 수 있는(물론 어느 방에서도 가능하지만) 멋진 성교가 밀접하게 관련되어 있다는 사실을 잘 알고 있다. 이들은 성교가 한 사람의 육체와 영혼이 다른 사람과 소통하는 언어임을 경험을 통해 알고 있다(평범한 단계 부부들이 단지 이론으로 이해하는 것과는 다르다).

다른 부부들에게 성교란 행위지만, 특별한 부부들에게 성교는 그들의 존재 그 자체다. 다시 말해서 성교는 부부가 일상을 통해 매 순간 서로에게 행하는 배려의 가장 깊고 형태다. 그것은 마치 남편과 아내가 성교를 통해서 "자, 보라고. 우리가 서로를 얼마나 사랑하는지 말이야. 우리의 육체도 서로를 위해서 움직이잖아!"라고 말하는 것과 같다.

실제로도 이러한 자세로 성생활에 임하면 침실에서 주도권 다툼과 점수매기기가 사라진다(그리고 결혼생활 전반에 걸쳐서도 이런 실랑이가 사라진다). 각자의 존엄성을 보호하기 위한 경계가 확실하게 내면화되기 때문에 더 이상 자기들의 무결성을 보호하기 위해 외적인 규칙들(기 싸움과 정서적 점수매기기 등)이 필요하지 않기 때문이다. 부부의 유대감이 지니는 고결함을 존중하고 부부의 도덕적 무결성을 손상시키지 않는 한 남편도 아내도 상대가 원하는 성행위를 기꺼이 수용하고 즐길 수 있으니까.

마찬가지로 평범한 단계의 부부들이 바쁜 일상에 밀려 성생활을 즐길 기회를 잃어버리는 것과 달리 인본주의적 단계의 부부는 절대로 관계의 성적인 측면을 소홀히 하지 않는다. 그들에게 성생활이란 결혼예식의 재현이며, 육체를 통해 결혼서약을 재확인하는 것이고, 서로에 대한 자기 존재를 확인하는 의식이기 때문이다. 이들은 섹스를 기운을 빼는 행위 또는 '하면 좋지만' 안타깝게도 할 시간이 없는 놀이 정도로 치부하지 않고, 생명력을 불어넣어 주는 현실 그 자체로 본다. 그 속에서 부부간의 유대감을 돈독히 하고 서로에 대한 지극한 배려를 더욱 진실되게 베풀며, 그리하여 두 사람의 관계에 비하면 훨씬 덜 매력적인 일상적 측면(예를 들면 직장이나 사회에서 맡은 바 책임을 다하는 일)을 헤쳐나갈 힘을 얻는다.

인본주의적 단계의 부부는 결혼식 날을 중요하게 생각하고 다른 모든 일에 우선하여 배려했던 것처럼 부부의 성생활을 중요하게 여기고 우선적으로 배려한다. 결혼식을 하려면 그 준비에 몇 개월간 온갖 정성을 기울인다. 그리고 마침내 결혼식 날이 왔을 때 대부분의 신랑과 신부는 모든 준비과정으로 말미암아 정서적으로도 육체적으로도 지치게 마련이다. 그럼에도 어떤 신랑 신부도 상대방에게 "자기야, 나 오늘은 도저히 할 수 있는 상태가 아니야. 너무 피곤해서 예식에 참석할 수가 없어. 그러니까 기운을 좀 회복할 때까지(또는 회사에서 이번 프로젝트만 끝낼 때까지) 좀 미루기로 하자, 괜찮지?"라고 하지는 않을 것이다.

피치 못할 사정이 생기면 결혼식을 미룰 수도 있다. 하지만 단지 본인들이 '너무 피곤해서' 또는 '너무 스트레스를 받아서' 정해진 날에 예식을 못하는 경우는 없다.

물론 특별한 부부들의 섹스라고 해서 언제나 기교가 만발하거나 마법 같지는 않다. 특히 두 사람이 피곤하거나 스트레스를 받을 때는 더욱 그럴 수 없다. 하지만 이들에게 섹스는 서로가 나누는 깊은 우정과 친밀감의 의식적 표현이다. 그렇기 때문에 특별한 남편과 아내는 때때로 몸이 원하지 않을 때에도 관계를 한다. 욕망을 표출하는 것보다 더 중요한 것은 진정한 사랑(즉, 서로의 행복을 위해 노력하려는 의지)을 표현하는 것이기 때문이다. 정리하자면 인본주의적 단계 이상에서는 성생활이 결혼식 만찬과 같은 것이어서 남편과 아내는 현재의 육체적·정서적 상태가 어떤가에 상관없이 참석할 수 있다는 사실만으로 특혜를 받은 것이라 생각한다. 성생활은 부부가 서로에게 내놓을 수 있는 모든 좋은 것들을 상징적으로 대변하며, 혼인식에서 서로에게 한 약속을 재현하는 행위이기 때문이다. 아플 때나 건강할 때나, 부유할 때나 빈곤할 때나, 행복할 때나 힘들 때나, 스트레스를 받을 때나 안 받을 때나, 잠을 충분히 잤을 때나 못 잤을 때나, 오늘 이 순간부터 죽음이 두 사람을 갈라놓을 때까지.

인본주의적 단계에 다다른 부부들 중에는 슈워츠 박사가 《평등 결혼》에서 언급한 성교에 대한 '근친상간의 금기'를 떠올리는 사람들이 있을 것이다. 그 핵심만 살펴보자면 부부관계가 좋아져서 매일이 행복하고, 부부간의 우정도 깊어지며, 지극히 친밀해지다 보면, 본능과는 상관없이 두 사람 사이에 섹스라는 것이 더 이상 합당하지 않은 듯 느껴지기 시작한다는 것이다. 슈워츠 박사는 이런 현상을 언급했을 뿐 더 이상의 설명은 하지 않았다. 하지만 특별한 부부관계에 도달한 많은 부부들 중에 이 '근친상간의 금기'를 직접 경험한 사람은 흔하지 않으며, 따라서 이런 현상은 결국 부부가 처음부터 성에 대해 가지고 있는 정서나 사고방식에 기인하는 듯하다.

성적으로 자유로운 사회에 살고 있다는 우리의 주장과는 달리 많은 사람들은 여전히 성에 대해 부정적인 이미지를 갖고 있다. 성교라는 행위를 흔히 '나쁜 짓' 또는 '불량한 행동'으로 묘사하기도 한다. 하지만 특별한 관계로 발전해가는 남편과 아내들은 자신에게나 부부관계에서나 나쁜 요소라는 건 거의 찾아볼 수 없기 때문에 '나쁜 짓'이라는 표현이 가당치 않다. 다시 말해, 부부 사이가 좋고 서로에게 '불량한' 행동이나 감정을 가질 이유가 없기 때문에 서로에게 그런 행동을 할 기회도 방법도 처음부터 생각할 필요가 없다. 슈워츠 박사는 몇몇 부부들이 성생활에서 자기들끼리 '나쁜 짓'을 하는 시늉은 해도 되는 것으로 합의를 보는 경우도 있다고 말한다. 그러나 이러한 생각은 심리학적인 측면에서 볼 때 건강하지 못하다. '구획화'나 '분열'과 같은 방어기제를 작동시키기 때문이다(말하자면 어떤 상황에서는 이렇게 행동하고, 또 다른 상황에서는 전혀 다르게 행동하는데 이 두 가지 행동의 주체는 절대로 대면할 수 없다). 이런 방어기제는 앞 장에서 언급한 방어기제의 척도('매우 건강하지 못함' 부분을 읽어보자)상 '심각한 이미지 왜곡'으로 분류된다.

일명 '근친상간의 금기'라고 불리는 문제를 심리학적 근거 하에 해결하려면 성행위 자체에 문제가 있는 것이 아니라 그에 대해 잘못된 비유와 표현을 하는 사람에게 문제가 있다는 사실을 인지해야 한다. 성행위에 대한 진정한 의미, 즉 서로의 행복과 안녕을 위해 노력하는 사랑의 표현이라는 원래의 의미에서 멀어진 에로티시즘은 영혼을 존중하지 않으면서 단지 육체만 자극하기 때문에 '나쁘다'거나 '더럽다'고 할 수 있다. 하지만 에로티시즘과 특별한 성생활은 전혀 다르다. 부부의 성생활 중에 가장 강렬하고 고귀한 형태인 특별한 성생활은 매우 에로틱한 요소를 포함하고 있기는 하지만 동시에 부부가 각기 배우자의 내면에 존재하는 신을 찬미하게 하기 때문에 '나쁘다'거나, '더럽다'는 표현은 결코 합당하지 않다.

5단계
신성한 성생활
("성생활은 신성한 존재와 영적으로 소통하는 적극적인 방법이다")

마지막 단계인 신성한 성생활은 동반자 결혼 유형의 최상위에 있는 부부와 낭만적 반려자 부부들에게서 찾아볼 수 있다.

조지의 얘기를 들어보자. "우리 부부에게 섹스는 일종의 기도와도 같아요. 아내와 관계를 할 때는 서로에게 자기 전부를 바친다는 마음일 뿐 아니라, 그것을 통해 신이 우리 각자와 소통하시는 방법을 이해하려고 해요." 아내 베로니카도 이 말에 동의한다. "육체관계를 이런 측면에서 바라보니까 전혀 새로운 차원으로 이해하게 되더라고요. 예전에도 만족스러웠지만, 지금은 믿을 수 없을 정도예요. 어떻게 설명해야 할지는 모르겠는데, 예전의 섹스가 노래를 부르는 거였다면, 지금은 제가 노래가 된 것 같아요."

《성행위에 관한 야누스 보고서Janus Report on Sexual Behavior, 1993》를 보면 영성생활을 하는 사람들이 보다 만족스러운 성생활을 누린다고 하는데, 그 이유는 이 사람들이 '성생활의 신비롭고 상징적인 차원에 주의를 기울이기' 때문이라고 한다. 다음을 읽어보면 그 말이 진실이라는 것을 알 수 있을 것이다. 신성한 성교는 다음의 두 가지 면에서 다른 모든 단계와 구분된다. 이 단계에서는 성교를 통해 신을 체험하고 개인의 성장을 도모한다.

신을 체험하는 성생활

흔히 사람들은 섹스의 절정에서 "오 마이 갓$^{Oh\ my\ God}$!"이라고 외친다. 신성한 성생활을 하는 사람들은 그 말의 진정한 의미를 안다. 성교는 종교적 체험이며, 이는 단지 은유적인 표현이 아니다. 특별한 성생활의 최고 단계에서는 인본주의적 부부들처럼 우리 안에 존재하는 신을 찬미하는 것뿐 아니라 신이 성을 통해 우리와 관계를 맺는다는 것을 이해할 수 있게 된다(성자와 신비주의자, 힌두교의 지도자 같은 영적 지도자들이 신의 현존을 느끼는 것을 황홀경에 비유한 데는 그럴 만한 이유가 있는 것이다). 신에 대한 이해나 종교적 전통에 따라 현존을 경험하는 구체적인 방식은 각기 조금씩 차이가 있겠지만, 신성한 성생활을 하는 부부는 신이 함께 있으며 강력한 방식으로 자신의 현존을 드러내고 있음을 안다.

작가인 디팩 초프라$^{Deepak\ Chopra}$가 언젠가 심각한 질문을 제기한 적이 있었다. "신도 오르가즘을 느끼는가?" 초프라도 그렇겠지만, 나 역시 그 질문에 대한 답은 "당연히 그렇다"라고 생각한다. 내가 믿는 종교의 가르침에 따르면 신은 사랑이며, 성(性)의 원형은 우주가 생성되고 오늘날까지 돌아가게 한 우주적 현상, 즉 물리학자들이 빅뱅이라고 명명한 우주적 오르가즘이라고 가르친다. 사랑하는 사람과 그런 밤을 보낼 수 있다면 뭔들 못하겠는가?

C. S. 루이스의 말을 인용해보겠다. "[신이] 우리에게 그의 사고하는 힘을 조금 빌려주었기에 우리는 생각할 수 있고, 그의 사랑을 조금 나누어주었기에 우리는 서로 사랑할 수 있다." 성에 있어서도 마찬가

지다. 신은 자신의 '성'을 즐기면서 그것을 너그럽게 우리와 나눈다. 말도 안 되는 신인동형론(神人同形論)을 주장하는 것 같은 이 말에 일부 독자들은 어이없어 할지도 모르겠다. 그러나 내가 신의 '성'이라든가 신의 '오르가즘'이라고 할 때는 우리 인간이 이해하는 그런 육체적인 의미가 아니다. 신의 '성'이란 만물을 사랑하고, 합일시키며, 창조하는 기쁨 속에 드러난다. 신은 우리 인간에게 '성'이라는 이름으로 자신의 힘을 빌려주셔서 사랑하고, 합일하며, 육체적 창조(성교를 통해 자녀를 낳는 것)와 영적 창조(부부의 일치감을 굳건하게 하고 가치와 이상, 목표를 실현하는 것)를 실현하게 하셨다.

특별한 부부들은 이러한 신의 뜻을 이해하기 때문에 성교를 통해 자기 존재를 드러낼 뿐 아니라, 신의 현존을 체험한다.

개인의 성장을 인도하는 성생활

바로 전 단계에 있는 인본주의적 부부들처럼, 신성한 성생활을 하는 남편과 아내들도 섹스를 결혼생활의 모든 행복과 감사를 육체적으로 표현하는 것이라 생각한다. 하지만 여기서 우리가 더 중점을 두어야 할 것은 성생활을 통해 개인의 성장과 자아실현을 추구할 수 있다는 그들의 생각이다.

개인이 감정적으로, 관계적으로, 영적으로 가장 심오한 단계까지 성숙하려면 자신의 취약점을 수용할 수 있어야 한다. 즉, 자신의 취약점을 내놓음으로써 온전해질 수 있다는 의미다. 한 인간의 삶 전체를 통해서 볼 때 자신의 영적 파트너와 섹스를 할 때보다 더 완벽하게 취약해지는 순간은 거의 없다고 할 수 있다. 결혼생활에서 자기를 보호하기 위해 기 싸움이나 점수매기기와 같은 다양한 형태의 방어기제를 사용하는 평범한 단계의 부부들은 이런 취약성을 두려워할수도 있다. 그러나 특별한 부부들은 사랑하는 사람의 품에 안겨 경험하는 이 순간의 희열을 만끽한다. 자신의 취약함을 온전히 내놓고 사랑할 때 경험할 수 있는 치유와 변화의 힘을 이해하기 때문이다. 이와 관련하여 아름다운 일화를 하나 소개하려고 한다.

크리스티안느는 다섯 아이의 엄마인데 다섯 아이를 모두 제왕절개를 해서 낳았다. 그녀는 배에 남아 있는 상처들을 늘 의식했는데, 특히 섹스를 할 때는 더욱 그랬다. 그럼에도 처음에는 너무 부끄러워서 차마 남편에게도 그런 자기 마음을 털어놓지 못했다. 그러다가 마침내 외모에 대한 자기의 수치심을 남편에게 고백했을 때 남편은 진지한 얼굴로 이렇게 말했다고 한다. "당신은 정말 아름다워. 이 상처 하나하나가 나의 아이를 낳아줄 만큼 나를 사랑한 여인이 나에게 주는 선물이잖아."

아이를 한 번이라도 출산해본 여성이라면 남편의 이 말이 얼마나 감동적이었을지 이해할 것이다. 자신의 육체와 영혼을 남편의 사랑 앞에 완전히 드러냄으로써 크리스티안느는 자기의 외모를 있는 그대로 받아들이게 되었을 뿐 아니라, 자랑스럽고 감사하게 생각할 수 있게 되었다. 한때는 흉한 결점으로 여겼던 상처들을 이제는 사랑의 결실로 태어난 다섯 생명의 역사를 말해주는 '(그녀의 표현에 따르면) 영광의 상처'로 보듬을 수 있게 된 것이다.

성생활은 개인의 감정적, 관계적, 영적 경계를 변화시킬 수 있는 엄청난 힘을 가지고 있다. 신성한 성생활을 영위하는 특별한 부부들의 목표이자 특권은 이러한 변화를 품위와 존엄성을 지키면서도 열정적으로 수용하는 것이다.

물론 특별한 부부들이 성교를 통해 경험하는 취약성을 수용함으로써 얻는 영적인, 아니 영원불멸이라고도 할 수 있는 혜택이 있다. 나는 죽은 다음에 사랑이신 신, 그리고 그 분의 영광과 나의 모든 영광을 마주하게 될 것이라고 믿는다. 그리고 내 육체와 정신의 모든 잡티, 잔주름, 굴곡, 티눈 하나하나에 그 분의 시선이 닿을 것이다. 어느한 구석 남겨지지 않고 완전한 무방비 상태로 영원히 그분의 손길에 맡겨질 것이다. 그때 지옥에 떨어지는 두려움과 공포에 압도당하지 않고 그분의 시선을 달게 받으려면 스스로에 대한 확신이 있어야 하며, 이 경외의 순간을 위해 준비를 해야 한다. 그렇다면 내 벗은 몸을 향한 아내의 시선을 받으며 성교를 하는 순간의 취약성과 부끄러움에 나 자신을 노출시키는 것보다 더 좋은 훈련이 어디 있겠는가? 인성의 가장 깊은 곳에서 부끄러움에 도전하고 취약성을 확장하는 것이 바로 성이 갖는 고유의 힘이며, 성교를 가장 영적인 행위라고 말할수 있는 이유다.

창의적 금욕

특별한 부부들은 특별한 성생활의 좋은 점을 온전히 만끽하기 위해 가끔 '창의적인 금욕'을 시도하기도 한다. 창의적인 금욕이란 부부가 서로에 대한 갈망을 더욱 강렬하게 만들고 친밀감을 깊어지게 하기 위해 의도적으로 짧은 기간 동안(일주일 정도) 섹스를 제외한 육체적 애정표현에만 집중하는 것을 말한다(예를 들면 키스를 하거나, 껴안거나, 애무는 하지만 성기의 삽입은 하지 않는다).

예를 들어 당신과 배우자가 열흘 동안 창의적인 금기를 시도하기로 했다면, 그 열흘 동안 배우자와 데이트를 하면서 다음 중 하나 또는 전부를 한다. 껴안는다. 애무만 하되 삽입은 하지 않는다. 게임을 하거나 프로젝트를 하나 선택해서 함께 작업한다. 열흘 후 애무를 하면서 다음 날 상대방에게 선사하려고 준비한 온갖 즐거운 일들에 대해 얘기한다. 열하루째 날 드디어 금욕을 깨고 그동안 준비해온 사랑의 축제를 즐긴다.

창의적인 금욕은 분명 서로에게 강력한 사랑표현이 될 수 있으며, 다음과 같은 네 가지 중요한 혜택을 안겨준다. 첫째, 성생활을 하지 않으면서도 사랑을 전할 수 있는 많은 방법이 있다는 사실을 기억하게 한다. 성교는 커다란 즐거움이다. 그러나 많은 부부들은 일상을 통해 주고받는 포옹이나 그 밖의 애정표현도 그에 못지않게 중요하다는 사실은 잊어버리고 성교만이 유일한 애정표현의 수단인 양 이에 의존한다. 둘째, 부부가 (매달 아주 짧은 기간이나마) 자의적으로 기꺼이 서로를 위해 성적 욕구를 자제하는 동안, 성생활에서 가장 중요한 부분은 욕구의 충족이 아니라 배우자와의 관계라는 사실을 깨닫는다. 배우자를 소중히 여기는 마음과 결혼생활의 의미를 돈독히 함으로써 부부 중 어느 쪽도 배우자가 자신을 이용한다거나 당연하게 생각한다는 서운함을 느낄 여지가 없어진다. 셋째, 일정한 기간 동안 성교를 자제함으로써 부부간의 문제를 '섹스로 무마'하며 지나가지 않고 서로 소통하고 해결하는 시간을 갖게 된다. 대부분의 부부들(특히 물질주의적 부부)의 경우 한두 번은 문제를 섹스로 무마해본 적이 있을 것이다. 성문제 치료사들이나 결혼상담가들은 이런 식의 대응방식에 대해 익히 알고 있으며 의뢰인들에게 부부관계를 재측정하기 위한 방편으로 종종 창의적 금욕을 추천한다. 마지막으로 가장 중요한 혜택은, 간헐적 금욕을 통해 성행위가 고도의 예술적 형태이자 자아실현을 위한 수단으로 승격될 수 있다는 점이다.

생각해보자. 위대한 미술가들은 의미 있는 형태와 색채, 이미지로 캔버스를 채우는 능력만큼이나 '여백을 활용하는' 기술도 뛰어나다. 위대한 작곡가들도 음악의 분위기를 연출하는 데 소리를 다루는 기술과 침묵을 다루는 기술을 똑같이 중요하게 생각한다. 마찬가지로 지고의 사랑을 영위하는 부부는 긴장과 이완을 적절하게 활용하여 그들만이 가지고 있는 영적, 감각적으로 열정을 최고의 한계까지 끌어올려 완벽하게 경험하는 방법을 잘 알고 있다.

팝 문화 연대기인 〈노터리어스Notorious〉, 주요 여성잡지인 〈레드북Redbook〉과 같은 다양한 정기간행물에서 창의적인 금욕을 긍정적으로 평가하는 기사가 다루어진 적도 있고, 토마스 무어Thomas Moor는 자신의 저서 《섹스의 영혼The Soul of Sex》의 한 섹션을 '금욕의 즐거움'으로 채우고 있다. 창의적인 금욕은 성행위를 고도의 예술 형태로 끌어올릴 뿐 아니라 자아실현의 수단이기도 한데, 그 이유는 부부가 자기들이 가지고 있는 덕목을 번갈아가면서 훈련할 수 있는 기회를 제공하기 때문이다. 자유롭게 성생활을 하는 기간에는 너그럽고, 열정적이며, 개방적이고, 무방비 상태가 되며, 표현적인 측면이 좀 더 활성화되는 반면, 성생활을 하지 않는 기간에는 차분하고, 참을성 있으며, 섬세하고, 현명하며, 배려심 있고, 봉사하는 측면이 활성화된다. 물론 창의적인 금욕을 시도하지 않고도 모든 덕목을 개발하는 부부들도 있다. 하지만 매달 짧은 기간이나마 성생활을 금하다 보면 부부가 다른 하나의 덕목에 집중할 수 있다. 마치 조각가가 "오늘은 모델의 손을 집중적으로 작업해야겠어"라고 하는 것처럼. 특별한 부부가 예술적 경지의 성생활을 영위할 수 있는 것도 이런 세심함 덕분이다.

특별한 부부는 성행위라는 것을 '우리가 옷을 벗고 있을 때 하는 행위'라기보다는 '하루의 일상을 통해 우리의 관계를 구가하는 방식'으로 이해한다. 특별한 성생활은 육체적인 교감이기도 하지만, (6장에서 보듯이) 사회적 교감이기도 하다. 특별한 부부는 함께 방에 페인트 칠을 하면서도 서로를 끌어안고 누워 있을 때만큼의 친밀감을 주고받는다. 그렇다고 특별한 성생활이 페인트가 마르는 것을 지켜보는 것만큼 지루하다는 얘기는 아니다. 특별한 부부는 함께 일을 하면서도 강렬한 성적 충족감을 느낄 수 있다는 의미다. 성행위가 가장 강렬한 희열을 느끼면서 사랑을 소통하는 방법이기는 하지만, 일상을 통해 경험하는 서로를 위한 배려와 충만한 일치감, 서로에 대한 강렬한 갈망이 뒷받침되지 않고는 성행위를 통해 전달하는 '메시지'도 공허한 울림이 된다. 특별한 부부는 이러한 진리를 잘 알고 있다. 대부분의 부부들은 침대에 누워 있다가 문득 배우자 쪽으로 다가가서 "우리 할까?"라고 물어보지만, 특별한 부부들은 사회적인 교감을 통해 하루 종일 전방위적인 전희를 준비하기 때문에 열정적이면서도 영적인 성행위를 자주 즐길 수 있으며, 이는 자연적이고도 합당한 결과다.

특별한 성생활에 이르는 일곱 가지 길

다음에 소개할 내용은 당신의 삶에서 더 멋진 성적 경험을 할 수 있는 방법들이다. 다음의 일곱 가지 방법으로 특별한 성생활을 경험하면 그 강렬한 열정이 당신의 방어기제를 한순간에 녹여버리고 심장에 불꽃을 일게 할 것이며, 부부의 영혼이 하나가 되어 타오르게 할 것이다.

첫 번째 길
상대방의 존엄성을 수호하라

특별한 배우자는 서로의 존엄성을 열정적으로 수호한다. 이들은 절대 의도적으로 배우자를 비웃는 말('그저 농담으로'라도)을 하지 않는다. 또한 배우자를 성적 노리개로 이용하지 않는다.

몰인정한 유머나 거친 비난, 욕설, (순수한 의미로든 사악한 의미로든) 무심함, 학대 등 개인의 존엄성을 침해하는 정서나 행동이 난무하는 곳에는 특별한 성생활이 존재할 수 없다. 또한 부부 중 어느 한쪽이 배우자의 욕구 충족을 위한 도구로 이용된다고 느낄 때에도 특별한 성생활은 지속될 수 없다.

앞에서 5대 1 법칙을 지키는 것이 결혼생활에 중요하다는 말을 했었다. 배우자를 향해 비판이나 잔소리, 언쟁을 하거나 또는 사소한 일을 문제 삼거나 모욕감을 주는 순간의 다섯 배에 해당하는 애정과 포용, 칭찬, 배려, 친절을 안겨주어야 한다는 뜻이다. 그러나 내 개인적 경험과 직업적 경험을 통합해 보건대 5대 1 법칙은 특별한 성생활의 시작 지점에 불과하고, 진정한 의미에서의 특별한 성생활을 만끽하려면 긍정성과 부정성의 비율이 7대 1 또는 10대 1 정도는 되어야 한다.

결혼생활을 통해 특별한 성생활을 구가하기 위한 유일한 방법은 사랑하는 것이다. 더 많이, 더 현명하게, 매일 사랑하라. 작은 실천을 통해 사랑을 전하라. 배우자에게 의미 있는 방법으로 사랑하라. 배우자가 그럴 만한 가치 있는 사람이어서가 아니라, 당신의 존엄한 인격이 그렇게 하기를 원하니까.

두 번째 길
섬기는 사람이 되라

특별한 성생활에 이르는 두 번째 길은 특별한 배려다. 많은 부부들이 배우자에게 불평을 함으로써 좀 더 만족스러운 성생활이나 낭만적인 결혼생활을 얻으려고 한다. "언제쯤 나를 위해 시간을 내줄 거예요?" "우리가 성관계를 한 지 얼마나 된 줄 알아요?" "당신은 나를 아무데도 데려가지 않는군요! 왜 (아무개)처럼 하지 못하죠?"

이렇게 배우자를 채근해서 낭만이나 섹스를 얻는다고 해도 그것은 양심의 가책이 발로한 것이므로 두 사람 모두에게 만족스럽지 못할 것이고, 관련된 모든 이에게 깊은 후한을 남길 수 있다. 아마도 아주 오랫동안.

당신이 원하는 성생활을 실현하는 유일한 방법은 섬기는 사람이 되는 것이다(6장 참조). 당신과 배우자가 침실 밖에서도 똑같이 자애롭고, 너그럽고, 즐겁게 서로를 배려할 때 비로소 성교는 서로에게 주는 선물로 승화될 것이다. 이를 좀 더 명확하게 이해하기 위해 다음의 연습문제를 풀어보자.

특별한 성생활을 방해하는 요인들

배우자와 따로 아래 문제들을 풀어보자. 다음의 항목에 '예' 또는 '아니오'로 답한다.

1. 당신과 배우자는 가정과 결혼생활에서 서로가 유능성을 갖추기 위해 노력하기보다, 각자가 노력하는 정도를 점수로 매겨가면서 항상 50대 50의 균형을 맞추기 위해 노력하는가?
2. 당신은 한 번이라도 배우자를 무시한 적이 있는가('그저 농담'으로라도)? 배우자가 꿈이나 목표, 가치, 관심사, 이상을 추구하려고

할 때 이를 가로막는 편인가?

3. 당신은 별 관심이 없지만 배우자에게는 중요한 장소나 모임에 함께 갔을 때, 당신은 뿌루퉁하게 있거나 싫은 내색을 하거나, 무관심한 태도를 취하는가(예를 들면 쇼핑, 처가/시댁 방문, 회사 모임, 교회, 취미생활)?

4. 결혼을 편의의 수단이라고 생각하는가? 말하자면, '이제 결혼했으니 다시는 이러이러한 일을 하지 않아도 돼. 그래서 남편을 얻은 거니까' 하는 마음인가?

5. 배우자가 원하고, 중요하게 생각하는 방법으로 사랑을 나누기를 거부하거나 거절하는가?

6. 자녀가 생기면 당신과 결혼생활에 변화가 생길까 봐 염려되는가? 혹은 자녀양육의 책임을 대부분 배우자에게 떠넘기는 편인가?

7. 당신은 결혼생활과 가족보다 친정/본가 가족들이나 업무, 사회적 역할, 취미, 또는 기타 사항에 항상 더 많은 시간과 관심을 쏟는 편인가?

8. 배우자가 어떤 부탁을 할 때 그것이 당신의 도덕적 기준에 어긋나서가 아니라, '단지 하고 싶지 않아서' 거절하거나 거부하는가?

9. 배우자를 사랑하는 마음으로 어떤 행위를 한 다음에 그것에 대한 보상을 받지 못하면 원망하는가?

10. 당신이나 배우자는 언쟁을 하고 나서 패배한 느낌으로 대화를 끝내는 일이 있는가?

11. 부부간의 언쟁이 상호 만족스러운 해결을 보지 못하고 끝나는가?

12. 당신은 배우자에게 뭔가 얻어낼 것이 있을 때 사랑의 행동을 하는 편인가? 배우자에게 원하는 것이 있을 때는 평상시보다 좀 더 사랑스럽게 행동하는 편인가?

각 항목에 '예'라고 답을 할 때마다 간접적으로 배우자와의 성생활이 만족스러울 가능성이 약해진다. 특별한 성생활에 이르는 유일한 길은 침실 밖에서부터 더 나은 배우자이자 연인이 되고자 노력함으로써 특별한 성생활을 당신의 결혼생활에 초대하는 것이다. 더 많은 또는 더 '나은' 성생활로 '보상'받으려는 의도로 배우자에게 '배려'하는 것은 배우자를 속이는 것이며 성공 가능성이 낮다. 배려는 배려 자체에 의미를 둬야 한다. 또는 결혼의 지상목표에 의미를 두고 해야 한다. 그렇게 할 때, 배우자가 당신의 배려를 얼마나 필요로 하는가에 따라, 특별한 성생활이 저절로 피어날 것이다. 생동감 있는 성생활은 배우자에게 기쁨으로 행한 배려에 대한 합당하고 사랑 가득한 보상이기 때문이다.

세 번째 길
기쁜 마음으로 성생활에 임하라

부부간의 성생활은 기운이 남았을 때 하는 잡무나 여분의 일 또는 '좋은 일'이 아니다. 특별한 성생활은 해야 할 일이 아니라, 당신의 존재 그 자체다. 그것은 결혼서약을 기쁜 마음으로 재확인하는 행위다.

또한 육체까지 서로의 행복을 위해 움직일 만큼 지극한 사랑과 배려를 찬미하며 만끽하는 행위이며, 사랑하고 합일하며 창조할 수 있는 부부의 능력을 발휘하는 일이다. 특별한 성생활은 기운을 소진시키는 임무의 수행이 아니라 삶의 에너지를 퍼올리는 샘이다. 특별한 성생활을 즐기는 부부는 언제든 열정적으로, 때로는 조용히 자유롭게 사랑을 주고받는다. 또한 자발적으로 기꺼이 성생활에 의존하는 사랑의 표현을 자제하고 그것만큼 중요하고 달콤한 부부관계와 삶의 또 다른 측면을 새롭게 즐길 시간을 갖는다.

네 번째 길
취약성을 감추지 말고 사랑하라

당신과 배우자가 결혼의 지상목표를 추구하고, 적극적으로 서로의 존엄성을 지켜주며, 결혼생활 전반에 걸쳐 특별한 배려를 실천하고자 한다면, 이제 부부간의 친밀감을 저해하는 감정적, 물리적 장애물을 내려놓아야 한다. 취약성을 감추지 말고 사랑하라.

배우자에게 당신을 온전히 선사하라. 자기의 신체나 성에 관해 부끄러운 점이 있다면 서서히 배우자에게 당신의 몸을 있는 그대로 모든 감각을 통해 느낄 수 있는 기회를 선사하라(7장 참조). 전등불을 켜둔 채 섹스를 한다. 할로겐 등까지 밝힐 필요는 없다. 다만 배우자가 당신을 볼 수 있는 정도면 된다. 눈을 뜬 채 키스를 하거나, 다비드 슈나흐David Schnarch 박사가 그의 저서 《열정이 있는 결혼Passionate Marriage》

에서 제안하는 방법을 따라보자. 다음에 섹스를 할 때는 절정에 이르는 순간 배우자의 눈을 똑바로 쳐다보라. 배우자의 영혼을 정면으로 들여다보라.

이렇게 자신의 완전한 무방비 상태를 시각적으로 노출시키는 방법 말고, 청각적이거나 운동감각적인 방법도 있다. 다음에 섹스를 할 때는 배우자가 어떻게 해주기를 원하는지 구체적으로 말한다. 예를 들면 "지금 나를 만져주었으면 좋겠어요." 또는 "거기를 만져주면 좋아요." 아니면 이를 응용할 수도 있다. 배우자가 구체적으로 어떻게 해달라고 말하지 않으면 어떤 행위도 하지 말아보자. 아니면 서로 번갈아가면서 상대가 무엇을 해주었으면 좋겠는지, 어떻게 하기를 원하는지, 언제 하기를 원하는지 구체적으로 말한다. 이렇게 하다 보면 두 사람 모두 지극히 수동적이며 취약한 느낌이 들겠지만, 배우자의 가장 은밀한 기호와 싫어하는 것들을 명확하고 구체적으로 알 수 있는 기회가 된다. 어떤 방법을 시도하든 배우자를 칭찬해준다. 배우자로 하여금 당신에게 그가 또는 그녀가 최고의 파트너임을 확인하게 하고, 그 앞에 당신을 온전히 내놓는 것이 얼마나 큰 기쁨인지 알게 하라.

배우자와 교대로 서로의 몸을 구석구석 애무한다. 배우자의 몸에 한 점도 빼놓지 않고 사랑의 표시를 한다. 천천히, 주의를 기울여서, 기도를 하듯이(무엇이든 좋은 느낌을 주는 행위는 속도를 반으로 줄일 때 기쁨이 배가 된다). 배우자의 몸이 이루는 모든 완벽한 곡선, 완벽하지 못한 굴곡들을 사랑한다는 것을 알게 한다. 당신의 손길이, 키스가, 애무가 닿지 않는 곳이 없게 한다. 장난치고, 웃고, 유치해지는 것을 두려워하지 말자. 때로는 의도적으로 유치해지는 것도 좋다. 당신의 끼가 드러날까 봐 두려워하지 말자. 때로는 의도적으로 끼를 발산하는 것도 좋다. 그래서 좀 유치하게 보인다 하더라도. 도대체 누가 존엄성을 유지하면서 동시에 사랑에 취할 수 있단 말인가? 유치해지는 것도, 끼를 보이는 것도 쉽지 않다면, 다시 한 번 '될 때까지 그런 척하기'를 시도해보자.

이런 행위들을 시도하면서 두려움이나, 취약함, 격렬한 흥분, 열정, 절망, 사랑받는 느낌을 경험하거나, 또는 이 모두를 한꺼번에 경험할 수도 있다. 진정한 섹스의 위력은 바로 이러한 감정들에 근거한다. 지축이 흔들리는, 정신을 차릴 수 없는, 영혼이 떨리는 섹스를 경험하고 싶다면 값싼 섹스 장난감을 치우고 성숙한 성관계를 하라. 배우자 앞에 자신의 취약성을 온전히 내어놓으라.

다섯 번째 길
때때로 휴지기를 갖는다

정기적으로 배우자에게 성생활의 휴지기를 선사하고 서로를 다른 방법으로 사랑하는 데 집중해보자. 이 다른 방법이란 바쁜 일상 속에서 쉽게 잊고 지나가는 행위나 말들을 주고받을 수 있는 기회를 말한다. 네 번째 길이 '취약성을 감추지 말고 사랑하라'였는데, 뭔가를 금기하는 것보다 사람을 더 취약하게 만드는 것은 없다. 그것이 섹스든, 음식이든. 그러나 금기에 따르는 결과는 달콤하다.

금식을 하면 엄청난 식욕이 생기고, 마침내 다시 먹게 되었을 때는 늘 맛있는 음식이지만 더욱 맛있게 느껴지는 법이다! 짧은 기간이나마 성생활을 금하는 것도 더 특별한 섹스, 더 강렬한 오르가즘을 느끼게 한다.

여섯 번째 길
사랑의 창조적인 힘을 수용하라

기술의 발달 덕분에 우리는 섹스와 임신을 따로 생각할 수 있게 되었다. 그러나 우리의 몸과 마음에는 고대의 전형, 즉 코드가 모든 세포에 새겨져 있어서 성교와 임신을 완전히 별개로 생각할 수 없다. 특별한 성생활을 경험하려면 배우자가 당신의 모두를 받아들인다는 사실을 확신할 수 있어야 하는데, 이는 자녀, 그리고 앞으로 태어나게 될 자녀들까지도 우리의 일부로 받아들이는 것을 의미한다. 수태하게 될 것을 두려워하든, 아니면 부모가 되기를 꺼리거나 능력이 없어서든, 자녀를 거부하는 것은 배우자의 일부를 거부하는 것이다. 따라서 결국은 이 거부 탓에 두 사람의 관계가 힘들어진다.

피터 드브리스Peter DeVries의 말처럼 "결혼의 가치는 어른들이 자녀를 생산하는 데 있는 것이 아니라, 자녀들이 어른을 만들어가는 데 있다." 본인들의 잠재적, 현실적 부모노릇을 수용할 때 사랑이 안겨주는 선물인 배우자를 온전히 받아들일 수 있다. 자녀가 태어났다는 것은 당신 부부의 사랑이 너무나 지극하고 강력해서 고유의 특별한 이름을 가지게 되었음을 의미한다.

일곱 번째 길
연인의 기도

앞부분에서 성생활의 영적인 효과에 대해 성교는 신이 우리에게 자신의 존재를 알려오는 것이라고 했다. 성교를 통해 우리를 창조하신 신의 친밀하고도 열정적인 사랑을 받으며 영생을 보낼 준비를 하는 것이다. 그리고 당신이 이 말에 동의한다면 연인의 기도를 적어보자. 내 기도는 이렇게 시작된다. "주님, 당신의 입술로 그녀에게 키스하게 하시고, 당신의 부드러운 손길로 그녀를 사랑하게 하시며, 꺼지지 않는 당신의 열정으로 그녀를 충만하게 하시어, 그녀가 당신에게 얼마나 소중하고 아름다운 존재인지 보여줄 수 있게 하소서."

어떤 사람들은 기도를 하면 야구를 좋아하는 사람이 경기 전적을 줄줄 외우게 되는 것처럼 성생활에 관한 모든 기술이 절로 솟아나리라 생각하지만, 사실 기도는 내가 좀 더 인내하는 사랑, 좀 더 의지적인 사랑, 좀 더 부드러운 사랑, 보살피고, 열정적이며, 장난스럽고, 모험적인 사랑을 할 수 있게 한다. 기도를 하면서 나를 만드신 분에게 내 몸과 마음, 영혼을 내드리고, 그분이 내 아내를 위해 마련하신 사랑을 그대로 아내에게 전하는 도구가 된다.

기도하듯이 성교를 한다는 것은 전혀 침울하거나 가라앉은 느낌이 아니다. 기도는 신비롭고 심오한 황홀경에서부터 영혼 충만하고 활기 넘치는 복음성가의 환희까지, 그리고 그 사이의 모든 다양한 감성으로 다가올 수 있다. 특별한 성생활도 이 모든 것, 그리고 그보다 더 다양한 경험일 수 있다. 성교를 육체의 기도라 생각하고, 그것을 통해

신이 부부에게 자신의 현존을 드러낸다고 생각하면, 자신들만이 가지고 있는 고유하고도 강렬한 의미가 더해져서 단지 우리 안에 존재하는 신을 찬미하는 것 이상을 경험하게 된다. 신이 당신 부부의 성적 기쁨과 같은 사사로운 일에까지 직접 관여하신다는 사실을 깨닫게 되면서 남편과 아내는 상대의 영적 실현을 도와주어야 할 중요한 임무를 더 확실히 인식하게 된다. 여기서 영적 실현이란 성생활을 통해 친밀감과 취약성을 가로막는 장벽을 허물어뜨림으로써 사랑이신 신의 품에서 영생을 보낼 수 있도록 준비하는 것을 의미한다.

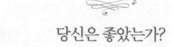

당신은 좋았는가?

특별한 성생활에 대한 장을 마무리하면서, 독자들 중에는 다음에 나오는 논의 문제들을 살펴보지 않고 그냥 돌아누워 자고 싶은 사람도 있을 것이다(독자들이 다 그렇지 않은가? 페이지를 넘기면서 읽기에는 열중하지만 뭔가에 대해 논의를 하고 싶지는 않은…). 하지만 배우자와 함께 앉아서 어떻게 하면 두 사람의 성생활을 특별한 단계로 끌어올릴 수 있을지 의논해볼 것을 권한다.

특별한 성생활: 침실로 들어가자

두 가지 중 하나를 선택할 수 있다. 배우자와 다음 질문들에 대해 대화를 나누거나, 질문 하나를 골라 배우자에게 그 질문을 주제로 편지를 쓴다. 편지 또는 종이에 답을 적어 교환한 후 이야기를 나눈다.
필요에 따라 반복할 수 있다.

1. 당신 부부는 사회적 성생활(서로 소통하고 특별한 배려를 하는 능력)
   을 얼마나 잘하는가? 이러한 능력이 당신의 성생활에 어떠한 영
   향을 미치는가? 어떻게 하면 침실 밖에서 이루어지는 동반자관
   계를 향상시킬 수 있을까?
2. 배우자와 관계를 할 때 가장 좋은 점은 무엇인가? 배우자와 했
   던 성교 중 가장 즐거웠던 때를 생각해볼 때 가장 먼저 떠오르는
   기억은 무엇인가? 가장 의미 있었던 기억/기억들은 언제인가?
3. 특별한 성생활에 이르는 일곱 가지 길 중에서 이미 실천하고 있
   는 것은 어떤 것인가? 그것은 당신의 성생활에 어떤 영향을 미치
   는가? 그 밖에 추가하고 싶은 것은 어떤 것인가?
4. 부끄럽다는 생각이나 취약점을 보이기 싫은 마음 때문에 배우
   자와 성행위를 할 때 주저하는 것은 무엇인가? 그러한 장애물을
   극복하려면 어떻게 해야 할까? 또 배우자가 어떻게 도와주면 좋
   을까?
5. 만약 성생활을 '잠시 금한다면', 부부관계의 어떤 점에 좀 더 집
   중하고 싶은가? 그러면 어떠한 좋은 점이 있을까?

다음에 열거된 항목들을 시도해보자
1. 배우자와의 관계 중에서 가장 좋았던 경험 10가지를 적어보자.
   그것들을 다시 한 번 해볼 수 있도록 계획을 세우자.

2. 당신의 마음을 담은 연인의 기도를 써보자.

3. 이번 달에 열흘 동안 성생활을 금해보자. 그 열흘 동안 매일 배우자에게 사랑을 표현하고 주의를 기울인다. 함께 껴안고, 애무하고, 뭐든 한 가지 작업을 선택해서 같이 하며, 데이트를 하고, 게임도 한다. 열흘째 되는 날, 배우자와 함께 다음 날 성교를 할 때 어떻게 배우자를 즐겁게 해줄 것인지 생각한다. 열하루째 되는 날(그리고 그 이후로도), 축제를 즐기자!

4. 당신이 가장 무방비 상태라고 느끼게 하는 성행위, 위치, 자세는 어떤 것인가? 그것이 당신의 가치 기준에 위배되지 않는다면 다음에 배우자와 섹스를 할 때 '시도해'본다. 그것이 두렵거나 유치한 것이라도 주저하지 말고. 다음 날 배우자에게 편지를 써서 당신이 배우자를 그 정도까지 신뢰할 때 기분이 어땠는지 말해준다. 당신이 그만큼 신뢰할 수 있는 배우자에게 감사의 말을 전한다.

5. 가끔은 절정에 이르는 순간 서로의 눈을 들여다본다. 말은 하지 말고, 소리도 내지 않는다. 그대신 모든 열정을 눈에 모으고 배우자의 영혼을 들여다본다.

6. 가끔은 교대로 상대방이 구체적으로 요청하지 않으면 아무것도 하지 않는다. 요청은 구체적일수록 좋다. 무엇을 어떻게, 얼마나 오래, 얼마나 빠르게, 또는 느리게 하라고 설명한다.

7. 가끔 관계를 할 때, 모든 전등을 끈다. 그리고 배우자의 전신을 만지고, 키스하고, 애무한다. 배우자의 움직임, 숨결, 쾌감을 느끼는 소리(말은 하지 말 것)에만 의존해서 삽입까지 전 과정을 마친다.

이 책을 통해 살펴본 모든 덕목과 자질을 갖추고자 노력해서 침실에서나 밖에서 특별한 사랑을 성취하길 바라며, 또한 그렇게 되리라고 믿는다. 이 책의 내용을 실생활에 적용하고 훈련하다 보면, 당신도 앞 장에서 본 베로니카처럼 사랑의 노래를 부르는 것에 그치지 않고 노래 그 자체가 될 수 있을 것이다.

특별한 결혼생활 가꾸기

이제 독자 여러분과 함께하는 여정을 마칠 때가 되었다. 여러분과 함께 결혼생활을 이야기하면서 여기까지 오게 된 것에 감사의 마음을 전하고 싶다. 각 장을 읽을 때마다 첫 페이지를 읽을 때 가지고 있지 않았던, 혹은 가지고 있었지만 살아가면서 잊고 있었던 뭔가를 얻을 수 있었기를 바란다. 그게 아니라면 여러분이 이미 실천하고 있었던 어떤 것들에 대한 검증의 기회가 되었거나, 앞으로 무엇을 어떻게 해야 하는지 얼핏 스치는 영감을 얻을 수 있었다면 더 바랄 것이 없겠다.

내가 부부들에게 특별한 결혼생활에 대해 말하면 그들은 주로 다음의 세 가지 중 하나의 반응을 보인다. 첫 번째 반응, 믿지 않는다. "특별한 결혼생활은 너무 이상적이어서 현실성이 없어요." 그렇지 않다. 여러 연구 결과들이 현실임을 입증한다. 성취할 수 없을 거라는 두려움으로 그 실체를 부정하지 않기를 바란다. 여러분은 분명히 성취할 수 있으니까. 두 번째 반응, "그런 결혼생활을 할 수만 있다면 물론 좋겠죠. 하지만 너무 어려워요. 그래서 나에게는 현실적인 목표가 될 수 없어요." 이 말이 진실인가 아닌가는 여러분이 어떤 삶을 살고

자 하는가에 달려 있다. 정말 중요하다고 생각하는 것을 위해서라면 어떻게든 시간을 내는 법이니까. 1장에서 여러분은 인생과 결혼생활의 중심이 되는 목표를 확인해보았다. 다시 한 번 그 목표를 떠올리면서 스스로에게 물어보자. "이 정도면 충분한가?" 그렇다고 대답한다면 그래서 만족한다면, 진심으로 당신의 행복을 축복하겠다. 그러나 이미 만족스러운 삶이지만, 그래도 좀 더 나은 삶을 원한다면, 이 책의 내용을 길잡이로 삼아 다음과 같은 생각을 가진 사람들에게 동참하기 바란다. "나도 끼워줘. 많은 노력이 필요할 것 같긴 하지만 그 결과가 너무 멋지잖아!"

특별한 결혼생활을 영위하려면 많은 노력을 해야 한다. 하지만 모두 사랑을 위한, 사랑에서 비롯된 노력이다. 5장에서 살펴보았듯이, 사랑은 결혼생활을 하면서 흘린 땀의 열매이기 때문이다. 이러한 노력을 하는 동안 여러분과 배우자는 '협력적인 천재'가 되어 깊은 친밀감과 열정, 그리고 영혼이 충만한 결혼생활을 가꾸어갈 뿐 아니라 여러분 각자가 성숙해가고 싶은 이상형으로 변화해갈 것이다.

부부 상담을 하면서 본인들이 원했던 결과를 얻게 되면 나는 마지막 한두 번의 상담 시간은 어떤 방법이 본인들에게 가장 효과적이었는지 돌아보게 하고, 행복한 결혼생활을 유지하기 위한 실천계획을 세우는 데 할애한다. 말하자면 부부관계를 유지하고 가꾸기 위한 맞춤형 '사용설명서'를 구상하는 것이다. 이번에는 독자 여러분과 그런 시간을 가져보기로 하자.

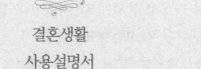

결혼생활
사용설명서

당신의 결혼지능을 높여라

자동차, 보트, 주택, 정원들에도 모두 사용설명서가 있다. 알고 보면 모든 '귀중한 것들'에는 사용설명서가 따라온다. 그렇다면 결혼생활이라고 정기적인 유지보수가 필요치 않을 리는 없지 않은가? 우리 대부분은 언제 자동차의 엔진오일을 갈아주어야 하는지, 정원의 흙을 갈아주어야 하는지, 타이어를 교체해야 하는지, 벽난로 스크린을 교체해야 하는지 알고 있다. 결혼생활에는 얼마나 자주 윤활유를 쳐주어야 하는지 알고 있는가? 다음의 일정표를 참고해서 원만한 부부관계를 유지하도록 하자.

매일

- 매일 결혼서약에서 했던 "그렇게 하겠습니다"를 반복한다. 배우자와 주고받는 한 번의 시선, 한 마디의 말, 행동이 결혼생활을 돈독히 하는 기회가 될 수도, 무너뜨리는 계기가 될 수도 있음을 기억하자. 부부관계를 위해서, 그리고 자신의 존엄성을 위해서 항상 사랑을 선택하자.
- "배우자의 삶을 좀 더 편안하고 충만하게, 즐겁게 해주기 위해

오늘 내가 할 수 있는 일은 무엇인가?"를 스스로에게 물어보자. 그런 다음 떠오르는 대답을 실천하자.

- 애정을 표현할 수 있는 소소한 방법들을 찾아보자. 배우자가 칭찬받을 만한 일을 하는 순간을 포착하자. 배우자에게 좀 더 자주 키스하고, 포옹하고, 칭찬하고, 전화하자.
- 배우자와 대화하는 시간을 갖자. 새로운 소식들을 주고받자. 오늘 당면한 문제를 의논하자. 자녀 문제를 의논하자. 미래의 계획을 세우자.
- 기도하자. 신이 당신의 배우자를 사랑하듯이 배우자를 사랑할 수 있도록 도와달라고 '당신만의 방법으로' 신께 간구하자.

일주일에 한 번

- 가족만의 특별한 시간을 갖자. 가족이 모두 모여 함께 식사를 하자. 가족이 배우자와 당신 둘뿐이라고 해도 함께 식사하자. 아니면 둘이 다른 부부들과의 모임에 참석하자. 어떤 형식으로든 부부와 가족의 유대를 확인하는 시간을 갖자.
- 당신은 배우자와 일주일에 열다섯 시간 정도 할애해서 함께 대화하고, 함께 일하고, 사랑의 불꽃을 지피는 기회를 갖는가? 다음 주부터라도 열다섯 시간을 할애하려면 어떤 변화를 시도해야 할까?
- '매일 사랑을 실천하는 스물다섯 가지 방법' 목록(177페이지)을 다시 한 번 읽어보자. 당신은 목록에 있는 내용을 실천하는가? 거기에 새로 추가하고 싶은 사랑의 실천 항목이 있다면 어떤 것인가?

- 자녀가 적당한 나이가 되었고, 신체적으로도 충분히 건강하다면, 최소한 한 달에 한 번은 부부만의 외출을 하자. 외출을 할 수 없는 상황이라면 집에서라도 '부부만의 시간'을 갖자. 자녀들은 비디오를 보게 하거나, 돌봐줄 사람을 집으로 오게 하고, 당신과 배우자는 식탁에 촛불을 켜놓고 디저트를 먹으며 어른들만의 대화를 하는 것도 좋다.

세 달에 한 번

- 특별한 타협을 다룬 부분을 다시 한 번 읽어보자. 당신은 잘하고 있는가? 더 향상시키거나 연마해야 하는 기술은 무엇인가? 구체적으로 어떻게 해당 기술을 향상시킬 것인가?

여섯 달에 한 번

- 어떻게 하면 당신이 더 좋은 배우자가 될 수 있는지 배우자에게 물어보자. 어떤 비판이라도 너그럽게 수용하되, 당신이 상대를 비판할 때는 친절한 어조로 하자. 그리고 의논 결과를 실천으로 옮기자.
- 배우자와 함께 결혼/가정생활에 관한 책을 읽자.

일 년에 한 번

- 부부가 함께 피정을 간다. 주말을 이용해서 결혼 중재 프로그램이나 결혼생활을 향상시키는 프로그램에 참여한다. 아니면 배우

자와 자녀들을 동반하고 좋아하는 곳이나 조용한 곳으로 여행을 떠나 함께 즐기는 시간을 가지며 다음 한 해를 위한 부부와 가족의 목표 등에 대해 의논할 기회를 마련한다.

위에 제시한 사항들을 실천하면 결혼생활을 지속적으로 향상시키고 건강하게 유지하는 데 도움이 될 것이다.

응급 조치

때로는 예기치 못한 시련이 닥쳐서 결혼생활에 전문적인 수리가 필요할 때가 온다. 그렇다. 수리에는 비용이 많이 들 것이며, 정신적·육체적 고통도 따를 것이다. 하지만 원만한 결혼생활 역시 항상 좋은 상태를 유지하기 위해 때때로 전문적이 도움이 필요하다. 그렇다면 정기점검이나 도움이 필요한 시기가 되었다는 것은 어떻게 알 수 있을까?

다음과 같은 상황이 벌어지면 상담을 받을 필요가 있다.

- 언쟁이 몸싸움으로 번진다.
- 언쟁의 대부분이 당신과 배우자 중 한 사람이 술이나 약물에 취해 있을 때 일어나거나 싸움의 원인이 대부분 과도한 음주나 약물 사용 때문이다.
- 다른 이성과 바람을 피우는 공상을 한다.
- 배우자보다 당신을 잘 이해해준다고 생각되는 이성친구와 점점

더 많은 시간을 보낸다(순수한 의도이기는 하지만).

- 당신이나 배우자가 상대방을 피하는 것 같다.
- 배우자를 보면 가슴이 철렁 내려앉는 느낌이 들어 이유 없이 화가 나거나 짜증이 난다.

문제가 생길 때마다 상담을 받아야 하는 것은 아니지만, 그중 어떤 문제들은(또는 몇 가지 문제가 동시에 발생했을 때는) 각별히 주의를 기울여야 한다. 다음의 문제들을 풀어보면서 당신의 결혼생활을 점검해볼 때가 되었는지 알아보자. 각 항목에 맞으면 '예' 틀리면 '아니오'로 답한다.

_____ 배우자와 나는 같은 문제로 계속 싸운다.

_____ 배우자가 나에게 시비를 거는 것 같은 느낌이 들 때가 많다.

_____ 종종 배우자 때문에 실망하거나 기분이 가라앉는다.

_____ 배우자가 나를 진심으로 사랑하는지 의문이 든다.

_____ 부부싸움이 점점 통제 불가능해지는 것 같다.

_____ 나와 맞는 상대와 결혼한 건지 의문이 든다.

_____ 배우자와 함께 보내는 시간을 의도적으로 피한다.

_____ 배우자가 나를 이해하지 못하는 것 같다.

_____ 배우자에 대해 부정적인 생각을 할 때가 많다.

'예'라고 답한 문항의 개수가:

0-1 특별한 점검이나 보수가 필요하지 않다. 위에 언급한 정기 검진 일

정을 따르면 된다.

2-4 결혼생활을 좀 더 개선시키기 위한 과정에 참여하거나, 결혼과 가정에 관한 책을 읽거나, 이 책에 소개된 연습문제, 특히 '매일 사랑을 실천하는 스물다섯 가지 방법'(177페이지)을 시도해보는 것이 좋다.

5+ 상담을 받아보는 것이 좋다. 암세포가 자라서 수술이 불가능해질 때까지 기다리지 말자.

독자 여러분에게 내가 드릴 수 있는 기술적 도움에 대해서도 소개하고자 한다. 전화 상담이나 세미나, 기타 결혼과 가정 심화학습 프로그램도 가능하다. 전문적인 상담을 원한다면 (740) 266-6461로 전화를 걸거나 우리 웹사이트(www.exceptionalmarriages.com)를 방문하면 더 자세한 정보를 볼 수 있다.

앞으로 다가오는 날들이 건강과 행복으로 가득하길 바라며, 언젠가 내가 특별한 결혼생활에 대해서 좀 더 배울 기회가 생겼을 때 그것이 독자 여러분의 행복한 결혼생활이길 바란다.

2017년도 개정판 후기

여러분의 부부관계를 향상시키기 위한 여정에 함께할 수 있어서 기쁘고 감사한 마음이다. 이 책을 읽으면서 많은 아이디어를 얻었기 바라며, 여러분에게 든든한 지원과 신선한 충격, 그리고 건강한 도전정신을 일깨워줌으로써 여러분의 부부관계가 좀 더 성장하여 건강하고 풍요로운 결실을 맺는 데 도움이 되기를 기대한다.

시간은 빨리 흐르고, 이 시대는 그 어느 때보다도 모든 것이 빠르게 변해간다. 출간 이후 이 책이 기대 이상으로 과분한 사랑과 지지를 받고 많은 부부들에게 도움이 되었을 뿐 아니라, 여러 비중 있는 결혼 관련 연구에 활용되고 또 그 내용이 입증되고 있는 것에 감사하고 기쁜 마음이다.

부부관계의 발전 경로와 관련해
새로 입증된 사실들

이 책에 소개한 관계의 발전 경로는 다양한 관계 유형(그리고 그에 따르는 안정감과 만족도)을 에이브러햄 매슬로우의 욕구의 단계에 대응시킨 것이다. 이 책이 처음 출간되던 당시로서는 그것이 아주 새로운 개념이었다. 어느 누구도 매슬로우의 욕구의 단계와 결혼생활의 연계성을 설명한 적이 없었고, 개인이 매슬로우의 단계들을 올라가는 데 결혼생활이 힘이 될 수 있다거나, 부부가 자아실현을 이루는 데 도움이 될 수 있다는 주장은 더욱 요원한 일이었다. 이렇게 새로웠던 시각이 짧은 시간 내에 인간관계를 연구하는 사람들에게 받아들여지고 하나의 현실로 인정받게 되어 기쁘다.

그 한 예로, 2010년 애리조나 주립대학에서 진행된 연구에서는 매슬로우의 가장 높은 단계인 자아실현이 세 개의 하위 단계로 대체되어야 한다는 주장이 제기되었는데, 그 세 개의 하위 단계가 모두 결혼생활과 관련된 배우자와의 만남, 배우자와의 관계 유지, 자녀양육이다. 매슬로우의 욕구의 단계 최정상이 이렇게 바뀌어야 한다는 주장은 자아실현이 한 개인만 추구해서는 성취될 일이 아님을 인정한다는 의미다. 사람은 근본적으로 사회적 존재여서 심리적 차원에서뿐 아니라 생물학적 차원에서도 교감을 갈구하기 때문이다. 요즘 새로이 부상하는 대인관계 관련 신경생물학 분야에서의 연구도 대인관계가 뇌와 신체의 기능에 영향을 미친다는 사실을 보여주었으며, 생물심리사회적 자아가 원만하게 발달하기 위해서는 친밀한 사람과의 건강한 관계가 필수적이라는 사실도 입증되고 있다. 결국 한 개인의 궁극적인 성취는 배우자와 지속적으로 깊어지는 사랑의 관계를 유지하는 능력과 사랑하고 사랑받는 것이 어떤 의미인지를 자녀에게 가르치면서 기를 수 있는 능력에 달려 있다.

이런 개념에 근거해서, 노스웨스턴 대학에서 결혼생활에 대한 연구를 하고 있는 엘리 핑클Eli Finkel은 2014년 〈뉴욕타임스〉에 기고한 글에서 매슬로우의 욕구의 단계가 결혼에 대한 과거와 현재 관점의 진화를 이해하는 데 유용하게 활용될 수 있다고 했다. 뿐만 아니라 매슬로우의 욕구의 단계와 결혼생활에 대한 기대치를 통합하면 건강한 결혼생활을 도모하는 데 긍정적인 영향을 미칠 수 있다. 핑클이 설명하듯이 "단계가 올라갈수록 행복감과 안정감, 내면의 충족감이 커지겠지만, 그러한 높은 단계의 결혼생활에 요구되는 조건들을 충족시키기 위해서는 부부관계에 상당한 시간과 에너지를 쏟아야 한다."

이러한 연구들이 뒷받침해준 덕분에, 오늘 이 책을 읽는 독자들은 처음 출간되었을 때보다 더 확실한 믿음을 가지고 이 책에 소개된 관계의 발전 경로를 현재 본인들의 부부관계에서 출발하여 목표 단계까지 가는 데 길잡이로 삼아도 좋을 것이다.

아홉 가지 비결을 뒷받침하는
새로운 근거들

관계의 발전 경로가 새로운 연구들에 의해 더욱 탄탄해지는 것과 마찬가지로 이 책에 소개된 다른 특별한 자질들도 새로운 연구의 지지를 받고 있다. 예를 들면 존 가트맨 박사와 줄리 가트맨 박사의 건강한 관계를 위해 필요한 자질에 관한 연구에서도 '의미 나누기(결혼의 지상목표)', '자애와 존중 체계(특별한 감사)', '갈등 해결하기(특별한 타협)', '등 돌리기보다는 다가가기(특별한 배려)', '긍정적인 관점(특별한 일치감)'과 같은 기술들의 필요성을 지속적으로 검증해주고 있다.

코넬 대학 교수인 칼 필레머의 연구는 내가 서문에서도 인용했지만, 이 책에서 특별한 정절과 특별한 사랑으로 소개한 자질의 가치를 분명하게 지지해준다. 그가 오랫동안 결혼생활을 유지하는 부부들을 대상으로 진행한 연구를 보면 역경에 처했을 때에도 부부가 (걱정에 사로잡히거나 서로를 질책하거나 관계에 소홀해지기보다는) 서로에게 성실하고 상대방의 행복을 위해 노력하면서 살려는 욕망이 행복하고 영구적인 화합의 열쇠라는 사실을 알 수 있다.

먼마우스 대학의 게리 레반도프스키Gary Lewandowski 교수가 진행한 '지속가능한 결혼'에 관한 연구도 내가 특별한 즐거움이라고 칭한 자질을 지지한다. 그의 연구에 의하면 본인이 익숙한 영역을 벗어나서 배우자와 함께 새로운 것을 배우려는 의지가 있고, 배우자가 좋아하는 것에 동참하려는 의지를 표명하는 사람들이 훨씬 더 만족스럽고 안정적인 부부관계를 경험한다.

내가 이 책에서 주장한 내용 중에 가장 논란의 여지가 큰 것은 특별한 성생활에서 경험할 수 있는 육체적, 심리적, 관계적, 영적 혜택을 만끽하려면 부부가 동의하에 매달 일정 기간 성생활을 금함으로써 의식적으로, 그리고 의도적으로 배우자와의 관계를 풍부히 하고 정서적, 영적 교감을 통해 사랑을 나누는 훈련을 해야 한다는 주장일 것이다.《사랑의 완성, 결혼을 다시 생각하다》를 저술할 당시 나는 유대교에서부터 천주교, 힌두교에 이르기까지 대부분의 영성 체계가 일정 기간 금욕을 지키는 것을 권장하는 것에 착안하여 부부관계에서도 전반적인 친밀감과 성생활의 친밀감을 더욱 깊어지게 하는 방편으로 이를 응용했다.

그런데 흥미롭게도 그 이후로 일반인들도 소위 가족계획의 '녹색운동'으로 통하는 가임기 인지법FAM, Fertility Awarenss Methods에 눈을 뜨기 시작했다. 다수의 연구에 따르면 이 방법도 화학적 피임과 피임기구를 통한 방법만큼이나 배우자와의 성관계에서 피임 효과를 발휘하기 때문에, 아무도 모르게 본인과 배우자가 가임기간을 계산하여 그 기간 동안 성생활을 피할 수 있다. 이렇게 생태학적인 가족계획과 더불어 이 부부들이 누릴 수 있는 또 다른 혜택은, 2010년 마케트 간호대학의 리처드 페링Richard Fehring이 진행한 연구에서 밝혀졌는데, FAM 피임법을 시도하는 부부들이 간헐적 금욕이 필요하지 않은 기타의 피임법을 사용하는 부부들에 비해 성적 만족감도 훨씬 더 크고, 배우자와의 정서적, 영적 유대감과 소통의 깊이도 훨씬 더 깊다고 한다. 이러한 페링의 연구는 대중 매체를 통해 보고된 많은 일화를 통해서도 그 신빙성이 뒷받침되고 있다.

한 마디로 말해서《사랑의 완성, 결혼을 다시 생각하다》에 소개된 아홉 가지 특별한 자질 모두가 시간이 지나면서 지속적으로 실증적인 지지를 받고 있다. 전문적인 문헌들이 내 의견을 지지하는 것도 물론 기쁘고 감사한 일이나, 내게 그보다 더 의미 있고 중요한 것은 부부들이나 상담치료사들에게서 매일 당도하는 편지나 이메일들이다. 이 책에 소개된 훈련 내용들이 부부관계나 상담에 도움이 되었다는 이야기들. 나는 이들과 독자 여러분 모두에게 이 책에 담긴 내용을 삶의 일부로 받아들여준 것에 대해 감사의 마음을 전한다. 특히 자신들의 이야기, 힘들었던 시간들, 성공담을 공유해준 사람들에게 감사드린다. 이 책에서 소개한 사례들에서 영감을 받고 각자가 꿈꾸는 결혼생활, 세월이 흘러도 변하지 않는 사랑을 성취할 수 있는 힘을 얻기 바란다. 때로는 용이 쳐들어오고, 때로는 한 편의 드라마가 펼쳐지기도 하지만, 그 모든 풍랑을 이겨내고 남은 두 사람은 서로 사랑하면서 '영원히 행복하게' 살게 될 것이다.

감사의 말

이 내용을 책으로 담아낼 수 있게 되어 무척 기쁘다. 아내와의 결혼생활을 통해 매일 경험하는 나의 일상이 뒷받침되지 않았더라면 나는 단 한 줄도 쓸 수 없었을 것이다. 그런 의미에서 나는 진심으로 아내를 공동 저자로 삼고 싶다. 아내는 이 책을 위해 우리의 결혼생활을 실험공간으로 활용하는 데 동의해주었다. 아내는 더 없이 선한 여성이자 모두가 선망할 만한 엄마이며, 너그러운 연인이기도 하지만, 동시에 나에게는 최고의 비평가이자 현명한 조언자며, 참을성 많은 편집자다. 내게 아내는 신이 여성을 창조한 모든 이유와 의미를 실현한 사람이며, 사랑하는 아내와 함께하는 나의 일상은 하루하루가 축복이다.

카롤 출판 그룹Carol Publishing Group의 여러분들께도 감사의 말씀을 전한다. 특히 넓은 아량으로 이 프로젝트를 지원해준 케리 캔터Carrie Cantor, 나를 대리해 출판관련 업무를 처리해준 리 쇼어 리터러리 에이전시Lee Shore Literary Agency의 제니퍼 블로스Jennifer Blose 그리고 지난 세월 자애로운 손길로 나를 인도해준 B.V.M.(굳이 이름을 말하지 않아도 당사자는 알 것이다)에게 깊은 감사를 전하고 싶다.

옮긴이 민지현

이화여자대학교 영어영문학과를 졸업하고 미국으로 건너가 뉴욕주립대학교에서 교육학 석사 학위를 받았다. 현재 뉴욕에 살면서, 번역 에이전시 엔터스코리아에서 출판기획자 및 전문번역가로 활동하고 있다.

옮긴 책으로는 《세계의 신화》, 《섹시한 뇌 만들기: 애자일 마인드(Agile Mind)》, 《동물농장》, 《별을 따라서》, 《배우는 방법을 배워라》, 《놀면서 떠나는 세계 문화 여행》, 《세상에서 가장 느린 책》, 《징검다리 미로찾기 세계여행》, 《앨비의 또 다른 세계를 찾아서》, 《할아버지의 위대한 탈출》 등이 있다.

사랑의 완성, 결혼을 다시 생각하다

초판 1쇄 발행 2018년 7월 20일

지은이 그레고리 팝캑
펴낸이 박상진

편집 김제형
관리 황지원
디자인 디자인 지폴리

펴낸곳 진성북스
출판등록 2011년 9월 23일
주소 서울시 강남구 영동대로 85길 38 진성빌딩 10층
전화 (02)3452-7762 **팩스** (02)3452-7761
홈페이지 www.jinsungbooks.com
이메일 jinsungbooks@naver.com

ISBN 978-89-97743-42-1 13590

진성북스는 여러분들의 원고 투고를 환영합니다. 책으로 엮기를 원하는 좋은 아이디어가 있으신 분은 이메일(jinsungbooks@naver.com)로 간단한 개요와 취지, 연락처 등을 보내 주십시오. 당사의 출판 컨셉에 적합한 원고는 적극적으로 책으로 만들어 드리겠습니다!

진성북스
도서목록

사람이 가진 무한한 잠재력을 키워가는 **진성북스**는
지혜로운 삶에 나침반이 되는 양서를 만듭니다.

앞서 가는 사람들의 두뇌 습관
스마트 싱킹
아트 마크먼 지음 | 박상진 옮김
352쪽 | 값 17,000원

숨어 있던 창의성의 비밀을 밝힌다!
인간의 마음이 어떻게 작동하는지 설명하고, 스마트해지는데 필요한 완벽한 종류의 연습을 하도록 도와준다. 고품질 지식의 습득과 문제 해결을 위해 생각의 원리를 제시하는 인지 심리학의 결정판이다! 고등학생이든, 과학자든, 미래의 비즈니스 리더든, 또는 회사의 CEO든 스마트 싱킹을 하고자 하는 누구에게나 이 책은 유용하리라 생각한다.

- 조선일보 등 주요 15개 언론사의 추천
- KBS TV, CBS방영 및 추천

나의 잠재력을 찾는 생각의 비밀코드
지혜의 심리학 2017 최신 증보판
김경일 지음
352쪽 | 값 16,500원

창의적으로 행복에 이르는 길!
인간의 타고난 심리적 특성을 이해하고, 생각을 현실에서 실행 하도록 이끌어주는 동기에 대한 통찰을 통해 행복한 삶을 사는 지혜를 명쾌하게 설명한 책. 지혜의 심리학을 선택한 순간, 미래의 밝고 행복한 모습은 이미 우리 안에 다가와 가뿐히 자리잡고 있을 것이다. 수많은 자기계발서를 읽고도 성장의 목표를 이루지 못한 사람들의 필독서!

- OtvN 〈어쩌다 어른〉 특강 출연
- KBS 1TV 아침마당〈목요특강〉 "지혜의 심리학" 특강 출연
- YTN사이언스 〈과학, 책을 만나다〉 "지혜의 심리학" 특강 출연
- 2014년 중국 수출 계약 | 포스코 CEO 추천 도서

세계 초일류 기업이 벤치마킹한
성공전략 5단계
승리의 경영전략
AG 래플리, 로저마틴 지음
김주권, 박광태, 박상진 옮김
352쪽 | 값 18,500원

전략경영의 살아있는 메뉴얼
가장 유명한 경영 사상가 두 사람이 전략이란 무엇을 위한 것이고, 어떻게 생각해야 하며, 왜 필요하고, 어떻게 실천해야 할지 구체적으로 설명한다. 이들은 100년 동안 세계 기업회생 역사에서 가장 성공적이라고 평가 받고 있을 뿐 아니라, 직접 성취한 P&G의 사례를 들어 전략의 핵심을 강조하고 있다.

- 경영대가 50인(Thinkers 50)이 선정한 2014 최고의 책
- 탁월한 경영자와 최고의 경영 사상가의 역작
- 월스트리스 저널 베스트 셀러

백만장자 아버지의 마지막 가르침
인생의 고난에
고개 숙이지 마라
마크 피셔 지음 | 박성관 옮김 | 307쪽
값 13,000원

아버지와 아들의 짧지만 아주 특별한 시간
눈에 잡힐 듯 선명한 성공 가이드와 따뜻한 인생의 멘토가 되기 위해 백만장자 신드롬을 불러 일으켰던 성공 전도사 마크 피셔가 돌아왔다. 실의에 빠진 모든 이들을 포근하게 감싸주는 허그 멘토링! 인생의 고난을 헤쳐가며 각박하게 살고 있는 청춘들에게 진정한 성공이 무엇인지, 또 어떻게 하면 그 성공에 도달할 수 있는지 감동적인 이야기를 통해 들려준다.

- 중앙일보, 동아일보, 한국경제 추천 도서
- 백만장자 시리즈의 완결판

감성의 시대, 왜 다시 이성인가?
이성예찬
마이클 린치 지음 | 최훈 옮김
323쪽 | 값 14,000원

세계적인 철학 교수의 명강의
증거와 모순되는 신념을 왜 믿어서는 안 되는가? 현대의 문학적, 정치적 지형에서 욕설, 술수, 위협이 더 효과적인데도 왜 합리적인 설명을 하려고 애써야 하는가? 마이클 린치의 '이성예찬'은 이성에 대한 회의론이 이렇게 널리 받아들여지는 시대에 오히려 이성과 합리성을 열성적으로 옹호한다.

- 서울대학교, 연세대학교 저자 특별 초청강연
- 조선, 중앙, 동아일보, 매일경제, 한국경제 등 특별 인터뷰

"이 검사를 꼭 받아야 합니까?"
과잉진단
길버트 웰치 지음 | 홍영준 옮김
391쪽 | 값 17,000원

병원에 가기 전 꼭 알아야 할 의학 지식!
과잉진단이라는 말은 아무도 원하지 않는다. 이는 걱정과 과잉진료의 전조일 뿐 개인에게 아무 혜택도 없다. 하버드대 출신의사인 저자는, 의사들의 진단욕심에 비롯된 과잉진단의 문제점과 과잉진단의 합리적인 이유를 함께 제시함으로써 질병예방의 올바른 패러다임을 전해준다.

- 한국출판문화산업 진흥원 「이달의 책」 선정도서
- 조선일보, 중앙일보, 동아일보 등 주요 언론사 추천

불꽃처럼 산 워싱턴 시절의 기록
최고의 영예
콘돌리자 라이스 지음 | 정윤미 옮김
956쪽 | 값 25,000원

세계 권력자들을 긴장하게 만든 8년간의 회고록
"나는 세계의 분쟁을 속속들이 파악하고 가능성의 미학을 최대한 적용했다. 현실을 직시하며 현실적인 방안을 우선적으로 선택했다. 이것은 수년간 외교 업무를 지휘해온 나의 업무 원칙이었다. 이제 평가는 역사에 맡겨 두어야 한다. 역사의 판단을 기꺼이 받아 들일 것이다. 적어도 내게 소신껏 행동할 수 있는 기회가 주어진 것에 감사할 따름이다."

● 제 66대 최초 여성 미 국무 장관의 특별한 자서전
● 뉴욕타임스, 워싱턴포스트, 월스트리트 저널 추천 도서

색다른 삶을 위한 지식의 향연
브레인 트러스트
가스 선뎀 지음 | 이현정 옮김
350쪽 | 값 15,000원

재미있고 행복하게 살면서 부자 되는 법!
노벨상 수상자, 미국 국가과학상 수상자 등 세계 최고의 과학자들이 들려주는 스마트한 삶의 비결. 일상에서 부딪히는 다양한 문제에 대해서 신경과학, 경제학, 인류학, 음악, 수학 등 여러 분야의 최고 권위자들이 명쾌하고 재치있는 해법을 제시하고 있다. 지금 당장 93인의 과학자들과 함께 70가지의 색다른 지식에 빠져보자!

● 즐거운 생활을 꿈꾸는 사람을 위한 책
● 93인의 과학자들이 제시하는 명쾌한 아이디어

학대와 고난, 극복과 사랑 그리고 승리까지
감동으로 가득한 스포츠 영웅의 휴먼 스토리
오픈
안드레 애거시 지음 | 김현정 옮김 | 614쪽 | 값 19,500원

시대의 이단아가 던지는 격정적 삶의 고백!
남자 선수로는 유일하게 골든 슬램을 달성한 안드레 애거시. 테니스 인생의 정상에 오르기까지와 파란만장한 삶의 여정이 서정적 언어로 독자의 마음을 자극한다. 최고의 스타 선수는 무엇으로, 어떻게, 그 자리에 오를 수 있었을까? 또 행복하지만은 않았던 그의 테니스 인생 성장기를 통해 우리는 무엇을 배울 수 있을까. 안드레 애거시의 가치관과 생각을 읽을 수 있다.

● Times 등 주요 13개 언론사 극찬, 자서전 관련분야 1위 (아마존)
● "그의 플레이를 보며 나는 꿈을 키웠다!" -국가대표 테니스 코치 이형택

앞서 가는 사람들의 두뇌 습관
스마트 싱킹

아트 마크먼 지음
박상진 옮김 | 352쪽
값 17,000원

보통 사람들은 지능이 높을수록 똑똑한 행동을 할 것이라 생각한다. 하지만 마크먼 교수는 연구를 통해 지능과 스마트한 행동의 상관관계가 그다지 크지 않음을 증명한다. 한 연구에서는 지능검사 결과 높은 점수를 받은 아이들을 35년 동안 추적하여 결국 인생의 성공과 지능지수는 그다지 상관없다는 사실을 밝히기도 했다. 중요한 것은 스마트한 행동으로 이끄는 것은 바로 '생각의 습관'이라는 것이다. 스마트한 습관은 정보와 행동을 연결해 행동을 합리적으로 수행하도록 하는 일관된 변환(consistent mapping)으로 형성된다. 곧 스마트 싱킹은 실천을 통해 행동으로 익혀야 한다는 뜻이다. 스마트한 습관을 창조하여 고품질 지식을 습득하고, 그 지식을 활용하여 새로운 문제를 창의적으로 해결해야 스마트 싱킹이 가능한 것이다. 그러려면 끊임없이 '왜'라고 물어야 한다. '왜'라는 질문에서 우리가 얻을 수 있는 것은 사물의 원리를 설명하는 인과적 지식이기 때문이다. 스마트 싱킹에 필요한 고품질 지식은 바로 이 인과적 지식을 통해 습득할 수 있다. 이 책은 일반인이 고품질 지식을 얻어 스마트 싱킹을 할 수 있는 구체적인 방법을 담고 있다. 예를 들어 문제를 글로 설명하기, 자신에게 설명해 보기 등 문제해결 방법과 회사와 가정에서 스마트한 문화를 창조하기 위한 8가지 방법이 기술되어 있다.

● 조선일보 등 주요 15개 언론사의 추천
● KBS TV, CBS방영 및 추천

새로운 리더십을 위한 지혜의 심리학
이끌지 말고 따르게 하라

김경일 지음 | 328쪽 | 값 15,000원

이 책은 '훌륭한 리더', '존경받는 리더', '사랑받는 리더'가 되고 싶어 하는 모든 사람들을 위한 책이다. 요즘 사회에서는 존경보다 질책을 더 많이 받는 리더들의 모습을 쉽게 볼 수 있다. 저자는 리더십의 원형이 되는 인지심리학을 바탕으로 바람직한 리더의 모습을 하나씩 밝혀준다. 현재 리더의 위치에 있는 사람뿐만 아니라, 앞으로 리더가 되기 위해 노력하고 있는 사람이라면 인지심리학의 새로운 접근에 공감하게 될 것이다. 존경받는 리더로서 조직을 성공시키고, 나아가 자신의 삶에서도 승리하기를 원하는 사람들에게 필독을 권한다.

● OtvN 〈어쩌다 어른〉 특강 출연
● 예스24 리더십 분야 베스트셀러
● 국립중앙도서관 사서 추천 도서

30초 만에 상대의 마음을 사로잡는
스피치 에센스

제러미 도노반, 라이언 에이버리 지음
박상진 옮김 | 348쪽 | 값 15,000원

타인들을 대상으로 하는 연설의 가치는 개별 청자들의 지식, 행동 그리고 감정에 끼치는 영향력에 달려있다. 토스마스터즈 클럽은 이를 연설의 '일반적 목적'이라 칭하며 연설이라면 다음의 목적들 중 하나를 달성해야 한다고 규정하고 있다. 지식을 전달하고, 청자를 즐겁게 하는 것은 물론 나아가 영감을 불어넣을 수 있어야 한다. 이 책은 토스마스터즈인 제러미 도노반과 대중연설 챔피언인 라이언 에이버리가 강력한 대중연설의 비밀에 대해서 말해준다.

경쟁을 초월하여 영원한 승자로 가는 지름길
탁월한 전략이
미래를 창조한다

리치 호워드 지음 | 박상진 옮김
300쪽 | 값 17,000원

이 책은 혁신과 영감을 통해 자신들의 경험과 지식을 탁월한 전략으로 바꾸려는 리더들에게 실질적인 프레임워크를 제공해준다. 저자는 탁월한 전략을 위해서는 새로운 통찰을 결합하고 독자적인 경쟁 전략을 세우고 헌신을 이끌어내는 것이 중요하다고 강조한다. 나아가 연구 내용과 실제 사례, 사고모델, 핵심 개념에 대한 명쾌한 설명을 통해 탁월한 전략가가 되는 데 필요한 핵심 스킬을 만드는 과정을 제시해준다.

● 조선비즈, 매경이코노미 추천도서
● 저자 전략분야 뉴욕타임즈 베스트셀러

세계 초일류 기업이 벤치마킹한
성공전략 5단계
승리의 경영전략

AG 래플리, 로저마틴 지음
김주권, 박광태, 박상진 옮김
352쪽 | 값 18,500원

이 책은 전략의 이론만을 장황하게 나열하지 않는다. 매일 치열한 생존경쟁이 벌어지고 있는 경영 현장에서 고객과 경쟁자를 분석하여 전략을 입안하고 실행을 주도하였던 저자들의 실제 경험과 전략 대가들의 이론이 책 속에서 생생하게 살아 움직이고 있다. 혁신의 아이콘인 A.G 래플리는 P&G의 최고책임자로 다시 돌아왔다. 그는 이 책에서 P&G가 실행하고 승리했던 시장지배의 전략을 구체적으로 보여 줄 것이다. 생활용품 전문기업인 P&G는 지난 176년간 끊임없이 혁신을 해왔다. 보통 혁신이라고 하면 전화기, TV, 컴퓨터 등 우리 생활에 커다란 변화를 가져오는 기술이나 발명품 등을 떠올리곤 하지만, 소소한 일상을 편리하게 만드는 것 역시 중요한 혁신 중에 하나라고 할 수 있다. 그리고 그러한 혁신은 체계적인 전략의 틀 안에서 지속적으로 이루어질 수 있다. 월 스트리트 저널, 워싱턴 포스트의 베스트셀러인 〈Plating to Win: 승리의 경영전략〉은 전략적 사고와 그 실천의 핵심을 담고 있다. 래플리는 10년간 CEO로서 전략 컨설턴트인 로저마틴과 함께 P&G를 매출 2배, 이익은 4배, 시장가치는 100조 이상으로 성장시켰다. 이 책은 크고 작은 모든 조직의 리더들에게 대담한 전략적 목표를 일상 속에서 실행하는 방법을 보여주고 있다. 그것은 바로 사업의 성공을 좌우하는 명확하고, 핵심적인 질문인 '어디에서 사업을 해야 하고', '어떻게 승리할 것인가'에 대한 해답을 찾는 것이다.

● 경영대가 50인(Thinkers 50)이 선정한 2014 최고의 책
● 탁월한 경영자와 최고의 경영 사상가의 역작
● 월스트리스 저널 베스트 셀러

진정한 부와 성공을 끌어당기는 단 하나의 마법

생각의 시크릿

밥 프록터, 그레그 레이드 지음
박상진 옮김 | 268쪽 | 값 13,800원

성공한 사람들은 그렇지 못한 사람들과 다른 생각을 갖고 있는 것인가? 지난 100년의 역사에서 수많은 사람을 성공으로 이끈 성공 철학의 정수를 밝힌다. 〈생각의 시크릿〉은 지금까지 부자의 개념을 오늘에 맞게 더 구체화시켰다. 지금도 변하지 않는 법칙을 따라만 하면 누구든지 성공의 비밀에 다가갈 수 있다. 이 책은 각 분야에서 성공한 기업가들이 지난 100년간의 성공 철학을 어떻게 이해하고 따라 했는지 살펴보면서, 그들의 성공 스토리를 생생하게 전달하고 있다.

- 2016년 자기계발분야 화제의 도서
- 매경이코노미, 이코노믹리뷰 소개

세계를 무대로 미래의 비즈니스를 펼쳐라

21세기 글로벌 인재의 조건

시오노 마코토 지음 | 김성수 옮김
244쪽 | 값 15,000원

세계 최고의 인재는 무엇이 다른가? 이 책은 21세기 글로벌 시대에 통용될 수 있는 비즈니스와 관련된 지식, 기술, 그리고 에티켓 등을 자세하게 설명한다. 이 뿐만 아니라, 재무, 회계, 제휴 등의 업무에 바로 활용 가능한 실무적인 내용까지 다루고 있다. 이 모든 것들이 미래의 주인공을 꿈꾸는 젊은이들에게 글로벌 인재가 되기 위한 발판을 마련해주는데 큰 도움이 될 것이다. 저자의 화려한 국제 비즈니스 경험과 감각을 바탕으로 비즈니스에 임하는 자세와 기본기. 그리고 실천 전략에 대해서 알려준다.

성과기반의 채용과 구직을 위한 가이드

100% 성공하는
채용과 면접의 기술

루 아들러 지음 | 352쪽 | 이병철 옮김 | 값 16,000원

기업에서 좋은 인재란 어떤 사람인가? 많은 인사담당자는 스펙만 보고 채용하다가는 낭패당하기 쉽다고 말한다. 최근 전문가들은 성과기반채용 방식에서 그 해답을 찾는다. 이는 개인의 역량을 기초로 직무에서 성과를 낼 수 있는 요인을 확인하고 검정하는 면접이다. 이 책은 세계의 수많은 일류 기업에서 시도하고 있는 성과기반채용에 대한 개념, 프로세스, 그리고 실행방법을 다양한 사례로 설명하고 있다.

- 2016년 경제경영분야 화제의 도서

MIT 출신 엔지니어가 개발한
창조적 세일즈 프로세스

세일즈 성장 무한대의 공식

마크 로버지 지음 | 정지현 옮김 | 272쪽 | 값 15,000원

세일즈를 과학이 아닌 예술로 생각한 스타트업 기업들은 좋은 아이디어가 있음에도 불구하고 성공을 이루지 못한다. 기업이 막대한 매출을 올리기 위해서는 세일즈 팀이 필요하다. 지금까지는 그 목표를 달성하게 해주는 예측 가능한 공식이 없었다. 이 책은 세일즈를 막연한 예술에서 과학으로 바꿔주는 검증된 공식을 소개한다. 단 3명의 직원으로 시작한 스타트업이 1천억원의 매출을 달성하기까지의 여정을 통해 모든 프로세스에서 예측과 계획, 그리고 측정이 가능하다는 사실을 알려준다.

- 아마존 세일즈분야 베스트셀러

세계 최초 뇌과학으로 밝혀낸 반려견의 생각

반려견은 인간을
정말 사랑할까?

그레고리 번즈 지음 | 316쪽 | 김신아 옮김 | 값 15,000원

과학으로 밝혀진 반려견의 신비한 사실

순종적이고, 충성스럽고, 애정이 넘치는 반려견들은 우리에게 있어서 최고의 친구이다. 그럼 과연 반려견들은 우리가 사랑하는 방법처럼 인간을 사랑할까? 수십 년 동안 인간의 뇌에 대해서 연구를 해 온 에모리 대학교의 신경 과학자인 조지 번스가 반려견들이 우리를 얼마나, 어떻게 사랑하는지에 대한 비밀을 과학적인 방법으로 들려준다. 반려견들이 무슨 생각을 하는지 알아보기 위해 기능적 뇌 영상을 촬영하겠다는 저자의 프로젝트는 놀라움을 넘어 충격에 가깝다.

하버드 경영대학원 마이클 포터의 성공전략 지침서

당신의 경쟁전략은
무엇인가?

조안 마그레타 지음 | 368쪽
김언수, 김주권, 박상진 옮김 | 값 22,000원

이 책은 방대하고 주요한 마이클 포터의 이론과 생각을 한 권으로 정리했다. 〈하버드 비즈니스리뷰〉 편집장 출신인 조안 마그레타(Joan Magretta)는 마이클 포터와의 협력으로 포터 교수의 아이디어를 업데이트하고, 이론을 증명하기 위해 생생하고 명확한 사례들을 알기 쉽게 설명한다. 전략경영과 경쟁전략의 핵심을 단기간에 마스터하기 위한 사람들의 필독서다.

- 전략의 대가, 마이클 포터 이론의 결정판
- 아마존 전략 분야 베스트 셀러
- 일반인과 대학생을 위한 전략경영 필독서

대담한 혁신상품은 어떻게 만들어지는가?

신제품 개발 바이블

로버트 쿠퍼 지음 | 류강석, 박상진, 신동영 옮김
648쪽 | 값 28,000원

오늘날 비즈니스 환경에서 진정한 혁신과 신제품개발은 중요한 도전과제이다. 하지만 대부분의 기업들에게 야심적인 혁신은 보이지 않는다. 이 책의 저자는 제품혁신의 핵심성공요인이자 세계최고의 제품개발프로세스인 스테이지-게이트(Stage-Gate)에 대해 강조한다. 아울러 올바른 프로젝트 선택 방법과 스테이지-게이트 프로세스를 활용한 신제품개발 성공 방법에 대해서도 밝히고 있다. 신제품은 기업번영의 핵심이다. 이러한 방법을 배우고 기업의 실적과 시장 점유율을 높이는 대담한 혁신을 성취하는 것은 담당자, 관리자, 경영자의 마지노선이다.

인생의 고수가 되기 위한 진짜 공부의 힘

김병완의 공부혁명

김병완 지음 | 236쪽 | 값 13,800원

공부는 20대에게 세상을 살아갈 수 있는 힘과 자신감 그리고 내공을 길러준다. 그래서 20대 때 공부에 미쳐 본 경험이 있는 사람과 그렇지 못 한 사람은 알게 모르게 평생 큰 차이가 난다. 진짜 청춘은 공부하는 청춘이다. 공부를 하지 않고 어떻게 100세 시대를 살아가고자 하는가? 공부는 인생의 예의이자 특권이다. 20대 공부는 자신의 내면을 발견할 수 있게 해주고, 그로 인해 진짜 인생을 살아갈 수 있게 해준다. 이 책에서 말하는 20대 청춘이란 생물학적인 나이만을 의미하지 않는다. 60대라도 진짜 공부를 하고 있다면 여전히 20대 청춘이고 이들에게는 미래에 대한 확신과 풍요의 정신이 넘칠 것이다.

언제까지 질병으로 고통받을 것인가?

난치병 치유의 길

앤서니 윌리엄 지음 | 박용준 옮김
468쪽 | 값 22,000원

이 책은 현대의학으로는 치료가 불가능한 질병으로 고통 받는 수많은 사람들에게 새로운 치료법을 소개한다. 저자는 사람들이 무엇으로 고통 받고, 어떻게 그들의 건강을 관리할 수 있는지에 대한 영성의 목소리를 들었다. 현대의학으로는 설명할 수 없는 질병이나 몸의 비정상적 상태의 근본 원인을 밝혀주고 있다. 당신이 원인불명의 증상으로 고생하고있다면 이 책은 필요한 해답을 제공해 줄 것이다.

● 아마존 건강분야 베스트셀러 1위

"비즈니스의 성공을 위해 꼭 알아야하는 경영의 핵심지식"

퍼스널 MBA

조쉬 카우프만 지음
이상호, 박상진 옮김
756쪽 | 값 25,000원

지속가능한 성공적인 사업은 경영의 어느 한 부분의 탁월성만으로는 불충분하다. 이는 가치창조, 마케팅, 영업, 유통, 재무회계, 인간의 이해, 인적자원 관리, 전략을 포함한 경영관리 시스템 등 모든 부분의 지식과 경험 그리고 통찰력이 갖추어 질 때 가능한 일이다. 그렇다고 그 방대한 경영학을 모두 섭렵할 필요는 없다고 이 책의 저자는 강조한다. 단지 각각의 경영원리를 구성하고 있는 멘탈모델(Mental Model)을 제대로 익힘으로써 가능하다.

세계 최고의 부자인 빌게이츠, 워런버핏과 그의 동업자 찰리 멍거(Charles T. Munger)를 비롯한 많은 기업가들이 이 멘탈모델을 통해서 비즈니스를 시작하고, 또 큰 성공을 거두었다. 이 책에서 제시하는 경영의 핵심개념 248가지를 통해 독자들은 경영의 멘탈모델을 습득하게 된다. 필자는 지난 5년간 수천 권이 넘는 경영 서적을 읽었다. 수백 명의 경영 전문가를 인터뷰하고, 포춘지 선정 세계 500대 기업에서 일을 했으며, 사업도 시작했다. 그 과정에서 배우고 경험한 지식들을 모으고, 정제하고, 잘 다듬어서 몇 가지 개념으로 정리하게 되었다. 이들 경영의 기본 원리를 이해한다면, 현명한 의사결정을 내리는 데 유익하고 신뢰할 수 있는 도구를 얻게 된다. 이러한 개념들의 학습에 시간과 노력을 투자해 마침내 그 지식을 활용할 수 있게 된다면, 독자는 어렵지 않게 전 세계 인구의 상위 1% 안에 드는 탁월한 사람이 된다. 이 책의 주요내용은 다음과 같다.

● 실제로 사업을 운영하는 방법
● 효과적으로 창업하는 방법
● 기존에 하고 있던 사업을 더 잘 되게 하는 방법
● 경영 기술을 활용해 개인적 목표를 달성하는 방법
● 조직을 체계적으로 관리하여 성과를 내는 방법

질병의 근본 원인을 밝히고 남다른 예방법을 제시한다

의사들의 120세 건강 비결은 따로 있다

마이클 그레거 지음 | 홍영준, 강태진 옮김
❶ 질병원인 치유편 | 564쪽 | 값 22,000원
❷ 질병예방 음식편 | 340쪽 | 값 15,000원

미국 최고의 영양 관련 웹사이트인 http://NutritionFacts.org를 운영 중인 세계적인 영양전문가이자 내과의사가 과학적인 증거로 치명적인 질병으로 사망하는 원인을 규명하고 병을 예방하고 치유하는 식습관에 대해 집대성한 책이다. 저자는 영양과 생활방식의 조정이 처방약, 항암제, 수술보다 더 효과적일 수 있다고 강조한다. 우수한 건강서로서 모든 가정의 구성원들이 함께 읽고 실천하면 좋은 '가정건강지킴이'로서 손색이 없다.

● 아마존 식품건강분야 1위　　● 출간 전 8개국 판권 계약

기초가 탄탄한 글의 힘

실용 글쓰기 정석

황성근 지음 | 252쪽 | 값 13,500원

글쓰기는 인간의 기본 능력이자 자신의 능력을 발휘하는 핵심적인 도구이다. 글은 이론만으로 잘 쓸 수 없다. 좋은 글을 많이 읽고 체계적인 연습이 필요하다. 이 책에서는 기본 원리와 구성, 나아가 활용 수준까지 글쓰기의 모든 것을 다루고 있다. 이 책은 지금까지 자주 언급되고 무조건적으로 수용되던 기존 글쓰기의 이론들을 아예 무시했다. 실제 글쓰기를 할 때 반드시 필요하고 알아두어야 하는 내용들만 담았다. 책의 내용도 외울 필요가 없고 소설 읽듯 하면 바로 이해되고 그 과정에서 원리를 터득할 수 있도록 심혈을 기울인 책이다. 글쓰기에 대한 깊은 고민에 빠진 채 그 방법을 찾지 못해 방황하고 있는 사람들에게 필독하길 권한다.

회사를 살리는 영업 AtoZ

세일즈 마스터

이장석 지음 | 396쪽 | 값 17,500원

영업은 모든 비즈니스의 꽃이다. 오늘날 경영학의 눈부신 발전과 성과에도 불구하고, 영업 관리는 여전히 비과학적인 분야로 남아있다. 영업이 한 개인의 개인기나 합법과 불법을 넘나드는 묘기의 수준에 남겨두는 한, 기업의 지속적 발전은 한계에 부딪히게 마련이다. 이제 편법이 아닌 정석에 관심을 쏟을 때다. 본질을 망각한 채 결과에 올인하는 영업직원과 눈앞의 성과만으로 모든 것을 평가하려는 기형적인 조직문화는 사라져야 한다. 이 책은 영업의 획기적인 리엔지니어링을 위한 AtoZ를 제시한다. 디지털과 인공지능 시대에 더 인정받는 영업직원과 리더를 위한 필살기다.

하버드 경영대학원 마이클 포터의 성공전략 지침서

당신의 경쟁전략은 무엇인가?

조안 마그레타 지음
김언수, 김주권, 박상진 옮김
368쪽 | 값 22,000원

마이클 포터(Michael E. Porter)는 전략경영 분야의 세계 최고 권위자다. 개별 기업, 산업구조, 국가를 아우르는 연구를 전개해 지금까지 17권의 저서와 125편 이상의 논문을 발표했다. 저서 중 『경쟁전략(Competitive Strategy)』(1980), 『경쟁우위(Competitive Advantage)』(1985), 『국가 경쟁우위(The Competitive Advantage of Nations)』(1990) 3부작은 '경영전략의 바이블이자 마스터피스'로 공인받고 있다. 경쟁우위, 산업구조 분석, 5가지 경쟁요인, 본원적 전략, 차별화, 전략적 포지셔닝, 가치사슬, 국가경쟁력 등의 화두는 전략 분야를 넘어 경영학 전반에 새로운 지평을 열었고, 사실상 세계 모든 경영 대학원에서 핵심적인 교과목으로 다루고 있다. 이 책은 방대하고 주요한 마이클 포터의 이론과 생각을 한 권으로 정리했다. 〈하버드 비즈니스리뷰〉 편집장 출신인 저자는 폭넓은 경험을 바탕으로 포터 교수의 강력한 통찰력을 경영일선에 효과적으로 적용할 수 있도록 설명한다. 즉, "경쟁은 최고가 아닌 유일무이한 존재가 되고자 하는 것이고, 경쟁자들 간의 싸움이 아니라, 자사의 장기적 투하자본이익률(ROIC)를 높이는 것이다." 등 일반인들이 잘못 이해하고 있는 포터의 이론들을 명백히 한다." 전략경영과 경쟁전략의 핵심을 단기간에 마스터하여 전략의 전문가로 발돋움 하고자 하는 대학생은 물론 전략에 관심이 있는 MBA과정의 학생을 위한 필독서이다. 나아가 미래의 사업을 주도하여 지속적 성공을 꿈꾸는 기업의 관리자에게는 승리에 대한 영감을 제공해 줄 것이다.

● 전략의 대가, 마이클 포터 이론의 결정판
● 아마존 전략 분야 베스트 셀러
● 일반인과 대학생을 위한 전략경영 필독서

나와 당신을 되돌아보는, 지혜의 심리학

어쩌면 우리가 거꾸로 해왔던 것들

김경일 지음 | 272쪽 | 값 15,000원

저자는 이 책에서 수십 년 동안 심리학을 공부해오면서 사람들로부터 가장 많은 공감을 받은 필자의 말과 글을 모아 엮었다. 수많은 독자와 청중들이 '아! 맞아. 내가 그랬지'라며 지지했던 내용들이다. 다양한 사람들이 공감한 내용들의 방점은 이렇다. 안타깝게도 세상을 살아가는 우리 대부분은 '거꾸로'하고 있는지도 모른다. 이 책은 지금까지 일상에서 거꾸로 해온 것을 반대로, 즉 우리가 '거꾸로 해왔던 수많은 말과 행동들'을 조금이라도 제자리로 되돌려보려는 노력의 산물이다. 이런 지혜를 터득하고 심리학을 생활 속에서 실천하길 바란다.

유능한 리더는 직원의 회복력부터 관리한다

스트레스 받지 않는 사람은 무엇이 다른가

데릭 로저, 닉 페트리 지음
김주리 옮김 | 308쪽 | 값 15,000원

이 책은 흔한 스트레스 관리에 관한 책이 아니다. 휴식을 취하는 방법에 관한 책도 아니다. 인생의 급류에 휩쓸리지 않고 어려움을 헤쳐 나갈 수 있는 능력인 회복력을 강화하여 삶을 주체적으로 사는 법에 관한 명저이다. 엄청난 무게의 힘든 상황에서도 감정적 반응을 재설계하도록 하고, 스트레스 증가 외에는 아무런 도움이 되지 않는 자기 패배적 사고 방식을 깨는 방법을 제시한다. 깨어난 순간부터 자신의 태도를 재조정하는 데 도움이 되는 사례별 연구와 극복 기술을 소개한다.

상위 7% 우등생 부부의 9가지 비결

사랑의 완성 결혼을 다시 생각하다

그레고리 팝캑 지음
민지현 옮김 | 396쪽 | 값 16,500원

결혼 상담 치료사인 저자는 특별한 부부들이 서로를 대하는 방식이 다른 모든 부부관계에도 도움이 된다고 알려준다. 그리고 성공적인 부부들의 삶과 그들의 행복비결을 밝힌다. 저자 자신의 결혼생활 이야기를 비롯해 상담치료 사례와 이에대한 분석, 자가진단용 설문, 훈련 과제 및 지침등으로 구성되어 있다. 이 내용들은 오랜 결혼 관련 연구논문으로 지속적으로 뒷받침되고 있으며 효과가 입증된 것들이다. 이 책을 통해 독자들은 자신의 어떤 점이 결혼생활에 부정적으로 작용하며, 긍정적인 변화를 위해서는 어떤 노력을 해야 하는지 배울 수 있다.

"질병의 근본 원인을 밝히고
남다른 예방법을 제시한다"

의사들의 120세 건강비결은 따로 있다

마이클 그레거 지음
홍영준, 강태진 옮김
❶ 질병원인 치유편 값 22,000원 | 564쪽
❷ 질병예방 음식편 값 15,000원 | 340쪽

우리가 미처 몰랐던 질병의 원인과 해법
질병의 근본 원인을 밝히고 남다른 예방법을 제시한다

건강을 잃으면 모든 것을 잃는다. 의료 과학의 발달로 조만간 120세 시대도 멀지 않았다. 하지만 우리의 미래는 '얼마나 오래 살 것인가?' 보다는 '얼마나 건강하게 오래 살 것인가?'를 고민해야하는 시점이다. 이 책은 질병과 관련된 주요 사망 원인에 대한 과학적 인과관계를 밝히고, 생명에 치명적인 병을 예방하고 건강을 회복시킬 수 있는 방법을 명쾌하게 제시한다. 수천 편의 연구결과에서 얻은 적절한 영양학적 식이요법을 통하여 건강을 획기적으로 증진시킬 수 있는 과학적 증거를 밝히고 있다. 15가지 주요 조기 사망 원인들(심장병, 암, 당뇨병, 고혈압, 뇌질환 등등)은 매년 미국에서만 1백 6십만 명의 생명을 앗아간다. 이는 우리나라에서도 주요 사망원인이다. 이러한 비극의 상황에 동참할 필요는 없다. 강력한 과학적 증거가 뒷받침 된 그레거 박사의 조언으로 치명적 질병의 원인을 정확히 파악하라. 그리고 장기간 효과적인 음식으로 위험인자를 적절히 예방하라. 그러면 비록 유전적인 단명 요인이 있다 해도 이를 극복하고 장기간 건강한 삶을 영위할 수 있다. 이제 인간의 생명은 운명이 아니라, 우리의 선택에 달려있다. 기존의 건강서와는 차원이 다른 이 책을 통해서 '더 건강하게, 더 오래 사는' 무병장수의 시대를 활짝 열고, 행복한 미래의 길로 나아갈 수 있을 것이다.

● 아마존 의료건강분야 1위
● 출간 전 8개국 판권계약

기업체 교육안내 〈탁월한 전략의 개발과 실행〉

월스트리트 저널(WSJ)이 포춘 500대 기업의 인사 책임자를 조사한 바에 따르면, 관리자에게 가장 중요한 자질은 〈전략적 사고〉로 밝혀졌다. 750개의 부도기업을 조사한 결과 50%의 기업이 전략적 사고의 부재에서 실패의 원인을 찾을 수 있었다. 시간, 인력, 자본, 기술을 효과적으로 사용하고 이윤과 생산성을 최대로 올리는 방법이자 기업의 미래를 체계적으로 예측하는 수단은 바로 '전략적 사고'에서 시작된다.

전략적 사고

부서를 초월한 업무능력

성과도출 능력

전반적 리더십

핵심재무/회계의 이해

〈관리자의 필요 자질〉

새로운 시대는 새로운 전략!

- 세계적인 저성장과 치열한 경쟁은 많은 기업들을 어려운 상황으로 내몰고 있다. 산업의 구조적 변화와 급변하는 고객의 취향은 경쟁우위의 지속성을 어렵게 한다. 조직의 리더들에게 사업적 혜안(Acumen)과 지속적 혁신의지가 그 어느 때보다도 필요한 시점이다.

- 핵심 기술의 모방과 기업 가치사슬 과정의 효율성으로 달성해온 품질대비 가격경쟁력이 후발국에게 잠식당할 위기에 처해있다. 산업구조조정만으로는 불충분하다. 새로운 방향의 모색이 필요할 때이다.

- 기업의 미래는 전략이 좌우한다. 장기적인 목적을 명확히 설정하고 외부환경과 기술변화를 면밀히 분석하여 필요한 역량과 능력을 개발해야한다. 탁월한 전략의 입안과 실천으로 차별화를 통한 지속가능한 경쟁우위를 확보해야 한다. 전략적 리더십은 기업의 잠재력을 효과적으로 이끌어 낸다.

〈탁월한 전략〉 교육의 기대효과

① 통합적 전략교육을 통해서 직원들의 주인의식과 몰입의 수준을 높여 생산성의 상승을 가져올 수 있다.

② 기업의 비전과 개인의 목적을 일치시켜 열정적으로 도전하는 기업문화로 성취동기를 극대화할 수 있다.

③ 차별화로 추가적인 고객가치를 창출하여 장기적인 경쟁우위를 바탕으로 지속적 성공을 가져올 수 있다.

- 이미 발행된 관련서적을 바탕으로 〈탁월한 전략〉의 필수적인 3가지 핵심 분야 (전략적 사고, 전략의 구축과 실행, 전략적 리더십)를 통합적으로 마스터하는 프로그램이다.

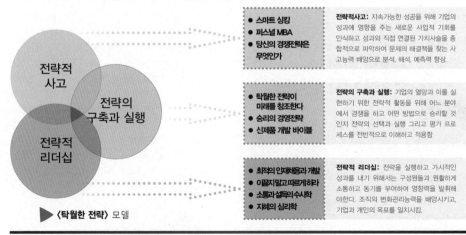

전략적 사고

전략의 구축과 실행

전략적 리더십

- 스마트 씽킹
- 퍼스널 MBA
- 당신의 경쟁전략은 무엇인가

전략적사고: 지속가능한 성공을 위해 기업의 성과에 영향을 주는 새로운 사업적 기회를 인식하고 성과와 직접 연결된 가치사슬을 종합적으로 파악하여 문제의 해결책을 찾는 사고능력 배양으로 분석, 해석, 예측력 향상.

- 탁월한 전략이 미래를 창조한다
- 승리의 경영전략
- 신제품 개발 바이블

전략의 구축과 실행: 기업의 열망과 이를 실현하기 위한 전략적 활동을 위해 어느 분야에서 경쟁을 하고 어떤 방법으로 승리할 것인지 전략의 선택과 실행 그리고 평가 프로세스를 전반적으로 이해하고 적용함

- 최적의 인재채용과 개발
- 이끌지말고따르게하라
- 소통과설득의수사학
- 지혜의 심리학

전략적 리더십: 전략을 실행하고 가시적인 성과를 내기 위해서는 구성원들과 원활하게 소통하고 동기를 부여하여 영향력을 발휘해야한다. 조직의 변화관리능력을 배양시키고, 기업과 개인의 목표를 일치시킴.

▶ 〈탁월한 전략〉 모델

특강 및 교육 신청 및 문의: 진성북스, 02-3452-7762

<120세 건강과 인문학> 독서회원 모집

목 적

"건강을 건강할 때 지킨다"라는 목표 아래 신체적, 정신적, 사회적 건강을 증진하는 프로그램입니다. 의학과 영양학(음식) 강의를 통해 신체 건강을 돌보고, 인문학적 소양을 함양하여 자신이 주인으로 사는 삶의 지혜를 발견합니다. 나아가 스트레스와 사회적 고립에서 오는 정신문제의 해법을 인간적 결속과 우정 그리고 운동에서 찾아봅니다.

- 프로그램 및 일정 -

월	인문학 독서와 강의	건강(의학)강의	일정 (2주,4주)
1월	<의사들의 120세의 건강비결은 따로있다>	<암의 발생 원인과 예방>	1/20, 1/27
2월	<생각의 시대> - 김용규	<왜, 의학 인문학인가?>	2/13, 2/27
3월	<어린 왕자> - 생텍쥐페리	<심혈관질환 예방 관리>	3/13, 3/27
4월	<삼국유사> - 일연	<소화기 암 예방 관리>	4/10, 4/24
5월	<인생> - 위화	<당뇨병 예방 관리>	5/15, 5/29
6월	<서양미술사> - E. H. 곰브리치	<간 질환의 예방 관리>	6/12, 6/26
7월	<아리스토텔레스의 수사학>	<신장 질환의 예방 관리>	7/10, 7/24
8월	<일리아스> - 호메로스	<유방암의 예방 관리>	8/7, 8/21
9월	<정신분석 입문> - 프로이트	<전립선암의 예방 관리>	9/4, 9/18
10월	<철학의 위안> - 알랭 드 보통	<우울증의 예방 관리>	10/16 ,10/30
11월	<노벨상 수상자 및 작품>	<노벨 생리학 상 해설>	11/13, 11/27
12월	<총, 균, 쇠> - 재레드 다이아몬드	<감염병 예방과 면역력 향상>	12/4, 12/15

프로그램 자문위원	▶ 인 문 학 : 김성수 교수, 김종영 교수, 박성창 교수, 이재원 교수, 조현설 교수 ▶ 건강(의학) : 김선희 교수, 김태이 원장, 박정배 원장, 이은희 원장, 정이안 원장 ▶ 경 영 학 : 권혁근 대표, 남석우 회장, 박광태 교수, 반종규 원장, 이상호 대표

독서회원 모집안내

운 영 : 모임은 매월 둘째 주, 넷째 주 화요일 월 2회로 진행됩니다.
    1)둘째 주 화요일은 해당 책 개관과 토론 주제를 발표하고, 토론하면서 생각의 범위를
      확장해보는 시간입니다.
    2)넷째 주 화요일은 건강(의학) 강의와 해당 책에 대한 전문가(교수)의 종합적 특강과 토론으로
      책 한 권을 완성합니다.
    3)자세한 내용은 <120세 건강과 인문학> 네이버 밴드에서 확인 가능합니다.
      https://band.us/@healthandhumanities
참 가 : 건강과 독서에 관심 있으신 분은 참여 가능합니다.
일 시 : 매월 둘째 주, 넷째 주 화요일
    18:00~19:00 저녁식사 / 19:00~22:00 강의와 토론(프로그램 및 일정 참고)
장 소 : 강남구 영동대로85길 38(대치동 944-25) 10층 진성북스 회의장

신청 : **02-3452-7762 / 010-2504-2926**

Health & Humanities 120

진성북스 팔로워로 여러분을 초대합니다!

진성북스 네이버 포스트
https://post.naver.com/jinsungbooks

혜택1
팔로우시 추첨을 통해 진성북스 도서 1종을 선물로 드립니다.

혜택2
진성북스에서 개최하는 강연회에 가장 먼저 초대해 드립니다.

혜택3
진성북스 신간도서를 가장 빠르게 받아 보실 수 있는 서평단의 기회를 드립니다.

혜택4
정기적으로 다양하고 풍부한 이벤트에 참여하실 수 있는 기회를 드립니다.

- 홈페이지 : www.jinsungbooks.com
- 페이스북 : https://www.facebook.com/jinsungpublisher/

- 문 의 : 02)3452-7762

진성북스
JINSUNGBOOKS